市政工程测量

主　编　辛立国
副主编　刘　岩　杨　丹　马　驰　潘志东　宋　凯　石玉东
主　审　张　博　周彦国

中国水利水电出版社
www.waterpub.com.cn
·北京·

内 容 提 要

本书共有 11 章,分为四部分:第一部分为市政工程测量的基本知识(第 1 章);第二部分为测量基本技能与支撑知识,包括水准测量(第 2 章)、角度测量(第 3 章)、距离测量和直线定向(第 4 章)及全站仪测量(第 5 章);第三部分为行业通用测量能力与支撑知识,包括小地区控制测量(第 6 章)、地形图测绘与应用(第 7 章)、测设的基本方法(第 8 章);第四部分为专业测量能力与支撑知识,包括建筑施工测量(第 9 章)、管道工程测量(第 10 章)及建筑物的竣工测量与变形观测(第 11 章)。

本书具有较强的实用性、通用性和可借鉴性,可作为高职高专院校建设工程监理、工程造价、市政工程、给水与排水、建筑工程技术等专业的教材;也可供土木类其他专业、中职学校相关专业的师生及工程建设与管理相关专业工程技术人员阅读和参考使用。

图书在版编目(CIP)数据

市政工程测量 / 辛立国主编. -- 北京 : 中国水利
水电出版社, 2023.12
ISBN 978-7-5226-2008-4

Ⅰ. ①市… Ⅱ. ①辛… Ⅲ. ①市政工程－工程测量
Ⅳ. ①TU198

中国国家版本馆CIP数据核字(2024)第001091号

书 名	**市政工程测量** SHIZHENG GONGCHENG CELIANG
作 者	主 编 辛立国 副主编 刘 岩 杨 丹 马 驰 潘志东 宋 凯 石玉东 主 审 张 博 周彦国
出版发行	中国水利水电出版社 (北京市海淀区玉渊潭南路 1 号 D 座 100038) 网址:www.waterpub.com.cn E-mail:sales@mwr.gov.cn 电话:(010)68545888(营销中心)
经 售	北京科水图书销售有限公司 电话:(010)68545874、63202643 全国各地新华书店和相关出版物销售网点
排 版	中国水利水电出版社微机排版中心
印 刷	天津嘉恒印务有限公司
规 格	184mm×260mm 16 开本 17.25 印张 420 千字
版 次	2023 年 12 月第 1 版 2023 年 12 月第 1 次印刷
印 数	0001—1000 册
定 价	**57.00 元**

前　言

本书是辽宁省兴辽卓越专业群建设项目新形态教材中的课程思政教材，是按照国家高等职业技术教育的发展及高等职业技术教育的特点而编写的。本书的编写侧重于培养应用型人才，突出了市政工程测量能力的综合训练，具有较强的综合性和实践性。

本书编写全部依据最新规范、标准，对基本概念、基本内容、基本方法的阐述力求简明扼要、条理清晰、图文结合、易懂易记。同时，潜移默化、润物细无声地实施思政教育，将爱国主义情怀融入学生具体的理论学习与知识应用中，使其具备良好的品格和职业素养，具有法律意识，提高综合素养。

在编写中，编者参考了相关教科书的体系，并突出了实用性和通用性，每章都编写了"知识检验"，方便课堂教学使用和工程技术人员自学、参考时使用。

本书由辽宁生态工程职业学院副教授辛立国任主编并负责全书统稿，由辽宁生态工程职业学院张博教授和沈阳市规划设计研究院有限公司周彦国教授级高级工程师主审。本书第1章、第2章、第3章、第4章、第10章10.1节和10.2节由辽宁生态工程职业学院辛立国编写，第5章、第6章由辽宁生态工程职业学院刘岩编写，第7章由辽宁生态工程职业学院杨丹编写，第8章由辽宁省交通高等专科学校马驰编写，第9章由辽宁生态工程职业学院石玉东编写，第10章10.3节和10.4节由中国建筑材料工业地质勘查中心辽宁总队宋凯编写，第11章由辽宁宏图创展测绘勘察有限公司潘志东编写。

本书在编写过程中，参考和引用了有关文献，谨在此向文献的作者致以衷心的感谢；也向关心、支持本书编写工作的所有同志们表示谢意。

本书是辽宁省职业技术教育学会科研规划课题"工程测量技术专业课程

思政教学探索与实践"（LZY22306）成果。在编写过程中得到了"生态测绘，图创未来"教师企业实践流动站的大力支持与帮助。

限于水平，书中难免会出现不妥之处，恳请广大读者和专家批评指正。

编者

2023 年 7 月

"行水云课"数字教材使用说明

  "行水云课"水利职业教育服务平台是中国水利水电出版社立足水电、整合行业优质资源全力打造的"内容"+"平台"的一体化数字教学产品。平台包含高等教育、职业教育、职工教育、专题培训、行水讲堂五大版块,旨在指供一套与传统教学紧密衔接、可扩展、智能化的学习教育解决方案。

  本套教材是整合传统纸质教材内容和富媒体数字资源的新型教材,将大量图片、音频、视频、3D 动画等教育素材与纸质教材内容相结合,用以辅助教学。读者可通过扫描纸质教材二维码查看与纸质内容相对应的知识点多媒体资源,完整数字教材及其配套数字资源可通过移动终端 App "行水云课"微信公众号或中国水利水电出版社"行水云课"平台查看。

数 字 资 源 索 引

目 录

第 1 章

市政工程测量的基本知识

01 市政工程
测量的基本
知识

【学习目标】

掌握现代测绘学的基本概念、主要任务；了解测绘学的学科分类；掌握市政工程测量的主要任务及本课程的学习要求。

【课程思政育人目标】

培养学生团结协作、吃苦耐劳、严谨认真的工作态度。

1.1　市政工程测量的任务与学习要求

1.1.1　测绘学的概念、任务与分类

早期的测绘学研究的对象是地球及其表面，即研究地球的形状和大小，研究如何测定地面点的平面位置和高程，将地球表面的地物、地貌及其他信息绘制成图的学科。现代测绘学是研究地球和其他实体中与地理空间分布有关的信息的采集、量测、分析、显示、管理及利用的科学与技术。测绘学是地球科学的重要组成部分，按研究范围和对象不同又分为大地测量学、地形测量学、摄影测量与遥感学、工程测量学、地图制图学等。

（1）大地测量学。大地测量学是研究和确定地球形状、大小、重力场、整体与局部运动和地表面点的几何位置以及它们的变化的理论和技术的学科。其基本任务是：建立国家大地控制网，测定地球的形状、大小和重力场，为地形测图和各种工程测量提供基础起算数据；为空间科学、军事科学及研究地壳变形、地震预报等提供重要资料。按照测量手段的不同，分为常规大地测量学、卫星大地测量学及物理大地测量学等。

（2）地形测量学。地形测量学是研究如何将地球表面局部区域内的地物、地貌及其他有关信息测绘成地形图的理论、方法和技术的学科。按成图方式的不同地形测图可分为模拟化测图和数字化测图。

（3）摄影测量与遥感学。摄影测量与遥感学是研究利用电磁波传感器获取目标物的影像数据，从中提取语义和非语义信息，并用图形、图像和数字形式表达的学科。其基本任务是通过对摄影像片或遥感图像进行处理、量测、解译，以测定物体的形状、大小和位置进而制作成图。根据获得影像的方式及遥感距离的不同，本学科又分为地面摄影测量学、航空摄影测量学和航天遥感测量等。

1

（4）工程测量学。工程测量学是研究在工程建设的规划设计、施工和运营管理各阶段中进行测量工作的理论、方法和技术的学科。按工程测量所服务的工程种类，也可分为建筑工程测量、线路测量、桥梁与隧道测量、矿山测量、城市测量和水利工程测量等。

（5）地图制图学。地图制图学是研究模拟和数字地图的基础理论、设计、编绘、复制的技术、方法以及应用的学科。它的基本任务是利用各种测量成果编制各类地图，其一般包括地图投影、地图编制、地图整饰和地图制印等分支。

测绘学科的现代发展促使测绘学中出现若干新学科，如卫星大地测量（或空间大地测量）、遥感测绘（或航天测绘）、地图制图与地理信息工程等。正因为如此，测绘学科已从单一学科走向多学科的交叉，其应用已扩展到与空间分布信息有关的众多领域，显示出现代测绘学正由传统意义上的测量与绘图向近年来刚刚兴起的一门新兴学科——地球空间信息科学跨越和融合。

测绘学的主要任务包括测定和测设两个部分。测定是对既有对象的测量，测图属于测定的范畴。测图就是指使用测量仪器和工具，用一定的测绘程序和方法将地面上局部区域的各种固定性物体（地物）以及地面的起伏形态（地貌），按一定的比例尺和特定的图例符号缩绘成地形图。测设又称放样，就是把图上设计好的建筑物（构筑物）的平面位置和高程，用一定的测量仪器和方法标定到实地上去的工作。因为测设是直接为施工服务的，故通常称为"施工测设"。

1.1.2　测绘学的发展

测量学和所有的自然科学一样，是人类长期与大自然斗争，同时为解决实际生产的需要，经过多次反复的实践而逐步发展起来的。

1. 我国测量学的发展

公元前两千多年，夏禹治水时就已发明和使用了准、绳、规、矩四种测量仪器和方法；春秋战国时期，已有利用磁石制成的最早的指南工具"司南"；1973年从长沙马王堆出土的西汉初期的地形图及驻军图，为目前发现的我国最早的地图，图上有山脉、河流、居民地、道路和军事要素等；魏晋时期的刘徽著有《海岛算经》，论述了有关测量和计算海岛距离及高度的方法；西晋的裴秀提出了绘制地图的六条原则，即"制图六体"，是世界上最早的制图理论；到了宋代，沈括曾绘制《天下州县图》，还在《梦溪笔谈》中记述了有关磁偏角的现象，比哥伦布发现磁偏角早了大约400年；元代朱思本绘制了《舆地图》；明代郑和绘制了《郑和航海图》；清康熙年间编制了清朝的全国地图《皇舆全览图》；等等。

中华人民共和国成立后，我国测绘事业有了很大的发展。建立和统一了全国坐标系统和高程系统；建立了遍及全国的大地控制网、国家水准网、基本重力网和卫星多普勒网；完成了国家大地网和水准网的整体平差；完成了国家基本图的测绘工作；完成了珠穆朗玛峰和南极长城站的地理位置和高程的测量；配合国民经济建设进行了大量的测绘工作。

2. 现代测绘科学的发展

20世纪40年代，自动安平水准仪问世，标志着水准测量自动化的开端；1973年试制成功能保证视线水平并使观测者在同一位置进行前后视读数的水准仪；1990 年研制出数字水准仪，可以做到读数记录全自动化。

　　1961 年，第一台激光测距仪诞生，它以发射激光进行测距，实现了远距离测量，并且大大提高了测距精度；1968 年产生电子经纬仪，它采用光栅来代替刻度分划线，以电信号的方式获得数据，并自动记录在存储载体上；随着电子测角技术的出现，20 世纪 70 年代又出现了轻小型、自动化、多功能的电子速测仪，根据测角方法的不同分为半站型电子速测仪和全站型电子速测仪；全站型电子速测仪就是由电子测角、电子测距、电子计算和数据存储单元等组成的三维坐标测量系统，测量结果能自动显示，并能与外围设备交换信息的多功能测量仪器，通常简称为全站仪。

　　1957 年第一颗人造地球卫星上天，1966 年开始进行人卫大地测量观测；20 世纪 80 年代开始发射 GPS（全球定位系统）卫星，在 20 世纪 90 年代完成全部发射任务。

　　近年来由于"3S"技术 [（GPS）、GIS（地理信息系统）、RS（遥感）]、激光技术和电子计算机在测绘上的广泛应用，测绘科学发展迅速，对于人造卫星观测成果的综合利用和研究，利用卫星遥测资料来绘制各类专业图件，快速、高精度地进行资源调查和勘测，成为当今测绘工作者的一个新的重要任务。

　　总之，测量学是一门既古老又年轻的科学，它有辉煌的历史，也有广阔的发展空间和美好的未来。

1.1.3　市政工程测量的任务

　　市政工程测量是工程测量学的一部分，是研究建筑工程在勘测、规划、设计、施工和运营管理各阶段中的测量工作的基本理论、技术和方法的学科。各阶段的主要任务如下。

　　（1）规划设计阶段。其主要任务是测图，即测地形图（测定工作），是指使用测量仪器和工具，按照一定的测绘程序和方法，依照规定的符号和比例尺，把工程建设区域内的地貌和各种物体的几何形状及其空间位置绘成地形图，并把建筑工程所需的数据用数字表示出来，为规划设计提供图纸和资料。

　　（2）施工阶段。其主要任务是放样（测设工作），测量人员要根据设计和施工技术要求将建筑物的空间位置关系在施工现场标定出来，作为施工建设的依据。是工程建设中实现设计要求的关键工作。

　　（3）竣工验收阶段。其主要任务也是测图，但是测竣工图（测定工作）。以便通过竣工验收、检查，图纸归档，为建筑工程的维护、维修、扩建等提供依据。

　　（4）运营管理阶段。其主要任务是监测，即变形观测（测定工作）。为了监测建筑物的安全和运营情况，验证设计理论的正确性，并为下一个相似工程的建设提供指导，需要定期对工程建筑物进行位移、沉陷、倾斜等方面的监测，并对监测数据进行分析、整理。

1.1.4　市政工程测量的学习要求

　　由上可见，测量工作是各项工程建设、资源开发、国防建设的基础性、超前性工作，贯穿于工程建设的全过程，服务于工程建设的每一个阶段，是工程建设过程中很关键的一项工作，测量工作的质量直接关系到工程建设的质量和速度。所以，作为将要从事工程建设的人员，必须认真学好必要的测量基本理论知识，掌握测量工作的基本技术和基本方法，熟悉相关工程测量规范，刻苦训练，掌握各项专业技能，能熟练操作测量工作中的常用仪器设备进行各项测量工作。同时在学习中还应培养认真负责、一丝不苟的工作作风；培养团结协作、互相配合、共同完成任务的团队精神和全局意识；培养爱护仪器、规范操作仪器的良好习惯。还要通过图书、网络等多种手段及时了解市政工程测量科学的发展，掌握市政工程测量中的新技术、新设备、新方法的应用情况，开阔视野，更好地指导平时学习。

1.2　确定地面点位的相关知识

建筑物、构筑物虽然复杂，但都是立体的，是由面构成的，面是由线构成的，线是由点构成的，所以在测量工作中，无论测图、放样还是监测，只要确定地面点的空间位置，就可以完成相关工作了。但在进行地面点的空间位置测量工作前，应先弄清楚地球的形状和大小，测量工作的基准面、基准线及地面点位的表示方法。

1.2.1　地球的形状和大小

地球的自然表面是很不规则的，其上有高山、深谷、丘陵、平原、江湖、海洋等，最高的珠穆朗玛峰高出海平面8848.86m（2020年测量数据），最深的太平洋马里亚纳海沟低于海平面11034m，其相对高差不足20km，与地球的平均半径6371km相比，是微不足道的。就整个地球表面而言，陆地面积仅占29%，而海洋面积占了71%。因此，我们可以设想地球的整体形状是被海水所包围的球体，即设想将一静止的海洋面扩展延伸，使其穿过大陆和岛屿，形成一个封闭的曲面，如图1.1所示。静止的海水面称作水准面。由于海水受潮汐风浪等影响而时高时低，故水准面有无穷多个，其中与平均海水面相吻合的水准面称作大地水准面。由大地水准面所包围的形体称为大地体。通常用大地体来代表地球的真实形状和大小。

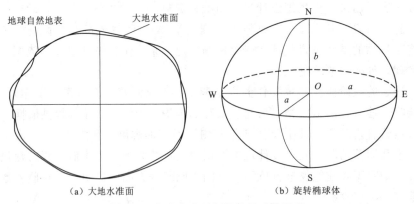

（a）大地水准面　　　　　　　　　（b）旋转椭球体

图1.1　大地水准面与旋转椭球体示意

由于地球内部质量分布不均匀和地球的运动，导致大地水准面是一个有微小起伏、不规则变化并很难用数学方程式表示的复杂曲面，使得测绘计算很难进行。但长期的精密测量表明，大地体十分近似于一个旋转椭球体，而旋转椭球是可以用数学式严格表示的，故可以取大小与大地体非常接近的旋转椭球体作为地球的参考形状和大小，并确定椭球体与大地体的相互位置关系；因此，将形状和大小与大地体相近并且两者之间的相对位置确定的旋转椭球又称为参考椭球体，其外表面又称为参考椭球面，如图 1.1 所示。

我国目前采用的参考椭球体的基本元素的参数值为：长半径 $a=6378140$m，短半径 $b=6356755$m，扁率 $\alpha=(a-b)/a=1/298.257$，并选择陕西泾阳县永乐镇某点为大地原点，进行了大地定位。由此而建立起来全国统一坐标系，这就是现在使用的"1980 年国家大地坐标系"，如图 1.2 所示。

（a）永乐镇大地原点   （b）大地原点标志

图 1.2　1980 年国家大地坐标系的起算原点

由于参考椭球的扁率很小，故在测量精度要求不高的情况下，可以把地球看作是圆球，其半径为 $R=(a+a+b)/3\approx6371$km。

1.2.2　测量工作的基准面、基准线

确定地面点的位置需要建立一个坐标系，而在广阔的地球表面上建立坐标系需选择有利于数据处理、能统一坐标计算的基准面。这样的基准面应具备以下两个条件：一是其形状、大小能与地球总形体十分接近；二是须是一个能用简单几何体和数学方程式表示的规则曲面。可见，参考椭球面符合这两个条件，而在市政工程测量中所涉及的地域面积一般不大，为了方便测量数据的获得，可忽略参考椭球面与大地水准面之间的差异，将大地水准面作为测量工作的基准面，测量工作就是在这个面上进行的。

在地球重力场中，水准面处处与重力方向正交，而重力方向线称为铅垂线，可用悬挂垂球的细线方向来表示。铅垂线是测量工作的基准线。与铅垂线正交的直线为水平线，与铅垂线正交的平面称为水平面。

1.2.3　地面点位的表示方法

由于地球表面高低起伏变化较大，要确定地面点的空间位置，就必须有一个统一的坐标系统。测量工作中，通常用地面点在基准面上的投影位置和该点沿投影方向到大地水准面的距离三个量来表示。地面点的投影位置，即平面位置，通常用大地坐标、高斯平面直角坐标或独立平面直角坐标表示，到大地水准面的距离用高程表示。

1.2.3.1 测量坐标系

测量工作中，常用以下几种坐标系来确定地面点位。

1. 大地坐标系（球面坐标或地理坐标系）

当研究整个地球的形状或进行大区域范围的测量工作时，常采用大地坐标系来确定点的位置。以参考椭球面及通过地面点位的法线为依据所建立起来的球面坐标系称为大地坐标系。在大地坐标系上地面点的平面位置用大地经度 L 和大地纬度 B 来表示。

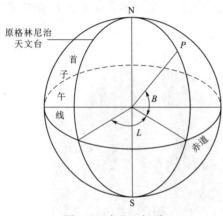

图 1.3　大地坐标系

如图 1.3 所示，N 和 S 分别表示地球（参考椭球）的北极和南极。NS 为地球自转轴（参考椭球旋转轴）。通过地球表面某点和地球自转轴所构成的平面称为子午面。子午面与地球表面的交线称为子午线，又称经线。通过格林尼治天文台的子午面称为起始子午面，也叫零子午面。起始子午面与地球表面的交线称为起始子午线。通过地心垂直于椭球旋转轴的平面称为赤道面。赤道面与椭球面的交线称为赤道。与赤道平行的平面与地球表面的交线叫纬线。

大地经度 L 是指通过地球表面某点（如图 1.3 上的 P 点）的子午面与起始子午面间的夹角，从起始子午面开始向东 $0° \sim 180°$ 称为东经，向西 $0° \sim 180°$ 为西经。大地纬度 B 是指通过该点的法线与赤道面间的夹角，赤道以北 $0° \sim 90°$ 称为北纬，赤道以南 $0° \sim 90°$ 为南纬。

2. 独立平面直角坐标系

大地坐标是球面坐标，若直接应用于工程测量，很不方便。在小范围内（半径不大于 10km 的区域内）进行测量工作时可用水平面代替水准面，将地面点直接沿铅垂线方向投影到水平面上并在该平面上建立直角坐标系。为了避免测区内出现负坐标值，通常将平面直角坐标系的原点选在测区的西南角，并以 O 表示。通过 O 点的南北轴方向为 X 轴（纵轴），向北为正，向南为负；东西轴方向为 Y 轴（横轴），向东为正，向西为负；象限顺序按顺时针方向排列，如图 1.4 所示。

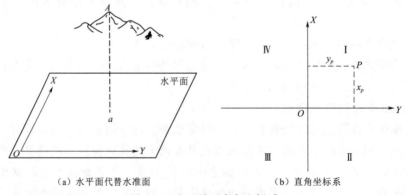

（a）水平面代替水准面　　　　　（b）直角坐标系

图 1.4　独立平面直角坐标系

建立独立直角坐标系后，地面上各点的平面位置均可用坐标 (x, y) 来表示。独立平面坐标施测完后，应尽量与国家坐标系统联测，便于测量成果通用。

注意测量平面坐标系与数学坐标系的区别：坐标轴取名互换，坐标系象限顺序相反。这样所有平面上的数学公式均可直接在测量中使用，同时又便于测量的方向和坐标计算。

3. 高斯平面直角坐标系

当测区范围较大时，测量工作中不能直接用水平面代替水准面，需将球面坐标按一定数学法则化算到平面上。我国采用的是高斯投影法，并由高斯投影来建立平面直角坐标系。

（1）高斯投影原理。高斯投影因最早是由德国数学家高斯于 1825—1830 年提出来而得此名的。高斯投影法是假想有一个空心椭圆柱面横切在地球椭球体外面，并与某一条子午线（这条子午线称为中央子午线）相切，椭圆柱的中心轴通过椭球体中心，然后用正形投影法将中央子午线两侧各一定经差范围内的地区投影到椭圆柱面上，再将椭圆柱沿着过南北极的母线切开，最后将此柱面展开成为投影面，如图 1.5 所示。

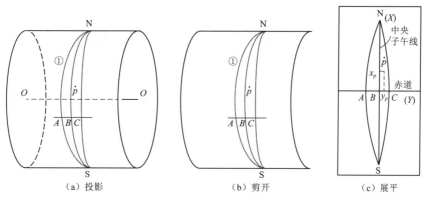

图 1.5　高斯投影原理

（2）高斯投影特点。其主要有三点：一是投影后中央子午线无变形；二是投影后图形保持相似，角度不变；三是距离中央子午线越远处，投影后变形越大。采用分带投影方式以限制投影中的长度变形，保证投影长度的精度要求。

（3）高斯投影方法。首先将地球用经线按一定的经差划分成不同的投影带，通常分为 6°带和 3°带。

1）6°带。从起始子午线起，每隔经度 6°划分为一个投影带，并用阿拉伯数字由西向东对各带依次进行编号，整个地球划分成 60 个带。如图 1.6 如示。

投影后，位于各带中央的子午线称为中央子午线。第 1 带中央子午线的经度为 3°，每带中央子午线的经度 L_0 与带号 n 的关系可表示为

$$L_0 = 6n - 3 \tag{1.1}$$

我国领土由东经 75°起至东经 135°止，按 6°带可划分为 11 带（13~23 带）。

2）3°带。当要求投影变形更小时，可采用 3°带。从经度 1°30′ 的子午线起，每隔

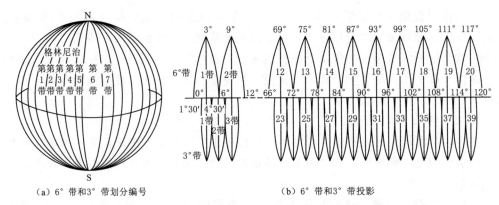

（a）6°带和3°带划分编号　　　　（b）6°带和3°带投影

图1.6　6°带和3°带划分编号及投影

经度3°划分为一个投影带，并用阿拉伯数字由西向东对各带依次进行编号，整个地球划分成120个带。如图1.6所示。东半球各带中央子午线的经度L_0'与带号n'的关系可表示为

$$L_0' = 3n' \qquad (1.2)$$

我国领土按3°带可划分为22带（24～45带）。

3）6°带与3°带的关系。当3°带为奇数带号时，其中央子午线与6°带中央子午线重合；当3°带为偶数带号时，其中央子午线与6°带边子午线重合。这样方便6°带与3°带的坐标转换。

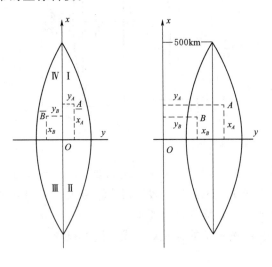

（a）高斯平面直角坐标系　（b）坐标原点向西平移500km后

图1.7　高斯平面直角坐标系

（4）高斯平面直角坐标系。从以上分析可以看出，在投影平面上，中央子午线投影线与赤道投影线为相互垂直的两条直线，故高斯平面直角坐标系选择这两条直线的交点为坐标原点O；以中央子午线的投影线为纵坐标x轴，向北为正，向南为负；以赤道投影线为横坐标y轴，向东为正，向西为负；象限按顺时针顺序编号，如图1.7所示。

点的x坐标是点至赤道的距离；点的y坐标是点至中央子午线的距离。我国位于北半球，x坐标均为正值，y坐标有正值也有负值。为了避免y坐标出现负值，统一规定将各带坐标原点向西平移500km。如图1.7（a）所示，设$y_A = +135680m$，$y_B = -252485m$。为了避免出现负值，将坐标原点向西平移500km［图1.7（b）］后，$y_A = 500000 + 135680 = 635680m$，$y_B = 500000 - 252485 = 247748m$。另外，为了区分不同投影带中的点，规定在点的$y$坐标值前加上带号。如点$A$、$B$在18带上，则$y_A =$

18635680m，$y_B = 18247748$m。

4. 地心空间直角坐标系

在卫星大地测量中常用地心空间直角坐标来表示空间一点的位置。是以地球的质心为原点 O，Z 轴与地球旋转轴重合，X 轴通过起始子午面与赤道的交点，Y 轴与 Z、X 轴形成右手系，如图 1.8 所示。地心空间直角坐标系可以统一各国的大地控制网，可以使各国的地理信息"无缝"衔接。其在全球定位系统、航空、航天、军事及国民经济各部门都有着广泛的应用。

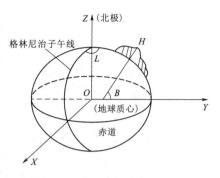

图 1.8　地心空间直角坐标系

1.2.3.2 地面点的高程

地面点高程是指地面点到某一高程基准面的距离。要确定地面点的高程，必须首先确定一个高程起算面。用统一起算面作为基准确定所有地面点高程，成为一个高程系统。根据高程基准面不同，地面点的高程有以下两种。

1. 绝对高程

一般测量工作中都以大地水准面作为基准面。地面点到大地水准面的铅垂距离称为该点的绝对高程（简称高程），通常用 H 表示，如图 1.9 所示的 H_A 和 H_B。

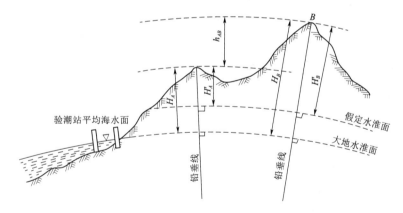

图 1.9　高程和高差

我国规定用黄海平均海水面作为大地水准面，作为绝对高程的起算面，该面上各点的高程为零。我国大地水准面的位置是青岛验潮站对朝夕观测井的水位进行长期观测而确定的。

1949 年以前，我国没有统一的高程起算基准面，继 1954 年建立北京坐标系后，才建立了国家统一的高程系统起算点，即水准原点。我们国家水准原点位于青岛市观象山附近，如图 1.10 所示。"1956 年黄海高程系"是根据青岛验潮站连续 7 年（1950—1956 年）的水位观测资料而确定的大地水准面位置，并由此用精确的方法联测推算出我国大地水准原点高程为 72.289m。后来根据验潮站 1952—1979 年的水位观测资料，重新确定了黄河平均海水面的位置，由此推算出我国大地水准原点高程为72.260m，这就是现在使用的是"1985国家高程基准"，如图1.11所示。

（a）青岛验潮站　　　　　　　　（b）国家水准原点标志

图1.10　我国统一高程基准点（国家水准原点）

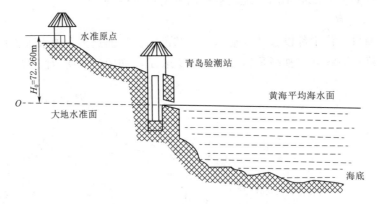

图1.11　1985国家高程基准示意图

2. 相对高程

地面点到假定水准面的铅垂距离称为该点的相对高程，如图1.9所示的 H'_A 和 H'_B。局部地区当测区附近无国家高程控制点时可考虑采用。

3. 高差

地面上的两点之间的高程之差称为高差，通常用 h 表示。如图1.9所示。

$h_{AB}=H_B-H_A=H'_B-H'_A$，表示 A 点到 B 点的高差（也称 B 点相对于 A 点的高差）；

$h_{BA}=H_A-H_B=H'_A-H'_B$，表示 B 点到 A 点的高差（也称 A 点相对于 B 点的高差）；

$h_{AB}=-h_{BA}$

由此可见以下几点：①计算高差的两点必须是同一高程系中的高程，即具有统一的起算面；②两点间高差与高程起算面无关，起算面可以是大地水准面也可是假定水准面；③高差有方向且有正负，当 h_{AB} 为正值时，B 点高于 A 点，当 h_{AB} 为负值时，B 点低于 A 点；④h_{AB}（A 点到 B 点的高差）与 h_{BA}（B 点到 A 点的高差）的绝对值相等，符号相反。

1.3　测量工作的基本内容和基本原则

1.3.1　测量工作基本内容和基本形式

由前可知，地面点的空间位置通常由该点在基准面上的投影位置坐标（x，y）和该点沿投影方向到大地水准面的距离高程（H）来表示。实际测量工作中，一般不能直接测出地面点的坐标和高程，而是求得待定点与已知点之间的几何位置关系，即通过测量水平角、水平距离和高差来推算各点的坐标和高程。可见，水平角、水平距离、高差是确定地面点位置的三个基本要素，高差测量、角度测量和距离测量就是测量工作的三项基本内容。

如图 1.12 所示，A、B、C、D、E 为地面上高低不同的一系列点，构成空间多边形 $ABCDE$，图下方为水平面。从 A、B、C、D、E 分别向水平面作铅垂线，这些垂线的垂足在水平面上构成多边形 $abcde$，水平面上各点就是空间相应各点的正射投影；水平面上多边形的各边就是各空间斜边的正射投影；水平面上的角就是包含空间两斜边的两面角在水平面上的投影。地形图就是将地面点正射投影到水平面上后再按一定的比例尺缩绘至图纸上而成的。由此看出，地形图上各点之间的相对位置是由水平距离 D、水平角 β 和高差 h 决定的，若已知其中一点的坐标（x，y）和过该点

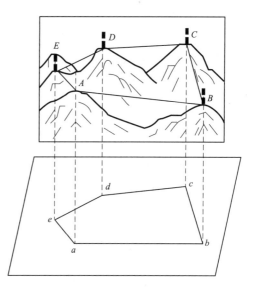

图 1.12　测量的基本工作

的标准方向及该点高程 H，则可借助 D、β 和 h 将其他点的坐标和高程算出。因此，欲确定地面点的三维坐标，要测量的基本要素有距离（水平距离或斜距）、角度（水平角和竖直角）、高差以及直线的方向。

测量工作一般分外业和内业两种。外业工作的内容主要是应用各种测量仪器和工具在测区内进行各种测定和测设工作，按照有关规范规定要求测量和采集相关信息和数据。内业工作是将外业测量和采集的相关信息和数据进行整理、计算或绘制成图，以达到使用要求。

1.3.2　测量工作基本原则

在实际测量工作中，应遵循以下几个原则。

（1）在布局上应"从整体到局部"；在测量顺序上应"先控制后碎部"；在精度上

应"由高级到低级"。即先在测区整个范围内选择一些有控制作用的点（控制点），先把它们的坐标和高程精确测定出来，然后以这些控制点为基础，测定出附近碎部点的位置。这样既可避免测量误差的逐点累积，又可多组测量人员同时在各个控制点上进行碎部测量，提高工作效率。

（2）测量和计算过程中应"步步检核"，前一步测量工作未做检核不能进行下一步测量工作。在测量工作中应时刻树立"质量第一"的观点，保持测量成果的精确、真实、客观和原始性。但在控制测量和碎部测量过程中，因各种因素都可能会发生测量错误，小错误会影响测量成果质量，严重错误需返工重测，造成误工、浪费，甚至会造成无法挽回的损失。所以，测量和计算过程中必须遵循"步步检核"的原则，可避免错误的结果对后续测量工作产生影响。

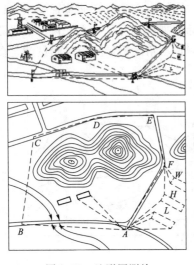

图 1.13　地形图测绘

测量工作最重要的任务之一就是测绘地形图，测绘地形图必须遵循以上测量工作原则。首先在测区内选择一系列起控制作用的点，将它们的平面位置和高程精确地测量计算出来，这些点被称作控制点，由控制点构成的几何图形称作控制网；其次，以这些控制点为基础，采用稍低精度的方法，分别测量出各自周围的碎部点（地物点和地貌点）的平面位置和高程；最后按照正射投影方法，依一定的比例尺，应用图式符号和注记缩绘成地形图。在每一步测量工作中，随时检查，避免错误。

如图 1.13 所示，多边形 $ABCDEF$ 就是该测区的控制网，地形图就是在此基础上测绘而成的。

1.4　测量误差概述

测量工作中，因观测者、测量仪器、外界条件等因素的影响，测量结果总是会存在误差。观测者可通过分析测量误差的产生原因、性质及其产生和传播的规律，而采取各种措施消除或减小其误差影响。这也是在后面各章的学习中应特别注意的一点。

1.4.1　测量误差及其产生原因

观测值（用 L 表示）是观测人员用测量仪器观测未知量而获得的数据。任何观测量客观上都存在一个能反映其真正大小的数值，即真值或理论值（用 X 表示）。然而，在实际测量过程中对于同一未知量的多次观测值之间，或在各观测值与其真值之间总是存在一定的差异，这种差异说明在测量结果中存在测量误差。观测值 L 与真值 X 之差称为真误差（用 Δ 表示），即

$$\Delta = L - X \tag{1.3}$$

测量误差的产生原因主要有以下三个方面。

（1）观测者。由于观测者感觉器官鉴别能力有一定的局限性，在仪器安置、照准、整平、读数等方面都产生误差。同时观测者的技术水平、工作态度等都对测量成果的质量有直接影响。

（2）测量仪器。每种仪器有一定限度的精密程度，因而观测值的精确度也必然受到一定的限度。同时仪器本身在设计、制造、安装、校正等方面也存在一定的误差，如度盘的偏心、钢尺的刻划误差等。

（3）外界条件。观测时所处的外界条件，如温度、湿度、大气折光等因素都会对观测结果产生一定的影响。外界条件发生变化，观测成果将随之变化。

观测者、测量仪器和观测时的外界条件是引起观测误差的主要因素，统称为观测条件。观测条件相同的各次观测，称为等精度观测。观测条件不同的各次观测，称为非等精度观测。观测条件的好坏与观测成果的质量有着密切的联系，直接影响到观测成果的精度，观测条件好，测量误差小，测量的精度就高；观测条件不好，测量误差大，测量的精度就低。

1.4.2　测量误差的分类

测量误差按其对测量结果的影响性质可分为系统误差和偶然误差两种。

1. 系统误差

在相同的观测条件下，对某未知量进行一系列的观测，若误差在大小、符号上表现出系统性，或者在观测过程中按一定的规律变化，或者为一常数，称为系统误差。如温度对钢尺量距的误差、水准尺的刻划不准或水准仪的视准轴误差、尺长误差等均属于系统误差。系统误差对测量成果影响较大，且一般具有累积性，应尽可能消除或限制到最低程度，其常用的处理方法有：①检校仪器，把系统误差降低到最低程度；②在观测结果中加入改正数，如尺长改正等；③在观测方法和观测程序上采取适当措施使系统误差相互抵消或减弱其影响，如测水平角时采用盘左、盘右观测，每个测回起始方向上改变度盘的配置等。

2. 偶然误差

在相同的观测条件下，对某未知量进行一系列的观测，若误差在符号和大小都没有表现出一致的倾向，即从单个误差来看，该系列误差的大小及符号没有规律，但从大量误差的总体来看，具有一定的统计规律，这类误差称为偶然误差，也叫随机误差。如观测时的照准误差、读数时的估读误差等均为偶然误差。

偶然误差是由多种因素综合影响产生的，如仪器及人的感觉器官能力的限制，不断变化着的温度、风力等不能控制的外界环境因素等。所以，观测结果中不可避免地存在偶然误差。

由大量的观测统计资料结果表明，在相同观测条件下，大量偶然误差分布呈现出一定的统计规律性，并且是服从正态分布的随机变量。偶然误差具有如下具体特性：①有限性，在一定的观测条件下，偶然误差的绝对值不会超过一定的限值；②集中性，绝对值小的误差比绝对值大的误差出现的可能性大；③对称性，绝对值相等的正误差与负误差出现的机会相等；④抵偿性，当观测次数无限增多时，偶然误差的算术平均值趋近于零。

依据有限性和集中性，就可在实际测量工作，根据观测条件确定一个误差限值，认为观测值中误差绝对值小于该限值的观测值为符合要求，否则应重测或剔除；依据对称性和抵偿性，误差的理论平均值应为零，若此值不为零，且数值较大，说明观测成果中含有系统误差或错误。

3. 粗差

测量结果中除上述两类误差之外，还可能出现错误，也称粗差，如读错、记错等。这主要是由测量作业人员粗心大意而引起的，也可能是仪器自身或受外界干扰发生故障而引起的。一般，粗差值大大超过系统误差或偶然误差。粗差不属于误差范畴，不仅大大影响测量成果的可靠性，甚至需要返工。因此必须采取适当的方法和措施，如严格遵守操作规范进行测量作业，进行检核验算、重复观测等，坚决杜绝错误的发生。

1.4.3　衡量精度的标准

精度是指误差分布的密集或离散的程度，表示了测量成果的精确程度。若分布较为密集，说明这组观测值精度较高；反之，若分布较为离散，则表示该组观测值精度较低。为了使人们对精度有一数字概念，并且使该数字能反映误差的密集或离散程度，以便正确地比较各观测值的精度，通常用中误差、相对误差和极限误差几种指标作为衡量精度的标准。

1. 中误差

在相同的观测条件下，对真值为 X 的某未知量进行 n 次独立观测，其观测值分别为 L_1，L_2，$\cdots$，L_n，相应的真误差分别为 Δ_1，Δ_2，$\cdots$，Δ_n。将各个真误差平方和的平均值的平方根称为该列观测值的中误差，也称标准差，以 m 表示，即

$$m=\sqrt{\frac{[\Delta\Delta]}{n}} \tag{1.4}$$

式中：$[\Delta\Delta]=\Delta_1^2+\Delta_2^2+\cdots+\Delta_n^2$，$\Delta_i=L_i-X$。

中误差 m 表示的是一列观测值的精度。m 越大，表示这一列观测值的测量误差越大，精度也就越低；m 越小，表示这一列观测值的测量误差越小，精度也就越高。

例 1.1　设有两列等精度观测，其真误差分别为：

第 1 组：$+6''$、$-5''$、$-1''$、$+1''$、$-4''$、$0''$、$+3''$、$-1''$；

第 2 组：$-4''$、$+3''$、$-1''$、$-3''$、$+4''$、$+2''$、$-1''$、$-3''$。

请分别计算这两列观测值的中误差 m_1，m_2。

解：$m_1=\sqrt{\dfrac{6^2+(-5)^2+(-1)^2+1^2+(-4)^2+0+3^2+(-1)^2}{8}}=3.3''$

$m_2=\sqrt{\dfrac{(-4)^2+3^2+(-1)^2+(-3)^2+4^2+2^2+(-1)^2+(-3)^2}{8}}=2.8''$

比较 m_1 和 m_2 可知，第 2 列观测值的精度要比第 1 列高。

2. 极限误差

由偶然误差的特性可知，在一定的观测条件下，偶然误差的绝对值不会超过一定限值，这个限值就是极限误差，或称容许误差。如何确定此限值呢？一般规定极限误差的依据是误差出现在某一范围内概率的大小，根据误差特性和大量的观测数据计算

表明，在一系列的同精度观测误差中，真误差绝对值大于中误差的概率约为 32%；大于 2 倍中误差的概率约为 4.5%；大于 3 倍中误差的概率约为 0.3%。可见大于 3 倍中误差的真误差出现的概率极低，在观测次数不多的情况下可认为是不可能出现的。所以，可规定 3 倍中误差作为偶然误差的极限值。

在实际测量工作中，测量规范中均要求观测中不允许存在较大误差，以极限误差理论为依据确定了测量误差的容许值，称为容许误差，以 $\Delta_容$ 表示，即 $\Delta_容 = 3m$。若对观测结果要求更高时，也有规定 2 倍中误差作为观测值的容许误差，即 $\Delta_容 = 2m$。

当某观测值的误差超过容许误差时，将认为该观测值含有粗差，而应剔去不用或重测。

3. 相对误差

对于某些观测结果，有时只用中误差还不能完全说明观测精度的高低。例如，分别丈量了 100m 和 300m 两段距离，中误差均为 ±2cm。虽然两者的中误差相同，但就单位长度而言，两者精度并不相同，显然后者精度高于前者。为了客观反映实际精度，常采用相对误差。

相对误差是误差的绝对值与相应观测值之比，常以 K 来表示。相对误差是个无名数，在测量中经常将分子化为 1，分母化为整数 M，即 $K = 1/M$。相对精度有相对真误差、相对中误差、相对极限误差。它们分别是真误差、中误差和极限误差的绝对值与其相应观测值的比值。如丈量一段距离，其观测值为 D，中误差为 m，则其相对中误差为

$$K = \frac{|m|}{D} = \frac{1}{D/|m|} \qquad (1.5)$$

则例中两段距离的相对中误差分别为 1/5000 和 1/15000，显然后者精度高于前者。

与相对误差对应，真误差、中误差、极限误差都是绝对误差。

1.4.4 观测值算术平均值及其中误差

1. 算术平均值

对某一个量进行 n 次同精度观测，设其观测值为 L_1、L_2、$\cdots$、L_n，则该量的各次观测值的算术平均值 $\overline{x}$ 为

$$\overline{x} = \frac{L_1 + L_2 + \cdots + L_n}{n} = \frac{[L]}{n} \qquad (1.6)$$

式中：$[L]$ 为所有观测值之和。

通过分析可知，若对某一量观测无穷多次，由各观测值求得的算术平均值就是该量的真值。实际上，对任何一个未知量都不可能进行无穷多次的观测，所以其真值也不可能获得。在实际测量作业中，对未知量的观测次数总是有限的，只能根据有限个观测值求出该量的算术平均值 $\overline{x}$。

由于被观测量的算术平均值与其真值 X 之差是一个很小的量，所以算术平均值很接近于真值，是未知量的最可靠值。通常取各次观测值的算术平均值作为观测值的最后结果。

2. 算术平均值的中误差

设有 n 个等精度观测值，并设其各自独立观测值的中误差均为 m，根据观测值的

算术平均值公式及中误差计算公式推得这 n 个观测值的算术平均值 $\bar{x}$ 的中误差 $m_{\bar{x}}$ 为

$$m_{\bar{x}} = \pm \frac{m}{\sqrt{n}} \qquad (1.7)$$

注意式（1.7）中的观测值中误差 m，是表示观测列中任一观测值的精度；而算术平均值的中误差 $m_{\bar{x}}$ 则表示由 n 个等精度观测值求出的算术平均值 $\bar{x}$ 的精度。

若对一未知量由于采取 n 次观测，并取 n 个观测值的平均值作为最后结果，则其中误差比观测值中误差减少 $\sqrt{n}$ 倍，即提高精度 $\sqrt{n}$ 倍。

设 $m=1$，算术平均值中误差 $m_{\bar{x}}$ 与观测次数 n 之间关系如表 1.1 所示。

表 1.1 　　　　　　　算术平均值中误差 $m_{\bar{x}}$ 与观测次数 n 之间关系

n	1	2	3	4	5	6	8	10	20	50	100
$m_{\bar{x}}$	±1.00	±0.71	±0.58	±0.50	±0.45	±0.41	±0.35	±0.32	±0.22	±0.14	±0.1

注　1. 随着 n 增大 $m_{\bar{x}}$ 在减小，即算术平均值的精度随观测次数的增加而提高。

　　2. 当观测次数增加到某一定的数目后，再增加观测次数，精度提高得却很少。例如，若观测次数从 20 增加到 100 时，精度只提高约 1 倍。可见，采取增加观测次数来提高测量结果精度的办法是有一定限度的。

1.5　测量的计量单位

1. 长度单位

1km＝1000m，1m＝10dm＝100cm＝1000mm。

2. 面积单位

面积单位是 m^2，大面积则用 hm^2 或 km^2 表示，在农业上常用亩作为面积单位。

1 公顷＝10000m^2＝15 亩，1km^2＝100 公顷＝1500 亩，1 亩≈666.67m^2。

3. 体积单位

体积单位为 m^3。

4. 角度单位

测量上常用的角度单位有度分秒制和弧度制两种。

（1）度分秒制。1 圆周角＝360°，1°＝60′，1′＝60″。

（2）弧度。弧长等于圆半径的圆弧所对的圆心角，称为一个弧度，用 ρ 表示。

$$1 圆周角＝2\pi$$

$$1 弧度＝\frac{180°}{\pi}＝57.3°＝3438'＝206265''$$

【本章小结】

本章介绍的是市政工程测量的一些基本知识，主要包括以下内容。

1. 测绘学的定义、市政工程测量的任务

测绘学的主要任务包括测定和测设两部分。建筑工程各阶段中的测量工作任务是不同的，可概括为测图、放样、监测三方面。这部分内容应在充分理解的基础上加以牢记。

2. 地面点位的确定方法

对地球的形状和大小，旋转椭圆体、高斯平面直角坐标等内容，只需一般了解其意义即可，不必深究。对铅垂线、水平线、水平面、水准面、大地水准面、绝对高程和相对高程、高差、经度、纬度、平面直角坐标等测绘学的基本词汇应搞清楚其含义并牢记之。

3. 测量工作的基本概念

应牢记测量工作的基准面是大地水准面，测量工作的基准线是铅垂线。测量工作中应遵循的原则是：布局上应"从整体到局部"；顺序上应"先控制后碎部"；精度上应"由高级到低级"；测量和计算过程中应"步步检核"。水平角、水平距离、高差是确定地面点位置的三个基本要素，角度测量、距离测量和高差测量就是测量工作的三项基本内容。测量工作一般分外业和内业两种。测量工作的基本内容和基本原则，应结合后续章、节的学习和实践逐步加深理解。

4. 测量误差的基本知识

学习误差的目的在于确定最可靠的结果，评定成果的优劣，预先估计测量精度，以便拟定合理的工作方案。这部分要理解测量误差的基本概念，对衡量精度的几个标准指标要有较深入的理解并记住其含义。根据误差产生原因、性质特点，通过检校仪器、在观测结果中加入改正数、在观测方法和观测程序上采取适当措施、规定误差的容许值等尽可能将测量误差消除或限制到最低程度。这部分内容应结合后续各章的学习进一步理解。

【知识检验】

1. 填空题

（1）地面点到_____铅垂距离称为该点的相对高程。

（2）通过_____海水面的_____称为大地水准面。

（3）已知 A 点相对高程为 100m，B 点相对高程为 -200m，则高差 $h_{AB} =$ _____；若 A 点在大地水准面上，则 B 点的绝对高程为_____。

（4）测量工作的基本内容是_____、_____、_____。

（5）测量使用的平面直角坐标是以_____为坐标原点，_____为 X 轴，以_____ Y 轴。

（6）地面点位若用地理坐标表示，应为_____、_____和绝对高程。

（7）地球是一个旋转的椭球体，如果把它看作圆球，其半径的概值为_____km。

（8）地面点的纬度为该点的铅垂线与_____所组成的角度。

（9）测绘学的任务包括_____和_____两部分。

（10）测量误差是由于_____、_____、_____三方面的原因产生的。

（11）观测误差按性质可分为_____和_____两类。

（12）在等精度观测中，对某一角度重复观测多次，观测值之间互有差异，其观测精度是_____的。

（13）在观测条件不变的情况下，为了提高测量的精度，其唯一方法是_____。

（14）测量误差大于_____时，被认为是错误，必须重测。

（15）某线段长度为300m，相对误差为1/1500，则该线段中误差为_____。

2. 单选题

（1）地面点到大地水准面的垂直距离称为该点的（　　）。

A. 相对高程　　　　B. 绝对高程　　　　C. 高差　　　　D. 高程

（2）地面点的空间位置是用（　　）来表示的。

A. 地理坐标　　　B. 平面直角坐标　　C. 坐标和高程　　D. 坐标和高差

（3）相对高程的起算面是（　　）。

A. 水平面　　　　B. 大地水准面　　　C. 假定水准面　　D. 海平面

（4）在等精度观测的条件下，正方形一条边 a 的观测中误差为 m，则正方形的周长（$C=4a$）中的误差为（　　）。

A. m　　　　　　B. $2m$　　　　　　C. $4m$　　　　　　D. $1/2m$

（5）衡量一组观测值的精度的指标是（　　）。

A. 中误差　　　　　　　　　　　B. 允许误差

C. 算术平均值中误差　　　　　　D. 算术平均值

（6）在距离丈量中，衡量其丈量精度的标准是（　　）。

A. 相对误差　　　B. 中误差　　　　C. 往返误差　　　D. 允许误差

（7）下列误差中（　　）为偶然误差。

A. 照准误差和估读误差　　　　　B. 横轴误差

C. 水准管轴不平行于视准轴的误差　D. 指标差

（8）对三角形进行5次等精度观测，其真误差（闭合差）为：$+4''$；$-3''$；$+1''$；$-2''$；$+6''$，则该组观测值的精度（　　）。

A. 不相等　　　　B. 相等　　　　　C. 最高为 $+1''$　　D. 最低为 $-3''$

3. 问答题

（1）市政工程测量的任务是什么？学习要求有哪些？

（2）测定和测设有何区别？

（3）测量工作的基准面和基准线是什么？

（4）测量坐标系有哪几种？各有什么特点？分别适用于什么情况？

（5）测量中的平面直角坐标系与数学中的平面直角坐标系有什么不同？

（6）两点之间绝对高程之差与相对高程之差是否相等？

（7）水准面和水平面有何区别？

（8）测量工作的基本原则是什么？

（9）国内某地点高斯平面直角坐标 $x=2053411.725\mathrm{m}$，$y=36431365.178\mathrm{m}$。该高斯平面直角坐标的意义何在？

（10）1.25弧度等于多少度分秒？58秒等于多少弧度？

4. 计算题

（1）已知 $H_A=126.879$，$H_B=133.658$，求 h_{AB} 和 h_{BA}。

（2）已知 $H_A=46.382$，$h_{AB}=-0.887$，求 H_B。

课程思政案例1：默默付出的测绘人

在荒无人烟的戈壁沙漠，总要有人，去那遥远地带测天量地；在生命禁区的世界之巅，总要有人，将那生命禁区精确丈量；在冰雪覆盖的南极海岸，总要有人，来填补大片的测绘空白；在旖旎风情的异国他乡，也总要有人，向全世界展示中国力量。他们有一个共同的名字：测绘人。

艰苦环境 历经磨炼

如果说国民经济建设是一条"龙"，那走在"龙头"位置的一定是测绘行业了。中华人民共和国成立初期，百废待兴。没有基础测绘数据的保障，水利、道路工程不能修建，房屋建设也无法保障安全，甚至就连国家精确的版图都不能拿出！从那时起，注定了这份简单工作的不平凡。然而，在那个年代，做大地测量工作异常艰苦。自然灾害、虎豹豺狼、土匪强盗，每一样都是测绘队员的致命天敌。艰苦的环境从来不会让优秀的人们屈服，反而历练出一批优秀的测绘队员。在《不忘初心——国测一大队艰苦奋斗无私奉献的故事》一书中，可见一斑。我仿佛看到了来来回回穿行于大雪中的"雪里金刚"王永吉，看到了勇攀珠峰、续写辉煌的任秀波，也看到了坚守测绘仪器资料、英勇牺牲的吴昭璞……沙漠中、冰川上、雪地里，到处都活跃着测绘队员们的身影，无论气候多么极端，队员们总能出色地完成任务，给国家交上一份满意的答卷。测绘人的生活是艰苦的，不论是过去还是现在。但天降大任，纵使测量的路途困难重重，测绘人仍然百折不回。

为了工作，多少次，测绘人不能尽到做父母的基本义务，在孩子的哭声中离开；多少人不能在父母身边尽孝，父母临终也不能赶回家里。强大的队员，有一颗坚强的心，更有一个让他们能够更加强大的家庭，作为他们可以依靠的后盾。

当我们乘坐地铁，在没有堵车的环境中上下班时；当我们乘坐高铁，以每小时几百公里的速度出行时；当我们乘坐飞机，感叹科技发展带来的便利时，我们能看到的是科技的发展，是社会的进步。我们不会想到，在这背后是测绘人的无私奉献与默默付出，而在他们的背后，是家人的包容与支持。

致敬测绘工作者，更致敬他们背后的家人！

70余年，历经艰辛。测绘人爬过最陡峭的山峰，走过最荒无人烟的道路，足迹踏遍祖国的大江南北。伴着初升的太阳，摸爬滚打中走过了最艰难的时代，也收获了无数的荣誉。时代在变，不变的是测绘队员们爱国报国、勇攀高峰，忠于党、忠于人民、无私奉献的初心。有信仰，才会有方向，才会有力量；坚守初心，才能在变化万

英雄背后　血泪满襟

不忘初心　方得始终

千的世界中保持自己内心的宁静。

　　未来将会有更多的测绘工作者，沿着先辈的足迹，前仆后继，将祖国的每一寸土地精确丈量，将测绘精神薪火相传。

第 2 章

水 准 测 量

【学习目标】

掌握水准测量的原理；水准测量常用仪器和工具；常用水准仪的构造、操作使用方法、注意事项；普通水准测量的施测方法，水准测量的检核方法及内业成果整理计算方法；水准测量的误差原因分析及改进措施；水准仪应满足的几何条件及检校项目、目的和方法。

能说出常用水准仪的主要构造部件名称及作用；能独立完成水准仪的基本操作；能运用改变仪器高法进行闭合水准路线测量；能对观测结果进行整理分析；能对水准仪进行基本的检验与校正。

【课程思政育人目标】

培养学生爱岗敬业、精益求精、勇于创新、艰苦奋斗的测绘工匠精神。

高程测量是测定地面点高程的测量工作，是测量工作中三项基本内容之一。一般通过测定地面点间的高差，然后根据已知点的高程和高差推算其他各点的高程。根据使用仪器和施测方法的不同，高程测量可分为水准测量（用水准仪测量高程）、三角高程测量（常用全站仪、经纬仪测量高程，在地形复杂、起伏较大的地区高程测量时较常用）、气压高程测量（用气压计测量高程，精度不高，很少用）及 GPS 高程测量（用 GPS 测量高程）。其中水准测量精度高、用途广，是最常用的高程测量方法，本章主要介绍此种方法。

2.1 水 准 测 量 原 理

2.1.1 测定两点间高差的水准测量

水准测量是利用水准仪提供的水平视线，对竖立在两个地面点上的水准尺进行读数，从而计算两点间的高差，进而推算高程的一种高程测量方法。

2.1.1.1 测定两点间高差

如图 2.1 所示，已知 A 点的高程为 H_A，只要能测出 A 点至 B 点的高程之差，简称高差 h_{AB}，则 B 点的高程 H_B 就可用式（2.1）计算求得

$$H_B = H_A + h_{AB} \qquad (2.1)$$

在 A、B 两点上竖立水准尺，并在 A、B 两点之间安置一架可以得到水平视线的

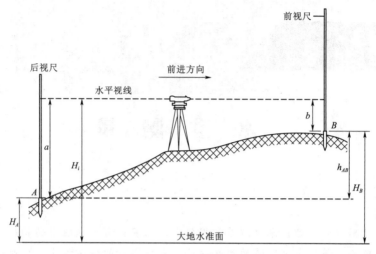

图 2.1 水准测量原理示意图

仪器即水准仪，设水准仪的水平视线在尺上截取的读数分别为 a 和 b，得到 A、B 两点的高差 h_{AB} 的计算式如下：

$$h_{AB} = a - b \qquad (2.2)$$

如果测量的前进方向是由 A 至 B，测 A 点称为后视点，B 点称为前视点；a 和 b 分别为后视读数和前视读数，可直接从水准尺上读取。此时，h_{AB} = 后视读数－前视读数。

2.1.1.2 高程计算

一般来说，高程计算的方法有高差法和视线高法两种。

1. 高差法

直接由高差和已知点高程计算未知点高程的方法称为高差法。

如上所述，测得两点的高差 h_{AB} 后，根据已知的 A 点高程 H_A 可由式（2.1）求得 B 点的高程为

$$H_B = H_A + h_{AB}$$

2. 视线高法

利用视线高程（或称仪器高程）推算未知点高程的方法称为视线高法。当安置一次仪器要求出多个点高程时，视线高法比高差法方便。如图 2.1 所示：

视线高程：

$$H_i = H_A + a = H_B + b \qquad (2.3)$$

则 B 点高程为

$$H_B = H_i - b = (H_A + a) - b \qquad (2.4)$$

综上所述，要测算地面上两点间的高差或点的高程，所依据的就是一条水平视线，如果视线不水平，上述公式不成立，测算将发生错误。因此，视线必须水平，是水准测量中要牢牢记住的操作要领。

2.1.2 连续水准测量

在实际工作中，通常待测高程点与已知水准点相距较远或高差较大时，仅安置一

次仪器难以测得两点的高差，此时需分段进行测量。

如图 2.2 所示，A 点为已知点，B 点为待测点。在 A、B 两点之间增设若干个临时立尺点，将 AB 划分为 n 段，逐段安置水准仪。在水准测量中，A、B 两点之间的临时立尺点仅起传递高程的作用，这些点称为转点，常以 TP 表示，如图 2.2 中的 TP_1、TP_2、$\cdots$、TP_n。把安置仪器的位置称为测站，在每一测站上进行水准测量，得到各测站的后视读数和前视读数分别为 a_1、b_1；a_2、b_2；$\cdots$；a_n、b_n。则各测站测得的高差为

第 1 测站：$\qquad\qquad h_1 = a_1 - b_1$

第 2 测站：$\qquad\qquad h_2 = a_2 - b_2$

$\cdots$ $\qquad\qquad\qquad\qquad\cdots$

第 n 测站：$\qquad\qquad h_n = a_n - b_n$

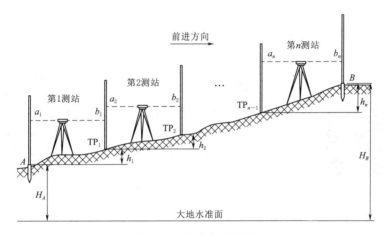

图 2.2　连续水准测量

A、B 两点的高差 h_{AB} 应为各测站高差的代数和，即

$$h_{AB} = (a_1 - b_1) + (a_2 - b_2) + \cdots + (a_n - b_n) = \sum h = \sum a - \sum b \qquad (2.5)$$

式（2.5）说明 A、B 两点的高差 h_{AB} 也等于后视读数之和减去前视读数之和，据此可检核计算是否正确。

则 B 点的高程为

$$H_B = H_A + \sum h \qquad (2.6)$$

2.2　水准测量仪器和工具

水准测量所使用的仪器为水准仪，所使用的工具有水准尺和尺垫。

2.2.1　水准仪的构造及功能

水准仪是提供水平视线的仪器。水准仪按其结构情况有三种：微倾式水准仪、自动安平水准仪和电子水准仪。微倾式水准仪是用微倾螺旋手动精平；自动安平水准仪是利用补偿器自动精平；电子水准仪也称数字水准仪，是一种高科技数字化水准仪，配合条纹编码尺实现自动识别、自动记录，显示高程和高差，实现了高程测量外业完

全自动化。

水准仪按其精度分有 DS_{05}、DS_1、DS_3、DS_{10} 等几种型号的仪器。D 和 S 分别为大地测量和水准仪的汉语拼音第一个字母；数字 05、1、3、10 表示精度，为每公里往返测的高差中数的中误差，单位为 mm，如"3"表示该仪器进行水准测量每公里往返测的高差中数的中误差为 ±3mm。DS_{05}、DS_1 属精密水准仪，DS_{05} 型主要用于国家一、二等水准和精密工程测量，DS_1 型主要用于国家二等水准和精密工程测量。DS_3、DS_{10} 属普通水准仪，DS_3 型在国家三、四等水准测量和一般工程测量中广泛使用。

2.2.1.1 微倾式水准仪

水准仪主要结构组成包括望远镜、水准器和基座三部分。为了能精确提供水平视线，在仪器构造上安置了一个能使望远镜上下做微小移动的微倾螺旋，所以称微倾式水准仪。

DS_3 型微倾式水准仪的外形及各部位名称如图 2.3 所示。

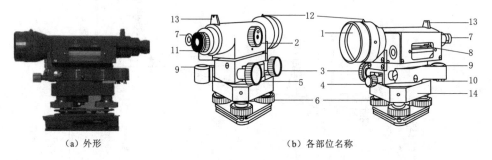

（a）外形　　　　　　　　　　（b）各部位名称

图 2.3　DS_3 型微倾式水准仪的外形及各部位名称

1—物镜；2—物镜调焦螺旋；3—水平微动螺旋；4—水平制动螺旋；5—微倾螺旋；6—脚螺旋；
7—符合气泡观察镜；8—管水准器；9—圆水准器；10—圆水准器校正螺钉；
11—目镜调焦螺旋；12—准星；13—照门；14—基座

水准仪的主要结构组成及作用如下。

1. 望远镜

望远镜由物镜、目镜和十字丝分划板三个主要部件组成，如图 2.4（a）所示。它的主要作用是提供观测视线，放大物像和十字丝。物镜的作用是将远处的目标在望远镜内成像，转动物镜调焦螺旋能使远近水准尺上的分划成像清晰。目镜是一个放大镜，能将物像和十字丝同时放大，转动目镜调焦螺旋可使十字丝清晰。十字丝分划板是刻有十字丝的透明玻璃板，安装在目镜前端，由水平丝（横丝）和纵丝组成，且相互垂直。十字丝的作用是瞄准目标，横丝用于读取水准尺读数。十字丝分划板上下两根短丝称为视距丝，用于测量水准仪至水准尺的距离。物镜光心与十字丝交点的连线称为望远镜的视准轴（用 CC'），视准轴的延长线即为通过望远镜瞄准远处水准尺的视线。

从望远镜内所看到的目标影像的视角与肉眼直接观察该目标的视角之比，称为望远镜的放大率。DS_3 级水准仪望远镜的放大率一般为 28 倍。

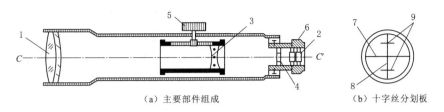

（a）主要部件组成　　　　　（b）十字丝分划板

图 2.4　望远镜构成

1—物镜；2—目镜；3—调焦透镜；4—十字丝分划板；5—物镜调焦螺旋；

6—目镜调焦螺旋；7—十字丝横丝；8—十字丝竖丝；9—视距丝

2. 水准器

水准器是用来标志视线是否水平、仪器竖轴是否铅直的一种装置。水准器有圆水准器和管水准器两种。

圆水准器是用玻璃制成的一个封闭圆盒，如图 2.5 所示。它的顶面内壁被研磨成球面，并刻有圆分划圈，圆圈的中心为水准器的零点。通过零点的球面法线为圆水准器轴线 L_0L_0'。当气泡居中时，圆水准器轴线为铅垂线。当气泡不居中时，气泡中心每偏移零点 2mm，轴线所倾斜的角值，称为圆水准器的分划值，DS$_3$ 型水准仪圆水准器分划值一般为 $8'\sim12'/2mm$。由于圆水准器的精度较低，只适用于仪器的粗平。圆水准盒的底部有三个校正螺丝，用于校正仪器。使用仪器时勿要碰动校正螺丝，以免破坏仪器轴线关系。

管水准器（也称水准管）是用纵向内壁磨成圆弧形的玻璃管制成的，管内装酒精和乙醚的混合液，加热融封冷却后留有一个气泡。由于气泡较轻，故恒处于管内最高位置。如图 2.6 所示。水准管上一般刻有间隔为 2mm 的分划线，分划线的中点 O 称为水准管零点。过零点 O 作水准管圆弧的切线 LL' 称为水准管轴。当水准管的气泡中点与水准管零点重合时，称为气泡居中，此时水准管轴处于水平位置，视准轴水平（水准仪在构造上要求视准轴平行于水准管轴），即视线水平。

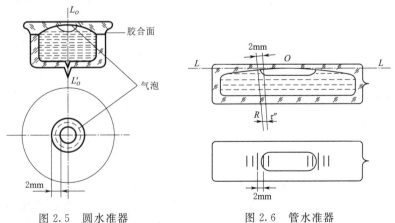

图 2.5　圆水准器　　　　　图 2.6　管水准器

水准管圆弧 2mm 所对的圆心角称为水准管分划值，通常此分划值不大于 $20''/2mm$，可见管水准器的精度比圆水准器的精度高，可以用于仪器的精确整平。

为了提高目估水准管气泡居中的精度，微倾式水准仪在水准管的上方安装一组符合棱镜，通过符合棱镜的反射作用，将气泡两端的影像反映在望远镜旁的符合气泡观察窗中。当气泡两端的半像吻合时表示气泡居中；当气泡的半像错开时则表示气泡不居中，这时，应转动微倾螺旋，使气泡的半像吻合，如图 2.7 所示。

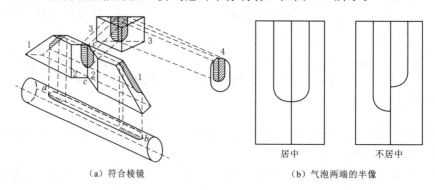

（a）符合棱镜　　　　　　　　　　　（b）气泡两端的半像

图 2.7　符合水准器

3. 基座

基座的作用是支撑仪器的上部并与三脚架连接。它主要由轴座、脚螺旋、底板和三角压板构成。基座呈三角形，中间是一个空心轴套，照准部的竖直轴就插在这个轴套内。当照准部绕竖轴在水平方向内转动时，基座保持不动。基座下部装了一块有弹性的三角底板。脚螺旋分别安置在底板的三个叉口内，底板的中央有一个螺母，用于和三脚架头上的中心螺旋连接，从而使水准仪连在三脚架上。

2.2.1.2　自动安平水准仪

自动安平水准仪是指在一定的竖轴倾斜范围内，通过补偿器自动安平望远镜视准轴的水准仪。自动安平水准仪观测时是用自动安平补偿器代替管状水准器，当圆水准器气泡居中后就能自动提供一条水平视线，达到水准测量的要求，即圆水准器气泡居中就可读数。它操作简便，测量作业速度快、精度高，广泛应用于国家控制三、四等水准测量、地形测量、工程测量中等。

自动安平水准仪与微倾式水准仪的结构大部分相同，主要区别在自动安平水准仪没有微倾式水准仪中的水准管和微倾螺旋，而是在望远镜的光学系统中安置补偿器，借助自动安平补偿器获得水平视线。当望远镜视线有微量倾斜时，补偿器在重力作用下对望远镜做相对移动，使视线水平时标尺上的正确读数通过补偿器后仍旧落在水平十字丝上，从而迅速获得视线水平时的标尺读数。而且对于微小震动、仪器不规则下沉、风力和温度变化等外界影响所引起的视线微小倾斜，也可迅速得到调整，使中丝读数保持为水平视线读数，从而保证了水准测量的精度。

补偿器设有警告机构。望远镜视场左端的小窗为警告指示窗。当仪器竖轴倾角在 $\pm5'$ 以内（即补偿器正常有效工作范围内）时，警告指示窗全部呈绿色，当超越 $\pm5'$ 时，窗内一端将出现红色，这时应重新安置仪器。当绿色窗口中亮线与三角缺口重合时，仪器处于铅垂状态，圆水准器气泡居中。利用警告机构，可直观迅速地确定仪器的安平状态，进一步提高工作效率。

图 2.8 为自动安平水准器的结构示意图；图 2.9 为苏一光 NAL124 自动安平水准仪的各部件名称；图 2.10 为国产 DZS$_3$ - 1 型自动安平水准仪的各部件名称。

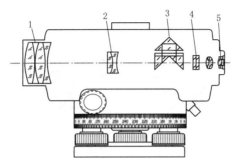

图 2.8　自动安平水准器的结构示意图

1—物镜；2—物镜调焦透镜；3—补偿器棱镜组；4—十字丝分划板；5—目镜

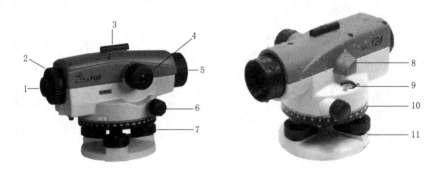

图 2.9　苏一光 NAL124 自动安平水准仪的各部件名称

1—目镜；2—目镜调焦螺旋；3—粗瞄器；4—物镜调焦螺旋；5—物镜；6—水平微动
螺旋；7—脚螺旋；8—反光镜；9—圆水准器；10—刻度盘；11—基座

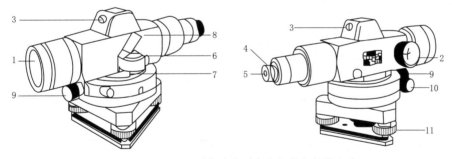

图 2.10　DZS$_3$ - 1 型自动安平水准仪的各部件名称

1—物镜；2—物镜调焦螺旋；3—粗瞄器；4—目镜调焦螺旋；5—目镜；6—圆水准器；
7—圆水准器校正螺钉；8—圆水准器反光镜；9—制动螺旋；
10—微动螺旋；11—脚螺旋

2.2.1.3　电子水准仪

电子水准仪又称数字水准仪，它是以自动安平水准仪为基础，在望远镜光路中增加了分光镜和探测器（CCD），并采用条码标尺和图像处理电子系统构成的光机电测一体化的高科技产品。主要由望远镜、水准器、自动补偿系统、计算存储系统、显示系统、数据传输系统及与仪器配套的条纹编码水准尺构成。图 2.11 为几种电子水准仪外形图；图 2.12 为电子水准仪构造示意图。

（a）拓普康电子水准仪　　（b）天宝电子水准仪　　（c）科力达国产电子水准仪　　（d）赛特电子水准仪

图 2.11　几种电子水准仪外形图

图 2.12　电子水准仪构造示意图

1—操作面板；2—水平度盘；3—脚螺旋；4—底板；5—目镜；6—读数窗口；7—提手；
8—调焦螺旋；9—物镜；10—电源开关；11—水平微动螺旋

电子水准仪具有测量速度快、读数客观、能减轻作业劳动强度、精度高、测量数据便于输入计算机和容易实现水准测量内外业一体化的特点。

电子水准仪所采用的条码标尺因各厂家标尺编码的条码图案不同，故不能互换使用。目前照准标尺和调焦仍需目视进行。如图 2.13 所示，人工完成照准和调焦之后，标尺条码一方面被成像在望远镜分化板上，供目视观测；另一方面通过望远镜的分光镜，标尺条码又被成像在光电传感器（又称探测器）上，即线阵 CCD 器件上，供电子读数。因此，如果使用传统水准标尺，电子水准仪又可以像普通自动安平水准仪一样使用。不过这时的测量精度低于电子测量的精度。特别是精密电子水准仪，由于没有光学测微器，当成普通自动安平水准仪使用时，其精度更低。

2.2.1.4　精密水准仪

精密水准仪主要用于国家一、二等水准测量和高精度的工程测量中，例如建筑物沉降观测，大型精密设备安装等测量工作。精密水准仪的结构组成与普通微倾式水准仪相似，也是由望远镜、水准器和基座三个主要部分组成，图 2.14 为 DS_1 精密水准仪的构造示意图。

与一般水准仪比较，精密水准仪在结构上要具有更好的精确性与可靠性，具体结构特点如下。

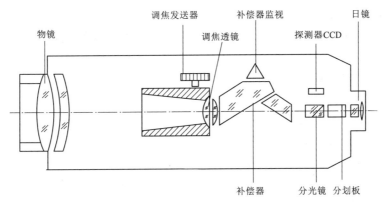

图 2.13　电子水准仪的机械光学结构

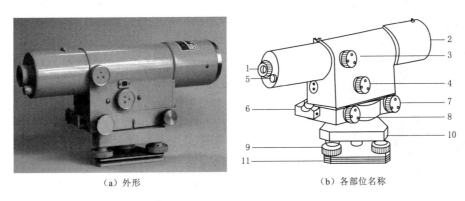

（a）外形　　　　　　　　（b）各部位名称

图 2.14　DS₁ 精密水准仪的构造示意图

1—目镜；2—物镜；3—物镜调焦螺旋；4—测微螺旋；5—测微器读数镜；6—粗平水准管；
7—水平微动螺旋；8—微倾螺旋；9—脚螺旋；10—基座；11—底板

1. 具有高质量的望远镜光学系统

为了能在望远镜中获得水准标尺上分划线的清晰影像，望远镜应有足够的放大倍率和较大的物镜孔径。一般精密水准仪的放大倍率应大于 40 倍，物镜的孔径应大于 50mm。

2. 具有坚固稳定的仪器结构

仪器结构应使视准轴与水准轴之间的联系相对稳定，不受外界条件的变化影响。一般精密水准仪的主要构件均用特殊的合金钢制成，并在仪器上套有起隔热作用的防护罩。

3. 具有高精度的测微器装置

精密水准仪上都装有光学测微器装置，借以精密测定小于水准标尺最小分划线间格值的尾数，以提高读数精度。一般精密水准仪的光学测微器可以读到 0.1mm，估读到 0.01mm。

4. 具有高灵敏的管水准器

一般精密水准仪的管水准器的格值为 $10''/2mm$。由于水准器的灵敏度越高，观测时要使水准器气泡迅速置中也就越困难。因此，在精密水准仪上应有微倾螺旋装置，以使视准轴与水准轴同时产生微量变化，从而使水准气泡较易精确置中，以保证视准轴的精确整平。

5. 具有高性能的补偿器装置

对于自动安平水准仪补偿元件的质量及补偿器装置的精密度都可以影响补偿器性能的可靠性。如果补偿器不能给出正确的补偿量，或是补偿不足，或是补偿过量，都会影响精密水准测量观测成果的精度。

2.2.2　水准尺

水准标尺简称水准尺。进行水准测量的工具，与水准仪配合使用，一般用优质木材、玻璃钢或铝合金制成，要求尺长稳定，分划准确。

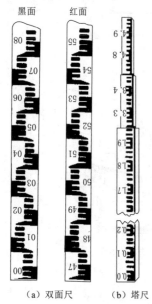

图 2.15　普通水准尺

（a）双面尺　（b）塔尺

2.2.2.1　普通水准尺

普通水准尺一般由干燥良好的木材、铝合金或玻璃钢制成，长度 2～5m 不等，按其构造型式可分为直尺、塔尺和折尺三种。其中直尺又分为单面分划和双面分划两种。如图 2.15 所示，常用的普通水准尺有双面尺和塔尺两种。

使用水准尺前一定要注意认清刻划特点。

1. 双面水准尺

双面水准尺常用于三、四等水准测量。其长度有 2m 和 3m 两种，且两根尺为一对。尺的双面均有刻划，一面为黑白相间，称为黑面尺（也称主尺）；另一面为红白相间，称为红面尺（也称辅尺）。

以 3m 尺为例，两面的刻划均为 1cm，在分米处注有数字。测量时两根尺要配套使用，两根尺的黑面尺尺底均从 0.000m 开始，而红面尺尺底，一根从 4.687m（或 4.487m）开始，另一根从 4.787m（或 4.587m）开始。在视线高度不变的情况下，同一根水准尺的红面和黑面读数之差应等于常数 4.687（4.487）m 或 4.787（4.587）m，这个常数称为尺常数，用 K 表示，以此可以检核读数是否正确。配套的两根尺的尺常数相差 100mm。

2. 塔尺

塔尺只用于等外水准测量。它是一种逐节缩小的组合尺，其长度常见的有 3m 和 5m，单面刻划，两节或三节连套在一起，尺的底部为 0.000m，尺面上黑白格相间，每格宽度为 1cm，有的为 0.5cm，在米和分米处有数字注记。

2.2.2.2　精密水准尺

精密水准尺是与精密水准仪配套使用的因瓦水准尺，主要用于一、二等水准测量及精密水准测量。它是在木质尺身的凹槽内，引张一根因瓦合金钢带，其中零点端固定在尺身上，另一端用弹簧以一定的拉力将其引张在尺身上，以使因瓦合金钢带不受尺身伸缩变形的影响。长度分划漆在因瓦合金钢带上，数字注记在木质尺身上。一般精密水准标尺都为黑色线条分划与浅黄色的尺面相配合，有利于观测时对水准标尺分划精确照准。

按线条分划及注记形式不同，精密水准尺有两种：如图 2.16（a）所示，为基辅分划水准尺，线条分划分格值为 10mm，在尺面因瓦合金钢带上左右两排分划注记，右边一排分划注记从 0～300cm，称为基本分划；左边一排分划注记从 300～600cm，称为辅助分划，同一高度的基本分划与辅助分划读数相差一个常数，称为基辅差，通常又称尺常数，水准测量作业时可以用以检查读数的正确性。如图 2.16（b）所示，为奇偶分划水准尺，线条分划分格值为 5mm，也有两排分划注记，但两排分划彼此错开 5mm，所以实际上左边是奇数分划，右边是偶数分划，即奇数分划和偶数分划各占一排，而没有辅助分划。木质尺面右边注记的是米数，左边注记的是分米数，整个注记从 0.1～5.9m，实际分格值为 5mm，分划注记比实际数值大了一倍，所以用这种水准标尺所测得的高差值必须除以 2 才是实际的高差值。

2.2.2.3 条形码水准尺

与电子水准仪配套使用的是条形码水准尺，如图 2.17 所示。条形码水准尺一般是钢瓦合金钢带尺、玻璃钢和铝合金制成的单面或双面尺，形式有直尺和折叠尺两种，规格有 1m、2m、3m、4m、5m 几种。双面尺的分划，一面为条形码，供电子测量用，其条码图案设计随电子读数方法不同而不同，各厂家标尺不能互换使用；双面尺的另一面为长度单位的分划线，用于普通光学水准测量。

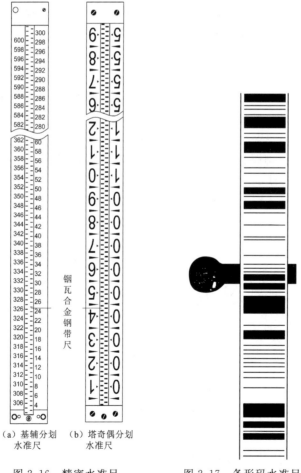

（a）基辅分划　　（b）塔奇偶分划
　水准尺　　　　　水准尺

图 2.16　精密水准尺　　图 2.17　条形码水准尺

通过电子水准仪的探测器来识别水准尺上的条形码，再经过数字影像处理，给出水准尺上的读数，取代了在水准尺上的目视读数。

2.2.3 尺垫

图 2.18 尺垫

尺垫通常由生铁铸成，一般为三角形板座（也有圆形）。其上表面中央有一凸出的半球状体，测量时水准尺立于半球顶面。下表面角端有三个支脚，可以踏入土中，以使尺垫固定于地面上，如图 2.18 所示。使用中应注意将尺垫放在地面上踏稳，且只用于转点处。

2.3 水 准 仪 的 使 用

2.3.1 DS₃ 型微倾式水准仪的使用与操作

1. 安置仪器

首先打开三脚架，安置三脚架要求高度适当、架头大致水平并牢固稳妥，在山坡上应使三脚架的两脚在坡下一脚在坡上。然后把水准仪用中心连接螺旋连接到三脚架上，取水准仪时必须握住仪器的坚固部位，并确认已牢固地连接在三脚架上之后才可放手。

2. 粗略整平

粗略整平简称粗平。目的是通过调节水准仪的脚螺旋，使圆水准气泡居中，从而使仪器竖轴大致铅垂，视准轴粗略水平。操作方法：按左手大拇指原则，即整平过程中气泡的移动方向与左手大拇指运动的方向一致。如图 2.19 所示，假设气泡偏离中心于 a 处，可先选择脚螺旋①、②，并双手以相对方向分别转动两个脚螺旋，使气泡移至①、②脚螺旋连线的中垂线上 b 处；再转动脚螺旋③使气泡居中。在实际操作过程中以上工作应反复进行，直至使仪器在任何位置气泡都居中为止。

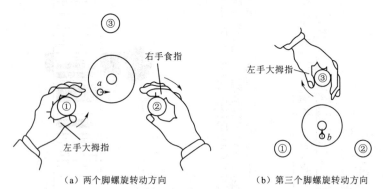

（a）两个脚螺旋转动方向 （b）第三个脚螺旋转动方向

图 2.19 粗略整平过程

3. 瞄准水准尺

目的是通过使望远镜对准水准尺，可清晰地看到目标和十字丝成像，以便准确地进行水准尺读数。操作方法：首先进行目镜调焦，将望远镜对着明亮的背景，转动目镜调焦螺旋，使十字丝清晰；再松开制动螺旋，转动望远镜，用望远镜筒上的准星瞄准水准尺，拧紧制动螺旋；从望远镜中观察目标；转动物镜调焦螺旋，使目标清晰，再转动微动螺旋，使竖丝对准水准尺。

瞄准时注意消除视差。当眼睛在目镜端上下微微移动时，若发现十字丝与目标影像有相对运动，这种现象称为视差。产生原因是目标成像的平面和十字丝平面不重合。视差的存在会影响到读数的正确性，必须加以消除。消除方法是重新仔细地进行目镜调焦和物镜调焦，直到从目镜端见到十字丝与目标的像都十分清晰，且眼睛上下移动读数不变为止。

4. 精确整平与读数

精确整平简称精平。目的是在读数前转动微倾螺旋使水准管气泡居中，以保证视准轴精确水平。操作方法：用眼睛观察目镜左方的符合气泡观察窗看水准管气泡，右手徐徐转动微倾螺旋，使气泡两端的影像吻合，即表示水准仪的视准轴已精确水平。

确认气泡符合后，应立即读取水准尺上的中丝读数。读数前应认清水准尺的注记形式，米位和分米位直接依据尺子注记的数字读取，厘米位要数分划数来读取，毫米位为估读数。为了保证读数的准确性，读数时要按由小到大的方向，先估读毫米数，再读取米、分米、厘米数，共四位数字。还要特别注意不要错读单位和发生漏零现象。视窗中水准尺读数如图 2.20 所示。

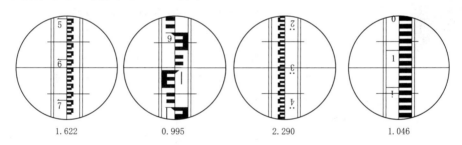

1.622	0.995	2.290	1.046

图 2.20 视窗中水准尺读数

需要注意的是，精平和读数虽是两项不同的操作步骤，但在水准测量的实施过程中，却把两项操作视为一个整体，即精平后要立即读数，读数后还要检查管水准气泡是否完全符合。只有这样，才能取得准确的读数。

2.3.2 自动安平水准仪的使用与操作

自动安平水准仪的操作步骤比 DS₃ 型微倾式水准仪的基本操作步骤简化，不需"精平"这一步，其他操作方法相同。主要操作步骤为安置仪器、粗平、瞄准，然后直接用中丝在水准尺上读数，即得到视线水平时的读数。

读数时应先观察自动报警窗的颜色，如全窗是绿色，则可读数，如窗的任一端出现红色，则说明仪器倾斜量超出了安平范围，应重新整平仪器后再读数。

若仪器长期未经使用，在测量前应检查一下补偿器是否失灵，可转动脚螺旋，如警告指示窗两端能分别出现红色，反转脚螺旋时窗口内红色能够消除并出现绿色，说明补偿器摆动灵活，阻尼器无卡死，可进行测量。

2.3.3　电子水准仪的使用与操作

电子水准仪通常用有多个功能键的键盘和安装在侧面的测量键来操作，有 LCD 显示器将测量结果和系统的状态显示给观测者。

观测时，观测者首先安置与粗平电子水准仪，打开电源开关键，启动仪器并设置测量模式，然后瞄准目标（条形编码水准尺）后，按下测量键约 3~4s 即显示出测量结果。其测量结果可贮存在电子水准仪内或传入计算机进行处理。

2.3.4　精密水准仪的使用与操作

精密水准仪的操作方法与一般水准仪基本相同，只是读数方法有些差异。

在水准仪精平后，十字丝中丝往往不恰好对准水准尺上某一整分划线，这时就要转动测微轮使视线上、下平行移动，十字丝的楔形丝正好夹住一个整分划线，被夹住的分划线读数为米、分米、厘米。此时视线上下平移的距离则由测微器读数窗中读出毫米数。

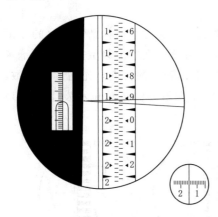

图 2.21　DS₁ 水准仪目镜视场及
测微器读数镜视场

DS₁ 水准仪目镜视场及测微器读数镜视场如图 2.21 所示。

2.3.5　使用水准仪的注意事项

无论是光学仪器，还是电子仪器，均是精密仪器，使用、维护、保管不善会使仪器精度降低，寿命缩短，甚至影响正常的测量工作，损坏后仪器虽经修理，也不能完全恢复仪器的性能；因此，每个测量人员及仪器管理人员必须正确使用仪器和认真保管仪器。

（1）携带、搬运及长途运输时，要注意防潮、防震、防碰撞或摔落。

（2）开箱取出仪器前，要记好仪器装放的正确位置，以便使用后原样放回，且不要随便拿出箱内其他附件。

（3）从箱内取出仪器时应小心、轻拿轻放，一手握扶照准部，一手握住三角基座，切勿握扶望远镜。

（4）往三脚架上安装仪器时，要一手握扶照准部，一手旋动三脚架的中心螺旋，防止仪器滑落，卸下时也要如此。

（5）观测过程中旋转仪器应手扶照准部，不要用望远镜旋转仪器。

（6）测量过程中迁站时，若距离较近，可将仪器各制动螺旋稍微固定，收拢三脚架，一手扶持脚架，一手托住仪器搬移；若距离较远，应装箱搬运。

（7）观测时应注意避免仪器被强光直晒及雨淋，必要时可撑伞遮住仪器，以免影响观测精度。

（8）在严寒冬季观测时室内外温差较大，仪器搬到室外或室内时，应隔一段时间后再开箱。

（9）在室外严禁测量人员离开仪器，也不准把仪器靠在树上或墙上。

（10）仪器各部分的制动螺旋不可太松、太紧，各部分的微动螺旋不可旋拧到末端。不要随意碰动仪器上与观测无关的任何螺丝。

（11）光学零件表面如有灰尘时，可用软毛刷轻轻刷去，如有水气或油污，可用脱脂棉或镜头纸轻轻地擦净，切不可用手帕、衣服擦拭光学零件表面。

（12）仪器不使用时应保存在干燥、清洁、通风良好的储存室内。

（13）仪器使用完毕后，要用绒布或毛刷清除仪器表面的灰尘后再装入箱内。

（14）仪器应定期进行检校与维修，并要认真填写仪器档案。

2.4　水　准　测　量　的　施　测

2.4.1　水准点的选点与标定

用水准测量方法测定的高程达到一定精度的高程控制点称为水准点（benchmark），一般缩写为"BM"，用"⊗"符号表示。为了统一全国的高程系统和满足各种测量的需要，测绘部门在全国各地埋设并测定了很多水准点。水准测量通常是从已知水准点引测其他点的高程。

水准点有永久性和临时性两种。建筑工地上的永久性水准点一般用混凝土或钢筋混凝土制成，顶面设置半球状金属标志，底部要深埋到地面冻结线以下，如图2.22（a）所示；也可用金属标志埋设在稳固建筑物的墙上形成墙上水准点，如图2.22（b）所示。临时性的水准点可在地面上突出的坚硬岩石或房屋勒脚、台阶上用红漆做标记，也可用大木桩打入地下，桩顶面钉以半球形金属帽，如图2.23所示。

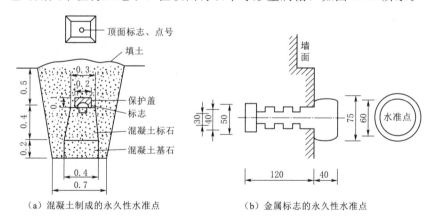

（a）混凝土制成的永久性水准点　　　　（b）金属标志的永久性水准点

图2.22　永久性水准点

水准点应布设在稳固、便于保存和引测的地方。为方便以后的寻找和使用，埋设水准点后，应绘出水准点与附近固定建筑物或其他地物的关系图，并在图上写明水准点的编号和高程，这个草图称为点之记。

2.4.2　水准路线及水准路线布设

在一系列水准点间进行水准测量所经过的路线，称为水准路线。为了避免在测量成果中存在错误，保证测量成果能达到一定精度要求，要根据测区的实际情况和作业

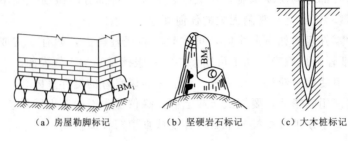

（a）房屋勒脚标记　　　　（b）坚硬岩石标记　　　　（c）大木桩标记

图 2.23　临时性水准点

要求，布设成某种形式的水准路线。

2.4.2.1　水准路线形式

普通水准测量中水准路线形式主要有三种：闭合水准路线、附合水准路线和支水准路线。

1. 闭合水准路线

如图 2.24（a）所示，是从一已知水准点 BM_A 出发，沿各待定高程点 1、2、3 进行水准测量，经过测量各测段的高差，求得各点高程，最后又闭合到 BM_A 的环形路线。

2. 附合水准路线

如图 2.24（b）所示，是从一已知水准点 BM_A 出发，沿各待定高程点 1、2、3 进行水准测量，经过测量各测段的高差，求得各点高程，最后附合到另一已知水准点 BM_B 的路线。

3. 支水准路线

如图 2.24（c）所示，是从一已知水准点 BM_A 出发，沿线往测其他各点高程到终点 2，又从 2 点返测到 BM_A，其路线既不闭合又不附合，但必须是往返施测的路线。

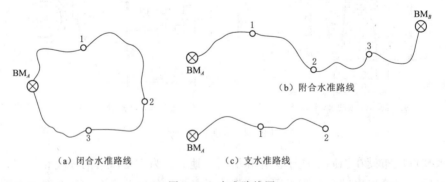

（a）闭合水准路线　　　　　（b）附合水准路线

（c）支水准路线

图 2.24　水准路线图

2.4.2.2　水准路线的布设

布设时要根据测区的实际情况和作业要求，布设成某种形式的水准路线。一般方法如下。

（1）调查研究测区情况，搜集并分析测区已有水准资料。

（2）现场踏勘，核对已有水准点保存情况，掌握测区现状。

（3）在图上（测区面积较大时）或现场拟定水准路线布设方案。注意要按规范要求，以高一等级水准点为起始点，均匀布设各水准点位置。

（4）绘出水准路线布设示意略图。图上应标出水准路线及其等级，水准点的位置和编号。

（5）编制施测计划。包括仪器设备、人员编制、经费预算和作业进度表等。

水准路线布设完后，便可选定水准点位置并埋设水准标志，以便水准测量的外业观测。

2.4.3 普通水准测量的施测

2.4.3.1 观测方法

普通水准测量通常用经检校后的 DS_3 型水准仪施测。水准尺采用塔尺或单面尺，测量时水准仪应置于两水准尺中间，使前、后视的距离尽可能相等。通常待测高程点与已知水准点相距较远或高差较大，需分段进行连续水准测量。

如图 2.25 所示，已知 BM_A 点的高程 $H_A=56.850m$，欲求 B 点高程 H_B。

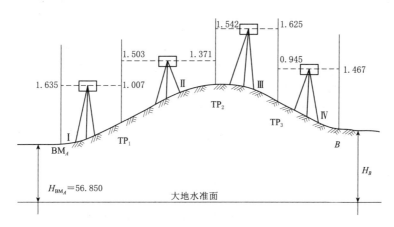

图 2.25　普通水准测量

在 AB 线路上增加 TP_1、TP_2、TP_3 中间转点，将 AB 线路分成 4 个测段。具体观测方法如下。

（1）安置水准仪于距已知后视高程点 A 一定距离的Ⅰ处（一般不超过 100m，按水准测量等级而定），并选择好前视转点 TP_1，将水准尺置于 A 点和 TP_1 点上。

（2）将水准仪粗平后，先瞄准后视尺，消除视差。精平后读取后视读数值 a_1，记录者复诵并记入记录表中。

（3）平转望远镜照准前视尺，精平后，读取前视读数值 b_1，记录者复诵并记录。至此便完成了普通水准测量一个测站的观测任务，记录者同时要计算出一个测站的高差。

（4）将仪器搬迁到第Ⅱ站，把第Ⅰ站的后视尺移到第Ⅱ站的转点 TP_2 上，把原第Ⅰ站前视变成第Ⅱ站的后视。注意第Ⅰ站的前视尺原地不动，只将尺面转向第Ⅱ站即可。

（5）按（2）、（3）步骤测出第 Ⅱ 站的后、前视读数值 a_2、b_2，并记录计算。

（6）重复上述步骤测至终点 BM_B 点为止。

需要指出的是，在水准测量中，高程是依次由 TP_1、TP_2 等转点传递过来的，转点既有前视读数又有后视读数，转点的选择将影响到水准测量的观测精度，因此转点要选在坚实、凸起、明显的位置，在一般土地上应放置尺垫。

2.4.3.2 记录与计算方法

按上述观测方法进行观测的数据按表 2.1 的格式进行记录与计算。

表 2.1 普通水准测量记录计算表

测站	测点	后视读数 a/m	前视读数 b/m	高差 h/m	高程 H/m	备注
	BM_A	1.635			56.850	已知点 H_A
Ⅰ				0.628		
	TP_1	1.503	1.007		57.478	
Ⅱ				0.132		
	TP_2	1.542	1.371		57.610	
Ⅲ				−0.083		
	TP_3	0.945	1.625		57.527	
Ⅳ				−0.522		
	B		1.467		57.005	H_B
计算校核		$\sum a=5.625$	$\sum b=5.470$	$\sum h=0.155$	$H_B-H_A=0.155$	计算无误
		$\sum a-\sum b=0.155$				

注　1. 水准测量记录表中的计算校核，只能检查计算是否正确，不能检查观测和记录是否有错。

　　2. 表中每页的高差要用计算校核项进行校核，表中 $\sum a-\sum b$、$\sum h$、H_B-H_A 三项计算值应相等，否则，计算有错误。

2.4.3.3 检核方法

1. 测站检核

水准测量连续性很强，一个测站的误差或错误对整个水准测量成果都有影响。为了保证各个测站观测成果的正确性，可在一个测站上采用以下方法进行校核。

（1）变更仪器高法。在一个测站上用不同的仪器高度测出两次高差。测得第一次高差后，改变仪器高度（至少 10cm），然后再测一次高差。当两次所测高差之差不大于 3~5mm，则认为观测值符合要求，取其平均值作为最后结果。若大于 3~5mm，则需要重测。

（2）双面尺法。本法是仪器高度不变，而用水准尺的红面和黑面高差进行校核。红、黑面高差之差也不能大于 3~5mm。具体方法见三、四等水准测量。

2. 计算检核

为了及时检核每一页记录表中的高差和高程计算是否正确，需进行以下计算校核。

由式（2.5）看出，B 点对 A 点的高差等于各转点之间高差的代数和，也等于后视读数之和减去前视读数之和的差值，即

$$h_{AB} = \sum h = \sum a - \sum b$$

经上式检核无误后，说明高差计算是正确的。

根据各站观测的高差和 A 点的已知高程，推算出各转点的高程，最后求得终点 B 的高程。终点 B 的高程 H_B 减去起点 A 的高程 H_A 应等于各站高差的代数和，即 $H_B - H_A = \sum h$。经上式检核无误后，说明各转点高程的计算是正确的。

所以计算检核的条件是满足以下关系式：

$$\sum a - \sum b = \sum h = H_B - H_A \qquad (2.7)$$

说明高差和高程的计算正确。否则，说明计算有误。例如表 2.1 中：

$$\sum a - \sum b = 5.625 - 5.470 = 0.155\text{m}$$

$$\sum h = 0.155\text{m}$$

$$H_B - H_A = 57.005 - 56.850 = 0.155\text{m}$$

等式条件满足要求，说明高差和高程计算正确。

3. 水准路线成果检核

在一条水准测量路线的测量过程中，测站检核和计算检核都不能发现立尺点变动的错误，更不能说明整条水准路线的测量精度是否符合要求。同时，因温度、风力、大气折射及水准尺下沉等外界因素影响，还有仪器和观测者本身的原因都可能产生很小的测量误差。而这些误差在一个测站上反映不很明显，但在整条水准路线上随着测站数的增多会使误差累积增大，就可能会超过规定的限差值。所以有必要对整条水准路线进行检核。

测量成果由于测量误差的影响，使得水准路线的实测高差值（$\sum h_{测}$）与应有的理论高差值（$\sum h_{理}$）不相符，其差值称为高差闭合差，用 f_h 表示。即

高差闭合差＝测量高差总和－理论高差总和

$$f_h = \sum h_{测} - \sum h_{理} \qquad (2.8)$$

不同形式水准路线的高差闭合差计算公式如下。

（1）闭合水准路线。由于闭合水准路线起止于同一水准点上，应有 $\sum h_{理} = 0$，则高差闭合差为

$$f_h = \sum h_{测} - \sum h_{理} = \sum h_{测} - 0 = \sum h_{测} \qquad (2.9)$$

（2）附合水准路线。因是从一个已知水准点附合到另一个已知水准点上，则

$$\sum h_{理} = H_{终} - H_{始}$$

$$f_h = \sum h_{测} - \sum h_{理} = \sum h_{测} - (H_{终} - H_{始}) \qquad (2.10)$$

（3）支水准路线。因是沿同一条路线进行往测和返测。故理论上往测与返测的高差总和应为零，即往测与返测的高差绝对值应相等，符号相反。若存在闭合差其值为

$$f_h = \sum h_{往} + \sum h_{返} \qquad (2.11)$$

相关测量规范中对不同等级的水准测量的高差闭合差都规定了一个限差，用于检核观测成果的精度。对图根水准测量，高差闭合差的容许值（也称限差）为

平地：

$$f_{h容} = \pm 40\sqrt{L}\ \text{mm} \qquad (2.12)$$

山地：

$$f_{h容} = \pm 12\sqrt{n}\ \text{mm} \tag{2.13}$$

式中：L 为水准路线长度，km；n 为全线总测站数。当每千米测站数多于 15 站时，用山地的线路闭合差公式计算高差闭合差。

若水准路线的高差闭合差 f_h 小于或等于其容许的高差闭合差 $f_{h容}$，即 $|f_h| \leqslant |f_{h容}|$，就认为外业观测成果合格，否则须进行重测，直到符合要求为止。

2.4.4   四等水准测量的施测

02 四等水准测量的观测和计算

四等水准测量的水准点应埋设永久性标志。在加密国家控制点时，四等水准路线常布设成附合水准路线、结点网的形式；在独立测区进行首级高程控制时应布设成闭合水准路线；在山区、带状工程测区时可布设成支水准路线。

通常使用检定后的 DS$_3$ 型水准仪用双面尺法进行观测。

1. 四等水准测量的主要技术要求

四等水准测量的主要技术要求详见表 2.2 和表 2.3。

表 2.2

四等水准测量的主要技术要求

等级	每千米高差全中误差/mm	路线长度/km	水准仪型号	水准尺	观测次数		往返较差、附合或环线闭合差	
					与已知点联测	附合或环线	平地/mm	山地/mm
三等	6	≤50	DS$_1$	铟瓦	往返各一次	往一次	$\pm 12\sqrt{L}$	$\pm 4\sqrt{n}$
			DS$_3$	双面	往返各一次	往返各一次		
四等	10	≤16	DS$_3$	双面	往返各一次	往一次	$\pm 20\sqrt{L}$	$\pm 6\sqrt{n}$

表 2.3

四等水准观测的主要技术要求

等级	水准仪型号	视线长度/m	前后视的距离较差/m	前后视距离较差累积/m	视线离地面最低高度/m	基、辅分划或黑、红面读数较差/mm	基、辅分划或黑、红面所测高程较差/mm
三等	DS$_1$	100	3	6	0.3	1.0	1.5
	DS$_3$	75				2.0	3.0
四等	DS$_3$	100	5	10	0.2	3.0	5.0

2. 四等水准测量的观测和记录

四等水准测量一般观测顺序为后（黑）、后（红）、前（黑）、前（红）或后（黑）、前（黑）、前（红）、后（红）。为了施测方便，习惯上采用后（黑）、后（红）、前（黑）、前（红）。为了抵消因磨损而造成的水准标尺零点差，每测段的测站数目应为偶数。

在每一测站上，先按步测的方法，在前后视距大致相等的位置安置水准仪；或者先安置仪器，概略整平后分别瞄准后视尺、前视尺，估读视距，如果后视距、前视距或前后视距差超限，应当前后移动水准仪或前视水准尺，以满足要求。

四等水准测量一个测站的观测和记录顺序如下。

（1）照准后视尺黑面，按上丝、下丝、中丝顺序进行读数（正像仪器），分别记入表2.4所示手簿中的（1）、（2）、（3）栏，并且对后视距进行计算；

表2.4 三、四等水准测量记录手簿

测段：自_____至_____　　仪器型号（编号）：_____　　观测者：_____

时间：___年___月___日　　天气：_____　　　　　　　记录者：_____

测站测点	后尺 上丝/下丝	前尺 上丝/下丝	方向及尺号	水准尺读数		K+黑—红/mm	高差中数/m	备注
	后视距	前视距		黑面	红面			
	视距差 d/m	累积差 $\sum d$/m						
	（1）	（5）	后	（3）	（4）	（13）	（18）	
	（2）	（6）	前	（7）	（8）	（14）		
	（9）	（10）	后-前	（15）	（16）	（17）		
	（11）	（12）						
BM$_1$ 1 TP$_1$	1.570	0.738	后 7	1.374	6.161	0	+0.832	
	1.197	0.362	前 6	0.541	5.229	−1		
	37.3	37.6	后-前	+0.833	+0.932	+1		
	−0.3	−0.3						
TP$_1$ 2 TP$_2$	2.122	2.196	后 6	1.944	6.631	0	−0.064	K_1＝4.787 K_2＝4.687
	1.748	1.821	前 7	2.008	6.796	−1		
	37.4	37.5	后-前	−0.064	−0.165	+1		
	−0.1	−0.4						
TP$_2$ 3 TP$_3$	1.918	2.055	后 7	1.736	6.523	0	−0.130	
	1.539	1.678	前 6	1.866	6.554	−1		
	37.9	37.7	后-前	−0.130	−0.031	+1		
	+0.2	−0.2						
TP$_3$ 4 BM$_2$	1.965	2.141	后 6	2.832	7.519	0	+0.826	
	1.706	1.874	前 7	2.007	6.793	+1		
	25.9	26.7	后-前	+0.825	+0.726	−1		
	−0.8	−1.0						

（2）照准后视尺红面，读取红面中丝读数，记入手簿的（4）栏；

（3）照准前视尺黑面，按上丝、下丝、中丝顺序进行读数（正像仪器），分别记入表2.4所示手簿中的（5）、（6）、（7）栏，并且对前视距进行计算；

（4）照准前视尺红面，读取红面中丝读数，记入手簿的（8）栏。

应当指出的是：如果使用微倾式水准仪，在读取中丝读数时应当调节附合水准器使气泡影像重合。

3. 测站计算与检核

每个测站的观测、记录与计算应同时进行，以便及时发现和纠正错误；测站上的所有计算工作完成，并且符合限差要求时方可迁站，称为站站清。测站上的计算项目有：

（1）视距部分。

后视距(9)＝[(1)−(2)]×100

前视距(10)＝[(5)−(6)]×100

前后视距差(11)＝后视距(9)−前视距(10)

前后视距差累积差

第一测站：前后视距差累积差(12)＝视距差(11)

其他各站：前后视距差累积差(12)＝本站(11)＋前站(12)

（2）高差部分。

后视标尺黑红面读数差(13)＝(3)＋K_1−(4)（K_1 为后视标尺红面起点刻划 4.687 或 4.787）

前视标尺黑红面读数差(14)＝(7)＋K_2−(8)（K_2 为前视标尺红面起点刻划 4.787 或 4.687）

黑面高差(15)＝(3)−(7)

红面高差(16)＝(4)−(8)

黑红面高差之差(17)＝(15)−[(16)±0.1]＝(13)−(14)

高差中数(18)＝{(15)＋[(16)±0.1]}/2

以上两式中的"±"，当后视标尺红面起点刻划为 4.687 时，取"＋"，否则取"−"。

4. 四等水准测量测站上的限差要求

（1）前、后视距差（11）项≤±3m。

（2）前、后视视距累积差（12）项≤±10m。

（3）黑红面读数差（13）、（14）项≤±3mm。

（4）黑红面高差之差（17）项≤±5mm。

若测站有关观测值限差超限，在本站检查后发现应立即重测，若迁站后才检查发现，则应从固定点起重测。

2.5　水准测量的内业处理

水准测量外业工作结束后，其观测成果检核无误后，便可进行内业处理。三、四等水准测量成果的计算应采用更严密的平差方法，但对于单一水准路线，也可与普通水准测量一样采用如下近似平差方法。

内业处理的主要任务是按照一定原则和方法进行高差闭合差的合理调整，并用调整后的高差计算各测段水准点的高程。具体内业处理步骤如下：①检查核对外业记录手簿中的各种观测数据是否符合要求，计算是否有错。②绘出水准路线外业成果注记图。③根据已知数据和观测数据计算高差闭合差，校核高差闭合差是否在允许范围内。④若高差闭合差在允许范围内，进行高差闭合差的调整。⑤根据调整后的高差计算各测段水准点的高程。

2.5.1 高差闭合差的调整

若经高差闭合差的计算，并检核 $|f_h| \leqslant |f_{h容}|$ 满足要求，即可进行高差闭合差的调整。

1. 高差闭合差的调整原则

对同一条水准路线，假设观测条件相同，可认为每个测站产生误差的机会是相同的，即认为高差闭合差的大小与水准路线的长短和测站数的多少有关，路线越长、测站数越多，误差积累值越大。因此，调整原则是：将高差闭合差值按与水准路线的测段长度或测站数成正比例、并反其符号分配到各相应测段上，得高差改正数，并据此计算改正后高差和各水准点的高程。

2. 各测段高差改正数计算

各测段高差改正数的计算公式如下：

按测段长度计算：

$$V_i = -\frac{f_h}{\sum L}L_i \tag{2.14}$$

按测站数计算：

$$V_i = -\frac{f_h}{\sum n}n_i \tag{2.15}$$

式中：$\sum L$ 为水准路线各测段的总长度，km；L_i 为某一测段的长度，km；$\sum n$ 为水准路线各测段的测站数总和；n_i 为某一测段的测站数。

此时，计算检核应满足条件：$\sum V_i = -f_h$，其中 $\sum V_i$ 为各测段高差改正数的代数和。

3. 各测段改正后的高差计算

若各测段改正前测得的高差用 h_i 表示，改正后的高差用 h_i' 表示，则计算公式为

$$h_i' = h_i + V_i \tag{2.16}$$

此时，计算的检核应满足条件：$\sum h_i' = \sum h_{理}$，其中 $\sum h_i'$ 为改正后的各测段高差的代数和，应与理论值相等。

2.5.2 待定点高程计算

根据已知点高程和各测段改正后的高差值计算各待定点高程。

此时，通过计算出的某点高程应与原已知点高程相等进行检核，若不符合要求，说明计算存在问题，重新检查计算，直到符合要求为止。

例 2.1 如图 2.26 所示，为一闭合水准路线。BM_A 为已知水准点，其高程

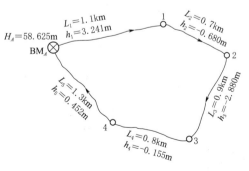

图 2.26 某一闭合水准路线观测成果注记图

$H_A = 58.625\text{m}$，各测段的高差值 h_i、水准路线长度见图上标注。计算各待定点高程。

1. 高差闭合差及容许值计算

$$f_h = \sum h_{测} - \sum h_{理} = \sum h_{测} - 0 = \sum h_{测} = -0.022\text{m} = -22\text{mm}$$

$$f_{h容} = \pm 40\sqrt{L} = \pm 40\sqrt{4.8} = \pm 88\text{mm}$$

$|f_h| \leqslant |f_{h容}|$，测量成果合格，满足要求，即可进行高差闭合差的调整。

2. 各测段高差改正数计算

代入式（2.14）计算得

$$V_i = -\frac{f_h}{\sum L}L_i = -\frac{-0.022}{4.8}L_i = 0.00458L_i$$

$$V_1 = 0.00458 \times 1.1 = 0.005\text{m}$$

$$V_2 = 0.00458 \times 0.7 = 0.003\text{m}$$

$$V_3 = 0.00458 \times 0.9 = 0.004\text{m}$$

$$V_4 = 0.00458 \times 0.8 = 0.004\text{m}$$

$$V_5 = 0.00458 \times 1.3 = 0.006\text{m}$$

计算校核：$\sum V_i = 0.022\text{m} = -f_h$，满足要求。

3. 各测段改正后的高差计算

代入公式（2.16）得各测段改正后的高差为

$$h_1' = h_1 + V_1 = +3.241 + 0.005 = +3.246\text{m}$$

$$h_2' = h_2 + V_2 = -0.680 + 0.003 = -0.677\text{m}$$

$$h_3' = h_3 + V_3 = -2.880 + 0.004 = -2.876\text{m}$$

$$h_4' = h_4 + V_4 = -0.155 + 0.004 = -0.151\text{m}$$

$$h_5' = h_5 + V_5 = +0.452 + 0.006 = +0.458\text{m}$$

计算校核：$\sum h_i' = 0 = \sum h_{理}$，满足要求。

4. 待定点高程计算

$$H_1 = H_A + h_1' = 58.625 + 3.246 = 61.871\text{m}$$

$$H_2 = H_1 + h_2' = 61.871 - 0.677 = 61.194\text{m}$$

$$H_3 = H_2 + h_3' = 61.194 - 2.876 = 58.318\text{m}$$

$$H_4 = H_3 + h_4' = 58.318 - 0.151 = 58.167\text{m}$$

$$H_A = H_4 + h_5' = 58.167 + 0.458 = 58.625\text{m}$$

通过计算出的 BM_A 点高程与原已知点高程相等，校核符合要求。

闭合水准路线高差闭合差的调整及高程计算表如表 2.5 所示。

表 2.5　　　　　　　　　　　闭合水准路线高差闭合差的调整及高程计算表

测段编号	测点名	距离 L /km	实测高差 h_i/m	高差改正数 v_i/m	改正后的高差 h_i'/m	高程 H /m	备注
1	BM_A	1.1	+3.241	0.005	+3.246	58.625	已知点
	1					61.871	
2		0.7	−0.680	0.003	−0.677		
	2					61.194	
3		0.9	−2.880	0.004	−2.876		
	3					58.318	
4		0.8	−0.155	0.004	−0.151		
	4					58.167	
5		1.3	+0.452	0.006	+0.458		
	BM_A					58.625	符合已知点
Σ		4.8	−0.022	+0.022	0		
辅助计算	$f_h=\sum h_测=-0.022m$ $\sum L=4.8km,\ f_{h容}=\pm40\sqrt{L}=\pm40\sqrt{4.8}=\pm88mm$ $\|f_h\|\leqslant\|f_{h容}\|$，测量成果精度符合要求。 则 $V_i=-(f_h/\sum L)L_i=-(-0.022/4.8)L_i$						

例 2.2　如图 2.27 所示，为一附合水准路线。BM_A 和 BM_B 分别为两已知水准点，其高程 $H_A=48.345m$，$H_B=51.039m$，各测段的高差值 h_i、测站数 n 见图上标注。计算各待定点高程。

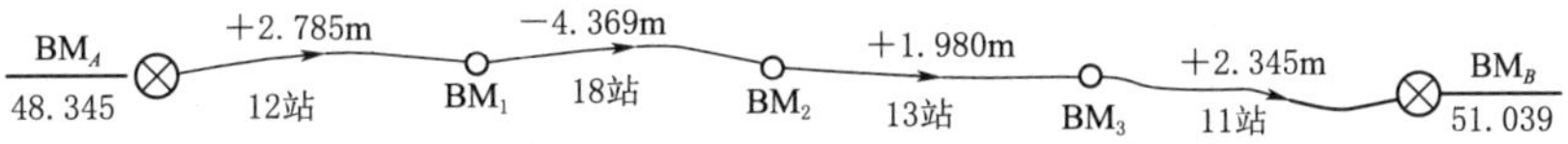

图 2.27　某一附合水准路线观测成果注记图

1. 高差闭合差及容许值计算

$$f_h=\sum h_测-\sum h_理=\sum h_测-(H_终-H_始)=+2.741-(51.039-48.345)$$
$$=+2.741-2.694=+0.047m$$

$$f_{h容}=\pm12\sqrt{n}=\pm12\sqrt{54}=\pm88mm$$

$\|f_h\|\leqslant\|f_{h容}\|$，满足要求，即可进行高差闭合差的调整。

2. 各测段高差改正数计算

代入式（2.15）计算得

$$V_i=-\frac{f_h}{\sum n}n_i=-\frac{0.047}{54}n_i=-0.00087n_i$$

$$V_1=-0.00087\times12=-0.010m$$

$$V_2=-0.00087\times18=-0.016m$$

$$V_3=-0.00087\times13=-0.011m$$

$$V_4=-0.00087\times11=-0.010m$$

计算校核：$\sum V_i=-0.047m=-f_h$，满足要求。

3. 各测段改正后的高差计算

代入公式（2.16）得各测段改正后的高差为

$$h_1' = h_1 + V_1 = +2.785 - 0.010 = +2.775\text{m}$$
$$h_2' = h_2 + V_2 = -4.369 - 0.016 = -4.385\text{m}$$
$$h_3' = h_3 + V_3 = +1.980 - 0.011 = +1.969\text{m}$$
$$h_4' = h_4 + V_4 = +2.345 - 0.010 = +2.335\text{m}$$

计算校核：$\sum h_i' = +2.694\text{m} = \sum h_{理}$，满足要求。

4. 待定点高程计算

$$H_1 = H_A + h_1' = 48.345 + 2.775 = 51.120\text{m}$$
$$H_2 = H_1 + h_2' = 51.120 - 4.385 = 46.735\text{m}$$
$$H_3 = H_2 + h_3' = 46.735 + 1.969 = 48.704\text{m}$$
$$H_B = H_3 + h_4' = 48.704 + 2.335 = 51.039\text{m}$$

计算出的 BM_B 点高程与原已知点高程相等，校核符合要求。

附合水准路线高差闭合差的调整及高程计算表如表 2.6 所示。

表 2.6　　　　　　　　　　附合水准路线高差闭合差的调整及高程计算表

测段编号	测点名	测站数 n /个	实测高差 h_i /m	改正数 v_i /m	改正后的高差 h_i' /m	高程 H /m	备注
1	BM_A	12	+2.785	-0.010	+2.775	48.345	已知点
	BM_1					51.120	
2		18	-4.369	-0.016	-4.385		
	BM_2					46.735	
3		13	+1.980	-0.011	+1.969		
	BM_3					48.704	
4	BM_B	11	+2.345	-0.010	+2.335	51.039	与已知高程相等
$\sum$		54	+2.741	-0.047	+2.694		
辅助计算		$H_B - H_A = 51.039 - 48.345 = 2.694\text{m}$ $f_h = \sum h - (H_B - H_A) = 2.741 - 2.694 = +0.047\text{m}$ $\sum n = 54$，$f_{h容} = \pm 12\sqrt{n} = \pm 12\sqrt{54} = \pm 88\text{mm}$ $\lvert f_h \rvert \leqslant \lvert f_{h容} \rvert$，测量成果满足要求。则 $V_i = -(f_h/\sum n)n_i = -(0.047/54)n_i$					

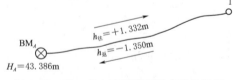

图 2.28　某一支水准路线观测成果注记图

例 2.3　如图 2.28 所示，为某一图根级支水准路线，已知水准点 BM_A 的高程 $H_A = 43.386\text{m}$，往、返测站各为 13 站，图中箭头表示水准测量往返测方向。

1. 高差闭合差及容许值计算

$$f_h = \sum h_{往} + \sum h_{返} = +1.332 - 1.350 = -0.018\text{m} = -18\text{mm}$$

$$f_{h容} = \pm 12\sqrt{n} = \pm 12\sqrt{13} = \pm 43\text{mm}$$

$\lvert f_h \rvert \leqslant \lvert f_{h容} \rvert$，测量成果精度满足要求，即可进行高差闭合差的调整。

注意：支水准路线在计算闭合差容许值时，路线总长度 L 或测站总数 n 只按单程计算。

2. 改正后高差计算

计算往返高差平均值作为改正后高差：

$$h'_{平} = \frac{h_{往} - h_{返}}{2} = \frac{1.332 - (-1.350)}{2} = 1.341\text{m}$$

3. 待定点高程计算

$$H_1 = H_A + h'_{平} = 43.386 + 1.341 = 44.727\text{m}$$

2.6　水准仪的检验和校正

2.6.1　水准仪应满足的几何条件

根据水准测量原理，水准仪必须提供一条水平视线，才能正确地测出两点间高差。因此，水准仪出厂时各轴线间应满足一定的几何关系。

2.6.1.1　微倾式水准仪

如图 2.29 所示，微倾式水准仪的主要轴线有视准轴 CC'、水准管轴 LL'、仪器竖轴 VV' 及圆水准器轴 L_oL_o'。各轴线间应满足以下几何关系：①水准管轴 LL' 平行于视准轴 CC'（主要几何关系）。此条件满足时水准管气泡居中，水准管轴水平，视准轴处于水平位置。②圆水准器轴 L_oL_o' 平行于仪器竖轴 VV'。此条件满足时圆水准气泡居中，仪器的竖轴处于垂直位置，这样可保证仪器转到任

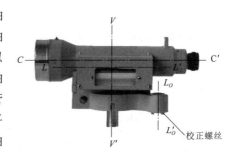

图 2.29　水准仪主要轴线

何位置时圆水准气泡都居中。③十字丝的中丝（横丝）垂直于仪器的竖轴。此条件满足时在水准尺上读数时可用横丝的任何部位读取。

2.6.1.2　自动安平水准仪

自动安平水准仪应满足的条件是：①圆水准器轴 L_oL_o' 平行于仪器竖轴 VV'；②十字丝的中丝（横丝）垂直于仪器的竖轴 VV'；③补偿器工作正常；④初始条件下视准轴 CC' 垂直于竖轴 VV'。

上述几何关系在仪器出厂时因都进行了严格检校，故都能满足要求。但因长期使用或运输中振动等因素的影响，仪器各轴线间的几何关系可能会发生变化。所以，为了保证水准测量的精度满足要求，在正式作业前应对水准仪进行检验和校正。

2.6.2　微倾式水准仪的检验和校正

2.6.2.1　圆水准器轴 L_oL_o' 平行于仪器竖轴 VV' 的检验与校正

1. 检验

安置仪器后转动脚螺旋使圆水准器气泡居中，此时圆水准器轴 L_oL_o' 处于铅垂位

置，如图 2.30（a）所示。将仪器绕竖轴旋转 180°，若气泡不再居中，表明圆水准器轴 L_oL_o' 不平行于仪器竖轴 VV'，两轴偏离铅垂线的角度分别为 2α 和 α，如图 2.30（b）所示，必须进行校正。

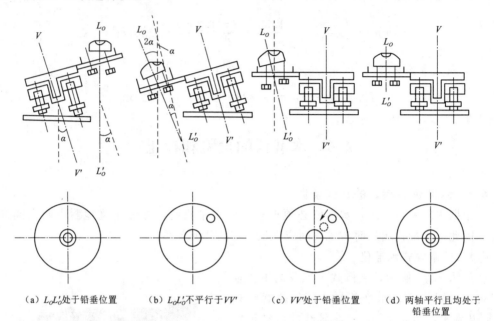

（a）L_oL_o'处于铅垂位置　（b）L_oL_o'不平行于VV'　（c）VV'处于铅垂位置　（d）两轴平行且均处于铅垂位置

图 2.30　圆水准器的检验与校正

图 2.31　圆水准器的校正螺丝

2. 校正

如图 2.30（c）所示，转动脚螺旋使气泡向居中位置移动偏离量的一半，此时，仪器竖轴 VV' 处于铅垂位置，圆水准器轴 L_oL_o' 仍偏离铅垂线 α 角，用校正针拨动圆水准器底部的三个校正螺丝，如图 2.31 所示，使气泡居中。校正工作需反复进行直至仪器旋转到任何位置圆水准器气泡均居中时为止，此时两轴平行且均处于铅垂线位置，如图 2.30（d）所示。

2.6.2.2　十字丝横丝应垂直于仪器竖轴 VV' 的检验与校正

1. 检验

安置仪器整平后，在望远镜中用横丝一端对准一个明显的点状目标 P，固定制动螺旋，转动微动螺旋，若标志点 P 始终不离开横丝，如图 2.32（b）所示，说明横丝垂直于竖轴。否则说明横丝不垂直于竖轴，如图 2.32（d）所示，需要校正。

2. 校正

如图 2.33 所示，用螺丝刀松开分划板座固定螺丝，按十字丝倾斜方向的反方向转动分划板座，改正偏离量的一半。直至标志点 P 的移动轨迹与横丝重合为止，将固定螺丝拧紧即可。

| （a）对准目标P | （b）P始终不离开横丝 | （c）再次对准目标P | （d）P离开横丝 |

图 2.32　十字丝横丝的检验

2.6.2.3　水准管轴 LL' 平行于视准轴 CC' 的检验和校正

1. 检验

如图 2.34 所示，在一处较平坦的地面上
选定相距 80m 的 A、B 两点，打木桩或放尺
垫标定点位，并在上面立尺。然后开始检验：
①安置水准仪于 A、B 两点的中点 C 处，用变
动仪器高法或双面尺法测出 A、B 两点的高差
$h_{AB}=a_1-b_1$。若两轴之间有一固定夹角 i，由
于前后视距离相等，i 角对前、后视读数产生
的误差相同，则 $\Delta_1=\Delta_2$，所得高差仍是正确
高差。A、B 两点的高差为：$h_{AB}=(a_1-\Delta_1)$

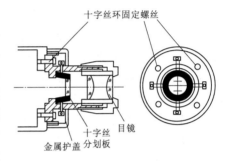

图 2.33　十字丝的校正装置

$-(b_1-\Delta_2)=a_1-b_1$。可见，前后视距离相等，可消除视准轴与水准管轴不平行产生
的 i 角误差的影响。②将仪器搬至距 A 点（或 B 点）2～3m 处，精平后读取 A 点的
尺读数 a_2。因仪器距 A 点很近，忽略 i 角的影响。根据近尺读数 a_2 和高差 h_{AB} 算出
B 点上视线水平时应有的尺读数为：$b_2'=a_2-h_{AB}$，然后转动望远镜照准 B 点上的水
准尺，精平读取尺读数 b_2。若 $b_2=b_2'$，说明视准轴平行于水准管轴；否则说明存在
i 角误差。i 角值计算公式如下：$i=\rho''(b_2'-b_2)/D_{AB}$，（$D_{AB}$ 为 A、B 两点间的距
离；ρ 为弧度的秒值，$\rho=206265''$）。对于 DS_3 水准仪当 $i>20''$ 时，需校正，若满足
限差要求则不需校正。

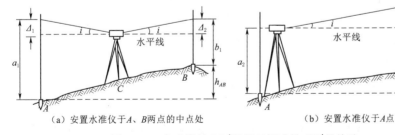

| （a）安置水准仪于A、B两点的中点处 | （b）安置水准仪于A点 |

图 2.34　水准管轴 LL' 平行于视准轴 CC' 的检验

2. 校正

仪器保持在原来位置不动，转动微倾螺旋，使十字丝横丝对准 B 点上水准尺的
读数为 b_2' 处，此时视准轴是水平的，但水准管气泡不居中。如图 2.35 所示，用校正
针拨松水准管一端左右两个螺丝，然后拨动上下两个校正螺丝使偏离的气泡重新居

中，即可达到两轴平行的条件。校正完再将左右两螺丝旋紧。校正后需再变动仪器高再次进行检验，直到仪器在近 A 点处观测所计算的 i 角值符合要求即可。

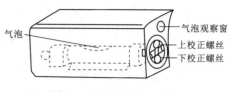

图 2.35　水准管校正螺丝

2.6.3　自动安平水准仪的检验和校正

自动安平水准仪前两项的检验和校正方法与微倾式水准仪的前两项完全相同，在此介绍后面两项的检验与校正方法。

2.6.3.1　补偿器性能的检验

检验的目的是看补偿器能否正常工作，是否在规定的范围内起到补偿作用。

检验补偿器性能的一般原则是有意将仪器的旋转轴安置得不竖直，并测定两点之间的高差，使其与正确高差相比较。检验的一般方法是将仪器安置在 A、B 两点连线的中点上，设后视读数时视准轴向下倾斜，那么将望远镜转向前视时，由于仪器旋转轴是倾斜的，视准轴将向上倾斜。如果补偿器的补偿功能正常，无论视线下倾还是上倾都可读得水平视线的读数，测得的高差也是 A、B 点间的正确高差；如果补偿器性能不正常，由于前、后视的倾斜方向不一致，视线倾斜产生的读数误差不能在高差计算中抵消，因此测得的高差与正确的高差有明显的差异。若检验出补偿器工作不正常，应将仪器送到检修部门进行检修。

2.6.3.2　初始条件下视准轴垂直于竖轴的检验与校正

指补偿器在初始位置（没有产生偏转时），视准轴应垂直于竖轴。此项检验方法同微倾式水准仪的"水准管轴 LL' 平行于视准轴 CC'"的检验方法，但校正方法不同，校正时应拨动十字丝的上下校正螺丝，平移十字丝，使图 2.34（b）中 B 尺的读数由 b_2 改正到 b_2'（视线水平时应有的读数）。

2.7　水准测量误差及消减措施

水准测量误差根据其产生原因主要有三种：仪器误差、观测误差及外界条件的影响误差。通过分析各种误差产生的原因、影响因素，以便在水准测量时采取相应措施，尽量消除或减小各种误差的影响，提高测量精度。

2.7.1　仪器误差

水准测量的仪器和工具主要有水准仪和水准尺，仪器误差也主要来源于它们。

1. 水准仪误差

水准仪误差主要包括水准仪的制造误差和检校后的残余误差。制造误差是仪器出厂时就存在的，无法消减。水准仪在使用前虽经过严格的检校，但仍然存在着残余误差，如最常见的水准管轴与视准轴不平行误差，即 i 角校正残余误差。这种误差与仪器至标尺的距离成正比，只要观测时注意使前后视距相等，便可消除或减弱此项误差。在实际测量中，测量规范中对每一测站前后视距差及每个测段前后视距累积差都规定了一个限值，限制了 i 角校正残余误差，保证测量精度能满足要求。

2. 水准尺误差

因水准尺刻划不准确，尺长变化、尺身弯曲等都会产生误差，影响水准测量精度，所以，水准尺须经过检验才能使用。另外，水准尺经长期使用底端会磨损或粘上泥土等会使水准尺的零点位置发生变化，即产生水准尺零点误差。可通过使一个测段内布设的测站总数为偶数，并让两根水准尺在一个测段内交替作为后视尺和前视尺使用的方法予以消除。

2.7.2 观测误差

1. 精平误差

水准测量时精平程度反映了视准轴的水平程度，从而导致了读数的精度高低。例如水准管气泡若没有精确居中将会使视线偏离水平位置而产生误差。这种误差不能通过计算抵消，只能在读数前严格精平，使水准管气泡严格居中，并在居中后快速读数。

2. 读数误差

读数误差包括视差影响产生的误差和估读误差两部分。

当视差存在时，十字丝平面与水准尺影像不重合，若眼睛观察的位置不同，便读出不同的读数，因而会产生读数误差。测量工作中一定按要求消除视差后再读数。

使用普通水准尺时毫米数是估读出来的。估读的误差与人眼的分辨能力、望远镜的放大倍率以及视距长度有关。相关测量规范中对望远镜的放大倍率和视距长度都做出了规定，测量工作中应严格按照要求执行。

3. 水准尺倾斜误差

水准尺倾斜将使尺上读数增大，故要求读数时尺要扶直。若扶直有困难，可采取在尺上装圆水准器的措施或采用读数时将尺向前、向后慢慢稍微摇动并读取其中的最小读数的办法。

2.7.3 外界条件的影响误差

1. 仪器下沉和尺垫下沉的影响误差

仪器下沉，使视线降低，从而引起高差误差。采用"后、前、前、后"的观测程序，可减小其影响。同时，要求仪器安置在坚稳的地面上，脚架要采实，观测速度要快。

如果在转点发生尺垫下沉，将使下一站后视读数增大。采用往返观测，取平均值的方法可以减弱其影响。同时，要求尺垫放在坚实的地面上，并要采实，观测间隔期间可将水准尺从尺垫上取下，以减小下沉量。

2. 地球曲率和大气折光的影响误差

水准测量时用水平面代替大地水准面，水准尺上的读数会产生误差。同时，仪器的水平视线会因大气折光的影响而弯曲，且视线离地面越近，水平视线受大气折光的影响就越大，观测时要尽量使视线高出地面一定高度（0.3m 以上），以减小影响。另外，分析知地球曲率和大气折光影响都与距离有关，且前后视距相等时通过高差计算可消除或减弱这两项误差的影响。

3. 温度和风力的影响误差

温度和风力都会对仪器产生影响。当受到烈日强光照射时，仪器各构件因受热不均而产生不规则的膨胀，影响仪器各轴线间关系而产生观测误差；水准管气泡也会因烈日照射而缩短并产生误差。大风时仪器会抖动，不易置平，水准尺也扶不稳，这些都会产生误差。因此，水准测量时应注意给仪器撑伞防晒，当风力大到影响仪器精平时不应进行水准测量观测。

【本章小结】

本项目介绍了水准测量的原理，DS₃ 水准仪的构造及使用，普通水准测量、四等水准测量的施测方法以及内业计算、仪器的检验与校正，分析了水准测量误差的主要来源等，其中重点和难点都体现在四等水准测量上。通过本项目的学习，需掌握以下内容：

（1）水准测量原理；

（2）DS₃ 水准仪的使用；

（3）普通（等外）水准测量的观测、记录与外业计算；

（4）四等水准测量的观测、记录与外业计算；

（5）水准测量中各种不同水准路线的内业计算。

【知识检验】

1. 填空题

（1）已知 B 点高程为 230.000m，A、B 间的高差 $h_{AB} = +1.250$，则 A 点高程为_____。

（2）水准仪主要轴线之间应满足的几何关系为_____、_____、_____。

（3）闭和水准路线高差闭和差的计算公式为_____。

（4）水准仪的主要轴线有_____、_____、_____、_____。

（5）水准测量中，转点的作用是_____，在同一转点上，既有_____读数，又有_____读数。

（6）水准仪上圆水准器的作用是使仪器_____，管水准器的作用是使仪器_____。

（7）通过水准管_____与内壁圆弧的_____为水准管轴。

（8）转动物镜调焦螺旋的目的是使_____影像_____。

（9）一测站的高差 h_{AB} 为负值时，表示_____高，_____低。

（10）水准测量高差闭合的调整方法是将闭合差反其符号，按各测段的_____成比例分配或按_____成比例分配。

（11）从 A 点到 B 点进行往返水准测量，其高差为：往测 3.625m；返测 －3.631m，则 A、B 之间的高差 $h_{AB} = $_____。

（12）某站水准测量时，由 A 点向 B 点进行测量，测得 AB 两点之间的高差为 0.506m，且 B 点水准尺的读数为 2.376m，则 A 点水准尺的读数为_____。

2. 单选题

(1) 在水准测量中转点的作用是传递（　　）。

A. 方向　　　　　　　B. 高程　　　　　　　C. 距离　　　　　　　D. 高差

(2) 圆水准器轴是圆水准器内壁圆弧零点的（　　）。

A. 切线　　　　　　　B. 法线　　　　　　　C. 垂线　　　　　　　D. 水平线

(3) 水准测量时，为了消除 i 角误差对一测站高差值的影响，可将水准仪置在（　　）处。

A. 靠近前尺　　　　B. 两尺中间　　　　C. 靠近后尺　　　　D. 两尺的 3/5 处

(4) 产生视差的原因是（　　）。

A. 仪器校正不完善　　　　　　　B. 物像与十字丝面未重合

C. 十字丝分划板位置不正确　　　D. 仪器没安置好

(5) 高差闭合差的分配原则为（　　）成正比例进行分配。

A. 与测站数　　　　　　　　　　B. 与高差的大小

C. 与距离或测站数　　　　　　　D. 与距离

(6) 附和水准路线高差闭合差的计算公式为（　　）。

A. $f_h = |h_{往}| - |h_{返}|$　　　　　　B. $f_h = \sum h$

C. $f_h = \sum h - (H_{终} - H_{始})$　　　D. $f_h = H_{终} - H_{始}$

(7) 水准测量中，同一测站，当后尺读数大于前尺读数时说明后尺点（　　）。

A. 高于前尺点　　　B. 低于前尺点　　　C. 高于侧站点　　　D. 与前尺点等高

(8) 水准测量中要求前后视距离相等，其目的是消除（　　）的误差影响。

A. 水准管轴不平行于视准轴　　　B. 圆水准轴不平行于仪器竖轴

C. 十字丝横丝不水平　　　　　　D. 仪器横轴不垂直于仪器竖轴

(9) 视准轴是指（　　）的连线。

A. 物镜光心与目镜光心　　　　　B. 目镜光心与十字丝中心

C. 物镜光心与十字丝中心　　　　D. A、B、C 三个选项都对

(10) 往返水准路线高差平均值的正负号是以（　　）的符号为准。

A. 往测高差　　　　　　　　　　B. 返测高差

C. 往返测高差的代数和　　　　　D. 往测高差与返测高差的差值

3. 计算题

(1) 如图 2.36 所示，在水准点 BM_1 至 BM_2 间进行水准测量，试在水准测量记录表 2.7 中进行记录与计算，并进行计算校核（已知 $H_1 = 138.952m$，$H_2 = 142.110m$）。

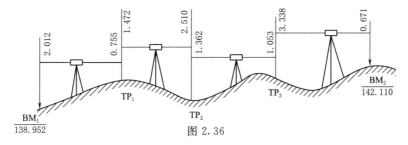

图 2.36

表 2.7 普通水准测量记录计算表

测站	测点	后视读数 a /m	前视读数 b /m	高差 h /m	高程 H /m	备注
I	BM$_1$					已知点 H_1
II	TP$_1$					
III	TP$_2$					
IV	TP$_3$					
	BM$_2$					已知点 H_2
计算校核		$\sum a=$	$\sum b=$	$\sum h=$	$H_2-H_1=$	
		$\sum a-\sum b=$				

(2) 如图 2.37 所示，BM$_A$ 和 BM$_B$ 分别为两已知水准点，其高程分别是：$H_A=5.612\text{m}$ 和 $H_B=5.400\text{m}$，各测段的高差值 h_i、长度值 L_i 见图上标注，计算水准点 1 和水准点 2 的高程，并将结果计入表 2.8 中。

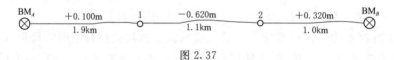

图 2.37

表 2.8 附合水准路线高差闭合差的调整及高程计算表

测段编号	测点名	各测段路线长 L_i/km	实测高差 h_i/m	改正数 v_i/m	改正后的高差 h_i'/m	高程 H /m	备注
1	BM$_A$						已知点
2	BM$_1$						
	BM$_2$						
3	BM$_B$						
$\sum$							
辅助计算							

(3) 图 2.38 所示为一闭合水准路线，分别按表 2.9、表 2.10 计算各水准点的高程。

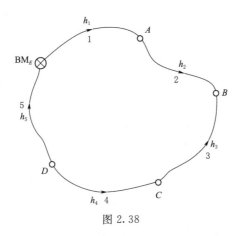

图 2.38

表 2.9   **闭合水准路线高差闭合差的调整及高程计算表**

测段编号	测点名	距离 L /km	实测高差 h_i /m	高差改正数 v_i /m	改正后的高差 h_i' /m	高程 H /m	备注
1	BM_E	0.535	1.224			62.368	已知点
2	A	0.980	−2.424				
3	B	0.551	−1.781				
4	C	0.842	1.714				
5	D	0.833	1.108				
Σ	BM_E						
辅助计算							

表 2.10   **闭合水准路线高差闭合差的调整及高程计算表**

测段编号	测点名	测站数 n /km	实测高差 h_i /m	高差改正数 v_i /m	改正后的高差 h_i' /m	高程 H /m	备注
1	BM_E	10	1.224			66.218	已知点
2	A	15	−2.424				
3	B	8	−1.781				
4	C	11	1.714				
5	D	12	1.108			66.218	符合已知点
Σ	BM_E						
辅助计算							

4. 问答题

（1）简述水准测量的原理。

（2）圆水准器和管水准器在水准测量中各起什么作用？

（3）产生视差的原因是什么？怎样消除视差？

（4）什么是水准点？什么是水准路线？有哪几种不同的水准路线？

（5）什么是转点？转点在水准测量中起什么作用？

（6）水准测量时，前、后视距离相等可消除哪些误差？

课程思政案例 2：工匠精神

曾几何时，工匠是一个中国老百姓日常生活须臾不可离的职业，木匠、铜匠、铁匠、石匠、篾匠等，各类手工匠人用他们精湛的技艺为传统生活景图定下底色。随着农耕时代结束，社会进入后工业时代，一些与现代生活不相适应的老手艺、老工匠逐渐淡出日常生活，但工匠精神永不过时。

那么，什么是工匠精神？工匠们喜欢不断雕琢自己的产品，不断改善自己的工艺，享受着产品在双手中升华的过程。工匠们对细节有很高要求，追求完美和极致，对精品有着执着的坚持和追求，把品质从 99% 提高到 99.99%，其利虽微，却长久造福于世。总结一下就是精益求精，注重细节，严谨，一丝不苟，耐心专注坚持，专业敬业，目标是打造本行业最优质的产品，其他同行无法匹敌的卓越品。

有那么一群人，他们常年奔波在荒郊野外、项目工地、房前屋后，一件警示服、

一张地形图、一把卷尺、一架全站仪、一台 GPS 接收机，外加一张黝黑的脸……这就是他们给大家的全部印象。他们用脚步丈量大地，用科技测绘山河，用数据记录发展，他们就是测绘员！

说起测绘，大多数人会认为，测绘就是拿把尺子长宽一量轻而易举的事，也是与我们八竿子打不着的行业。然而每一幅地图的制作、每一项工程的建设、每一条道路的修建，每一条管道的铺设，还有每一本不动产权证书的背后，都少不了这项专业技术。

工匠精神落在测量人员个人层面，就是一种认真精神、敬业精神。其核心是：不仅仅把工作当作赚钱养家糊口的工具，而是树立起对职业敬畏、对工作执着、对产品负责的态度，极度注重细节，不断追求完美和极致，给客户无可挑剔的体验。将一丝不苟、精益求精的工匠精神融入测量的每一个环节。

测绘人用美好的青春编织着经天纬地的梦想，测绘人用辛勤的汗水构建起城市的坐标。他们把自己的理想与青春浓缩在美丽蓝图中，他们永远是城市和矿山建设的先行者。从茫茫草原到黑土地都留下了他们坚实的足迹，每一处都洒下了他们辛勤的汗水，每一处都留下了他们艰难的脚印。他们彰显的就是当代最值得尊敬的工匠精神，也是值得我们每位学生学习的中国精神！

第 3 章

角 度 测 量

【学习目标】

　　掌握常用经纬仪的构造、操作使用方法、注意事项；水平角及竖直角的概念、观测记录计算方法；掌握角度测量误差的产生原因及消减方法。能运用测回法、方向观测法进行水平角的测量；能对某目标点进行竖直角观测、记录与计算；能进行竖盘指标差的计算。了解经纬仪检校项目及检校目的和方法。

【课程思政育人目标】

　　培养学生爱国敬业、攻坚克难、艰苦奋斗、民族荣誉感。

　　角度测量是测量的三项基本工作内容之一。它包括水平角测量和竖直角测量，水平角测量用于计算点的平面位置，竖直角测量用于测定高差或将倾斜距离改算成水平距离。

3.1　角度测量原理

3.1.1　水平角及其测量原理

　　水平角是地面上一点到两目标的方向线垂直投影在水平面上所形成的夹角，用符号 β 表示，角值范围为 $0°\sim360°$。如图 3.1 所示，设 B、O、C 是位于地面上不同高程的任意三个点，O_1B_1、O_1C_1 为空间直线 OB、OC 在水平面上的垂直投影，O_1B_1 与 O_1C_1 所形成的夹角即为地面上 OB、OC 两方向之间的水平角。

　　根据水平角的概念，设想在 O 点的上方水平地安置一个带有顺时针刻画、注记的圆盘，并使其圆心 O' 在过 O 点的铅垂线上，并设直线 OB、OC 在水平圆盘上的投影是 $o'b$、$o'c$，且其读数分别用 b 和 c 表示，则水平角 β 值为：$\beta=c-b$，即水平角（β）＝右方目标读数（c）－左方目标读数（b）。注意当右方目标读数减去左方目标读数出现负值时要加上 $360°$。

3.1.2　竖直角及其测量原理

　　在同一竖直面内，将观测视线与水平线间的夹角称为竖直角，用 α 表示，其角值范围为 $0°\sim\pm90°$。当视线在水平线上方时称为仰角，角值 α 为正值；当视线在水平线下方时称为俯角，角值 α 为负值。

　　在同一竖直面内，将观测视线与铅垂线天顶方向间的夹角称为天顶距，用 Z 表示，其角值范围为 $0°\sim180°$。

竖直角 α 和天顶距 Z 之间的换算关系是：$\alpha = 90° - Z$。

在测量工作中，竖直角和天顶距只需测得其中一个即可，一般观测竖直角。

如图 3.2 所示，根据竖直角的概念，设想在测站点 A 处安置一带有刻度的竖直度盘，并使该度盘的中心通过水平视线。则竖直角为度盘上水平方向线和望远镜照准目标时的方向线在竖直度盘上的读数之差。而各种类型的经纬仪（角度测量用）在制作时都将视线水平时竖盘读数设为一个固定值（即为 90° 的倍数）。因此，只要观测目标点一个方向并读取竖盘读数便可计算出该目标点的竖直角了。

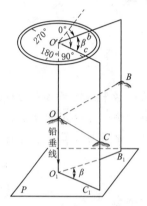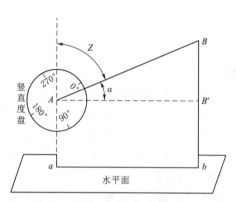

图 3.1　水平角测量原理　　　　　图 3.2　竖直角测量原理

3.2　角度测量的仪器及其使用

角度测量最常用的仪器是经纬仪。经纬仪按读数系统分为光学经纬仪（图 3.3）、游标经纬仪、电子经纬仪（图 3.4）等；按不同测角精度可分成 DJ_{07}、DJ_1、DJ_2、DJ_6、DJ_{15}、DJ_{60} 等几个等级。"D"和"J"分别为"大地测量"和"经纬仪"的汉语拼音第一个字母；后面的数字代表该仪器测量精度，如数字"6"表示一测回方向观测中误差不超过 $\pm 6''$，数字越小，经纬仪的精度越高。工程上常用的经纬仪型号有 DJ_6、DJ_2 等。

图 3.3　光学经纬仪　　　　图 3.4　电子经纬仪

3.2.1 光学经纬仪

DJ₆ 型光学经纬仪适用于各种比例尺的地形图测绘和建筑工程施工放样。本章重点学习 DJ₆ 型光学经纬仪的构造和使用方法。对 DJ₂ 型光学经纬仪只作简略介绍。

3.2.1.1 DJ₆ 型光学经纬仪的构造和读数方法

1. 构造

不同厂家生产的经纬仪其构造略有区别，但是基本原理一样。图 3.3 是我国北京光学仪器厂生产的 DJ₆ 型光学经纬仪。

如图 3.5 所示，DJ₆ 型光学经纬仪的构造主要由照准部、水平度盘和基座三大部分组成。DJ₆ 型光学经纬仪的各部分构件名称如图 3.6 所示。

03 DJ₆ 光学经纬仪的认识和读数

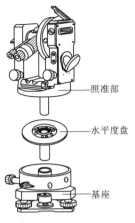

图 3.5　DJ₆ 型光学经纬仪的三大组成部分

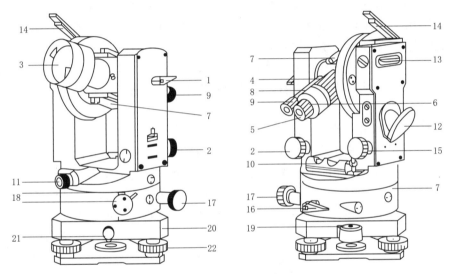

图 3.6　DJ₆ 型光学经纬仪的各部分构件名称

1—望远镜制动螺旋；2—望远镜微动螺旋；3—物镜；4—物镜调焦螺旋；5—目镜；6—目镜调焦螺旋；
7—光学瞄准器；8—度盘读数显微镜；9—度盘读数显微镜调焦螺旋；10—照准部管水准器；
11—光学对中器；12—度盘照明反光镜；13—竖盘指标管水准器；14—竖盘指标管水准器
观察反射镜；15—竖盘指标管水准器微动螺旋；16—水平方向制动螺旋；17—水平方向
微动螺旋；18—水平度盘变换手轮与保护卡；19—基座圆水准器；20—基座；
21—轴座固定螺旋；22—脚螺旋

（1）照准部。照准部是指水平度盘以上可绕竖轴水平转动的部分，主要部件有望远镜、竖直度盘、管水准器、读数装置等。由照准部制动螺旋和微动螺旋控制其水平转动。

望远镜由物镜、目镜、十字丝分划板、调焦透镜组成。望远镜的主要作用是照准目标，望远镜、竖直度盘与横轴一起固连在支架上，由望远镜制动螺旋和微动螺旋控制其作上下转动。竖直度盘是为了测竖直角设置的，可随望远镜一起转动。照准部管水准器用于精确整平仪器。另设竖盘指标自动补偿器装置和开关，借助自动补偿器使读数指标处于正确位置。读数装置，通过一系列光学棱镜将水平度盘和竖直度盘及测微器的分划都显示在读数显微镜内，通过仪器反光镜将光线反射到仪器内部，以便读取度盘读数。

有些光学经纬仪上装有光学对中装置，用来进行对中，保证将竖轴中心线安置在过测站点的铅垂线上。光学对中装置由对中器物镜、转向棱镜、分划板和对中器目镜组成。

（2）水平度盘。水平度盘位于照准部的金属外壳内，是一个光学玻璃制成的圆环，度盘的边缘刻有角度分划，并按顺时针注记0°～360°，用来测量水平角。度盘轴套套在竖轴轴套的外面，可绕轴套旋转。水平度盘一般不随照准部转动，但根据测角需要预先进行指定读数配置时，可通过操作水平度盘位置变换手轮或复测器的扳手来实现。

（3）基座。基座主要由轴座、圆水准器、脚螺旋和连接板组成，用来支承整个仪器，并借助中心螺旋使经纬仪与脚架结合。照准部同水平度盘一起插入轴座，用轴座固定螺旋连接。轴座连接螺旋拧紧后，可将照准部固定在基座上，使用仪器时，切勿松动该螺旋，以免照准部与基座分离而坠落。圆水准器用于粗略整平仪器，三个脚螺旋用于整平仪器，从而使竖轴竖直，水平度盘水平。连接板用于将仪器稳固的连接在三脚架上。

2. 读数装置及读数方法

（1）分微尺测微器及其读数方法。分微尺测微器的结构简单、读数方便，具有一定的读数精度，目前生产的 DJ_6 光学经纬仪多数采用分微尺测微器进行读数。

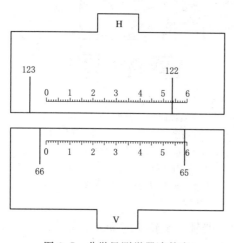

图 3.7　分微尺测微器读数窗

读数的主要设备为读数窗上的分微尺，水平度盘与竖盘上1°的分划间隔经显微物镜放大后成像于分微尺上，成像后与分微尺的全长相等。如图3.7所示，上面注有"H"（或"水平"）的为水平度盘读数窗；注有"V"（或"竖直"）的为竖直度盘读数窗。分微尺分为60个小格，每小格为$1'$。分微尺上每10小格注有数字，表示$0'$，$10'$，$20'$，…，$60'$，其注记增加方向与度盘注记相反。角度的整度值可从度盘上直接读出，不到一度的值在分微尺上读，可直接读到$1'$，估读到$0.1'$，即$6''$。读数时，以分微尺上的0分划线为指标线，度数由落在分微尺上的度盘分划的注记读出，小于1°的数值，即分微尺0分划线至该度盘刻度线间的角值，由分微尺上读出。例如图3.7中，在水平度盘的读数窗中，分微尺的0分划线已超过122°，但没到123°，所以其数值，还要由分微尺的0分划线至度盘上分划线之间有多少小格来确定，图中为53.1格，故为$53'06''$，分微尺水平度盘的读数应是122°

$53'06''$。同理，竖直度盘读数应是 $65°58'06''$。

（2）单平板玻璃测微器及其读数方法。单平板玻璃测微器主要由平板玻璃、测微尺、连接机构和测微轮组成。转动测微轮，通过齿轮带动平板玻璃和与之固连在一起的测微尺绕轴同步转动。当光线垂直入射到平板玻璃上，测微尺的读数应为 0，这时竖盘读数为 $92°+d$，如图 3.8（a）所示。调节测微手轮，平板玻璃转动，度盘像移动，同时测微尺也随之移动，使度盘刻线像移动到刚好被双指标线夹住，如图 3.8（b）所示，此时双线夹住 $92°$，移动量可以从测微尺上读取，为 $92°18'10''$。

如图 3.9 所示，单平板玻璃测微器读数窗的影像中下面的窗格为水平度盘影像，中间的窗格为竖直度盘影像，上面较小的窗格为测微尺影像。度盘分划值为 $30'$，测微尺的量程也为 $30'$，将其分为 90 格，即测微尺最小分划值为 $20''$，当度盘分划影像移动一个分划值（$30'$）时，测微尺也正好转动 $30'$。读数时，先转动测微轮，使度盘某分划线精确的移在双指标线的中央，读出该分划线的度盘读数，再根据单指标线在测微尺上读取分、秒数，然后相加，即为全部读数。例如图 3.9（a）中，竖盘读数为 $92°+16'40''=92°16'40''$；图 3.9（b）中，水平读数为 $4°30'+11'30''=4°41'30''$。

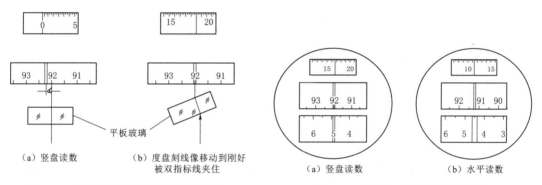

（a）竖盘读数　　（b）度盘刻线像移动到刚好
　　　　　　　　　被双指标线夹住

图 3.8　单平板玻璃测微器的读数方法

（a）竖盘读数　　　（b）水平读数

图 3.9　单平板玻璃测微器读数窗

采用单平板玻璃测微器读数的光学经纬仪有北京红旗Ⅱ型、瑞士 Wild T1 型等。

3.2.1.2　DJ$_2$ 型光学经纬仪的构造和读数方法

1. 构造

与 DJ$_6$ 型光学经纬仪相比，DJ$_2$ 型光学经纬仪的精度较高，在结构上除望远镜的放大倍数较大、照准部水准管的灵敏度较高、度盘格值较小外，主要表现在读数设备的不同。

DJ$_2$ 型光学经纬仪常用于较高精度的工程测量。图 3.10 所示为一国产的 DJ$_2$ 型光学经纬仪的外形及其各部分构件名称。

2. 读数装置及读数方法

DJ$_2$ 型光学经纬仪在读数显微镜中只能看到水平度盘或竖直度盘中的一种影像，通过转动换像手轮，并打开相应的反光镜使读数显微镜中出现需要的度盘影像。

近年来生产的 DJ$_2$ 型光学经纬仪，都采用了数字化读数装置。如图 3.11 所示，右下方为分划重合窗，右上方读数窗中上面的数字为整度数，凸出的小方框中所注数字为整 $10'$ 数，左下方为测微尺读数窗。测微尺刻划有 600 小格，每格为 $1''$，可估读

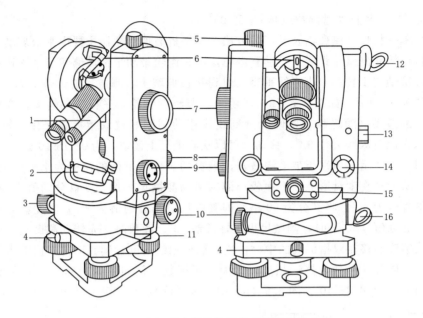

图 3.10　DJ₂ 型光学经纬仪的各部分构件名称

1—读数显微镜；2—照准部水准管；3—水平制动螺旋；4—轴座连接螺旋；5—望远镜制动螺旋；
6—瞄准器；7—测微轮；8—望远镜微动螺旋；9—换像手轮；10—水平制动螺旋；11—水平
度盘位置变换手轮；12—竖盘照明反光镜；13—竖盘指标水准管；14—竖盘指标水准管
微动螺旋；15—光学对点器；16—水平度盘照明反光镜

至 0.1″。测微尺读数窗左边注记数字为分，右边注记为 10″。读数步骤如下。

（1）转动测微轮，使分划重合窗中上、下分划线重合，如图 3.11（b）所示，并在读数窗中读出度数为 67°。

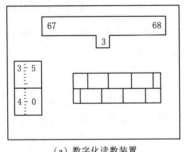
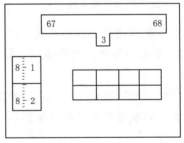

（a）数字化读数装置　　　　　　（b）上、下分划线重合

图 3.11　DJ₂ 光学经纬仪读数窗

（2）在凸出的小方框中读出整 10′数为 30′。

（3）在测微尺读数窗中读出分及秒数为 8′15″。

（4）将以上读数相加得度盘度数为 67°38′15″。

观测竖直角时读数方法同上，只是必须转动换像手轮，使度盘从水平度盘换到竖直度盘。

3.2.1.3 光学经纬仪的操作使用

经纬仪的操作步骤主要包括安置仪器、瞄准和读数。安置仪器包括对中和整平，对中的目的是使经纬仪的中心与测站点位于同一铅垂线上，整平的目的是使经纬仪竖轴竖直和水平度盘水平。经纬仪的对中方法有铅锤对中和光学对中器对中两种，目前所使用的经纬仪一般都装有光学对中器，故此处介绍采用光学对中器进行对中和整平的方法。

1. 安置仪器

（1）安放三脚架。先在不分开架腿的情况下调节三个架腿长度至合适高度，不要将架腿拉到底，留有一定的调节余地；打开三脚架大致呈等边三角形，并分别放在测站点的周围，并使三个脚到测站点的距离相等，并注意使架头大致水平。

（2）连接仪器。将仪器从箱中取出，放在脚架上，并拧紧连接仪器和三脚架的中心连接螺旋。

（3）粗略对中。保持三脚架的一条腿固定于测站点旁适当位置，两手分握另外两条腿作前后移动或左右转动，同时观察光学对中器，并分别进行光学对中器的目镜和物镜调焦使对中器分划板的十字丝和测站点成像清晰，使对中器对准测站点。

（4）粗略整平。调节三脚架腿的伸缩旋扭以升降架腿长度使圆水准器或水准管气泡基本居中，以使经纬仪大致水平。

（5）精确整平。是利用基座上三个脚螺旋进行的。先转动照准部，使照准部水准管与任一对脚螺旋的连线平行，两手同时向内或向外转动这两个脚螺旋，使水准管气泡居中；然后将照准部旋转 90°，使水准管与原先位置垂直，转动第三个脚螺旋，使水准管气泡居中。按以上步骤反复进行，直到照准部转至任意位置气泡皆居中为止，如图 3.12 所示。

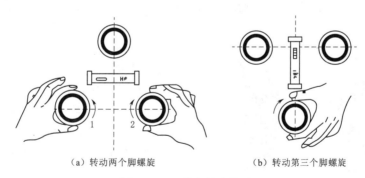

（a）转动两个脚螺旋   （b）转动第三个脚螺旋

图 3.12　经纬仪精确整平

（6）精确对中。检查地面标志是否位于对中器分划圈中心，若不居中，可稍旋松连接螺旋，在架头上慢慢移动经纬仪，使其精确对中。

2. 瞄准

测水平角时，瞄准是指用十字丝的纵丝精确地瞄准目标，具体操作步骤如下。

（1）松开望远镜制动螺旋和照准部制动螺旋，使望远镜朝向天空或白色墙壁等明亮背景，调节目镜调焦螺旋，使十字丝清晰。

（2）利用望远镜上的准星瞄准目标，使在望远镜内能看到目标影像，然后旋紧望远镜和照准部的制动螺旋。

（3）调节物镜调焦螺旋使目标影像清晰，并注意消除视差。

（4）调节望远镜和照准部的微动螺旋，使十字丝的纵丝精确地瞄准目标。如图3.13 所示，测水平角时，应尽量用十字丝交点附近的竖丝瞄准目标底部。当目标影像较大时，可用十字丝的单丝平分目标影像；当目标影像较小时，可用十字丝的双丝夹准目标影像。测竖直角时，应用十字丝的中丝切准目标影像。

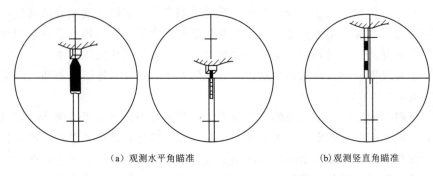

（a）观测水平角瞄准　　　　　　　　　（b）观测竖直角瞄准

图 3.13　瞄准目标

3. 读数

照准目标后，打开反光镜，并调整其位置，使读数窗内进光明亮均匀。然后进行读数显微镜调焦，使读数窗内分划清晰，并消除视差。最后读取度盘读数并记录。

3.2.2　其他经纬仪简介

3.2.2.1　电子经纬仪简介

电子经纬仪的主要结构与普通经纬仪相同，其与光学经纬仪的根本区别在于它用微机控制的电子测角系统代替光学读数系统，即采用了光电度盘，将度盘的角值符号变成能被光电器件识别和接收的特定信号，然后再转换成常规的角值，从而实现了读数记录的数字化和自动化。它还能与多种测距仪联机，组成组合式全站仪。再与电子手簿联机，能完成野外数据的自动采集。图 3.14 所示为 DT300 电子经纬仪和北光 DJD2－1GC 电子经纬仪外形图。

（a）DT300电子经纬仪　（b）北光DJD2-1GC电子经纬仪

图 3.14　电子经纬仪

角值和光电信号的转换，大体分为两类：一类是把度盘分成区、环进行编码，称为编码度盘，它直接把角度转换成二进制代码，所以称绝对转换系统；另一类是利用光栅度盘把单位角度转换成脉冲信号，然后用计算机累积变化的脉冲数，求得相应的角度值称为增量转换系统。

电子经纬仪测量前应进行初始设置等准备工作，电子经纬仪的安置、对中、整平、望远镜目镜调焦及目标照准与普通光学经纬仪相同。

3.2.2.2 激光经纬仪简介

激光经纬仪是指带有激光指向装置
的经纬仪，是将激光器发射的激光束，
导入经纬仪的望远镜筒内，使其沿视准
轴方向射出，以此为准进行定线、定位
和测设角度、坡度，以及大型构件装配
和划线、放样等。激光是一种方向性极
强、能量十分集中的光辐射，这对于实
现测量过程的高精度、方便性及自动化
是十分有益的。激光束与望远镜照准轴
保持同轴、同焦。在原有经纬仪的所有

（a）J2-JDE激光光学经纬仪　（b）LP210激光电子经纬仪

图 3.15　激光经纬仪

功能基础上，还提供一条可见的激光束，十分便于工程施工。也可向天顶方向垂直发
射光束，作为一台激光垂准仪用。若配置弯管读数目镜，则可根据竖盘读数对垂直角
进行测量。望远镜照准轴精细调成水平后，还可作激光水准仪用。若不使用激光，仪
器仍可作光学经纬仪或电子经纬用。

图 3.15 所示分别为 J2-JDE 激光光学经纬仪和 LP210 激光电子经纬仪。

3.3　水　平　角　测　量

根据目标的多少及等级要求，观测水平角常用的方法有测回法和方向观测法。

3.3.1　测回法

测回法用于观测两个方向之间的单角，是观测水平角的一种最基本的方法。

1. 测回法的观测程序

如图 3.16 所示，用测回法观测水平角∠AOB 的角值β的观测程序如下。

（1）在 O 点（测站点）安置经纬仪
（对中、整平），在 A、B 两目标点竖立
照准标志物（测杆或测钎等）。

（2）将经纬仪置于盘左位置（竖直
度盘位于望远镜目镜左侧，也称正镜），
照准左方目标 A，将水平度盘置数为稍
大于 $0°00'00''$，读取读数 $a_左$，记入
手簿。

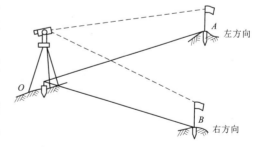

图 3.16　测回法观测水平角

（3）松开水平制动螺旋，顺时针转
动照准部，照准右方目标 B，读取读数 $b_左$，记入手簿。

以上（2）、（3）两步称为盘左半测回或上半测回，所测水平角值为 $β_左 = b_左 - a_左$。

（4）松开水平及竖直制动螺旋，将经纬仪置于盘右位置（竖直度盘位于望远镜目
镜右侧，也称倒镜），照准右方目标 B，读取读数 $b_右$，记入手簿。

（5）逆时针转动照准部，照准左方目标 A，读取读数 $a_右$，记入手簿。

以上（4）、（5）两步称为盘右半测回或下半测回，所测水平角值为 $\beta_右 = b_右 - a_右$。

（6）上、下半测回合称一测回。两个半测回的角值之差符合规定要求时，才能取其平均值作为一测回的观测结果，即

$$\beta = 1/2(\beta_左 + \beta_右)$$

2. 测回法观测记录计算的几点注意事项

（1）一测回过程中，不得再调整水准管气泡或改变度盘位置。

（2）当测角精度要求较高时，为了减少度盘分划误差的影响，往往要测多个测回，各测回的观测方法相同，但起始方向的水平度盘置数不同，第一测回的置数还应为略大于 $0°00'00''$，其他各测回起始方向的置数应根据测回数 n 按 $180°/n$ 递增变换。当各测回观测角值之差符合要求时，取各测回平均值作为最后观测结果。

（3）水平角读数记录计算时，分秒数须写足两位。

（4）水平度盘是按顺时针方向注记的，因此半测回角值必须是右方目标读数减去左方目标读数。当右方目标读数不够减时，将其加上 $360°$ 之后再减去左方目标读数。

（5）观测计算时两项限差必须符合要求。一是上、下半测回的角值之差，二是各测回间的角值之差。对于不同精度的仪器，这两项限差规定值不同，常用的 DJ$_6$ 型经纬仪要求半测回角值之差不超过 $\pm 40''$，各测回观测角值之差不超过 $\pm 24''$。若半测回角值之差超限，则应重测该测回；若各测回间的角值之差超限，则应重测角值偏离各测回平均角值较大的那一测回。

3. 测回法观测水平角的记录手簿样式

测回法观测水平角的记录手簿样式如表 3.1 所示。

表 3.1　　　　　　　　　测回法观测水平角记录计算手簿

测站	测回	竖盘位置	目标	水平度盘数	半测回角值	一测回角值	各测回平均角值	备注
O	1	左	A	$0°03'18''$	$89°30'12''$	$89°30'15''$	$89°30'21''$	
			B	$89°33'30''$				
		右	A	$180°03'24''$	$89°30'18''$			
			B	$269°33'42''$				
O	2	左	A	$90°03'30''$	$89°30'30''$	$89°30'27''$		
			B	$179°34'00''$				
		右	A	$270°03'24''$	$89°30'24''$			
			B	$359°33'48''$				

3.3.2　方向观测法

方向观测法适用于在一个测站需要观测三个及三个以上方向的情况，此种情况下通过观测各个方向的方向值，然后计算出相应的角值。如图 3.17 所示，每半测回都从一个选定的起始方向（零方向）开始观测，在依次观测所需的各个目标之后，应再次观测起始方向（称为归零），此法称为全圆方向观测法或全圆测回法。习惯上把方

向观测法和全圆方向观测法统称为方向观测法或方向法。

3.3.2.1　方向观测法的观测程序

如图 3.17 所示，设 A 方向为零方向。将经纬仪安置于 O 测站，对中整平后按下列步骤进行操作。

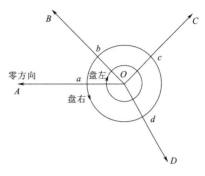

图 3.17　方向观测法测水平角

（1）盘左位置，瞄准起始方向 A，将水平度盘置数为稍大于 0°00′00″，再重新照准 A 方向，读取水平度盘读数 a，并记录。

（2）按照顺时针方向转动照准部，依次瞄准 B、C、D 目标，并分别读取水平度盘读数为 b、c、d，并记录。

（3）最后回到起始方向 A，再读取水平度盘读数为 a′。这一步称为"归零"。a′ 与 a 之差称为"归零差"，其目的是检查水平度盘在观测过程中是否发生变动。

以上操作称为上半测回观测。

（4）盘右位置，按逆时针方向旋转照准部，依次瞄准 A、D、C、B、A 目标，分别读取水平度盘读数，记入记录表中，并算出盘右的"归零差"，称为下半测回。

上、下两个半测回合称为一测回。

观测记录及计算如表 3.2 所示。

表 3.2　　　　　　　方向观测法观测记录及计算手簿（水平角）

测站	测回数	目标	读　数		2C	平均读数	归零方向值	各测回归零方向值的平均值	水平角值
			盘左	盘右					
1	2	3	4	5	6	7	8	9	10
O	1					(0°02′07″)			50°13′27″ 80°38′34″ 50°08′21″ 178°07′38″
		A	0°02′06″	180°02′04″	+2″	0°02′05″	00°00′00″	00°00′00″	
		B	50°15′42″	230°15′30″	+12″	50°15′36″	50°13′29″	50°13′27″	
		C	130°54′12″	310°54′00″	+12″	130°54′06″	130°51′59″	130°52′01″	
		D	181°02′24″	1°02′24″	0	181°02′24″	181°00′17″	181°00′22″	
		A	0°02′10″	180°02′08″	+2″	0°02′09″			
		Δ	4″	4″					
	2					(90°02′33″)			
		A	90°02′31″	270°02′27″	+4″	90°02′29″	00°00′00″		
		B	140°16′00″	320°15′56″	+4″	140°15′58″	50°13′25″		
		C	220°54′40″	40°54′32″	+8″	220°54′36″	130°52′03″		
		D	271°03′00″	91°02′58″	+2″	271°02′59″	181°00′26″		
		A	90°02′38″	270°02′36″	+2″	90°02′37″			
		Δ	7″	9″					

3.3.2.2 方向观测法的计算方法及要求

以表 3.2 为例说明如下。

1. "归零差"的计算

分别计算起始方向盘左两次瞄准的读数差和盘右两次瞄准的读数差,即"归零差" Δ 值,并记入表中第 4、5 栏对应 Δ 处。半测回"归零差"不能超过允许限值(DJ$_6$ 型经纬仪为 18″,DJ$_2$ 型经纬仪为 12″),若超限,应及时重测。

2. 两倍照准误差 2C 的计算

正、倒镜照准同一目标时水平度盘读数之差称两倍照准误差,即 2C 值。

$$2C = 盘左读数 - (盘右读数 \pm 180°)$$

计算结果记入表中第 6 栏。2C 值的大小和稳定性反映了望远镜视准轴与横轴是否垂直及照准和读数是否精确。在同一测回内同一台仪器的各方向的 2C 值应为一个定数,若有互差,其变化值不应超过限差要求。DJ$_6$ 型经纬仪对 2C 互差没有要求,DJ$_2$ 型经纬仪要求 2C 互差不能超过 18″。

3. 同一方向盘左、盘右平均读数的计算

$$平均读数 = \frac{盘左读数 + (盘右读数 \pm 180°)}{2}$$

计算时,以盘左读数为准,将盘右读数加或减 180°后和盘左读数取平均值,将计算结果记入表中第 7 栏。

同一测回中,起始方向盘左、盘右的平均读数值有两个,应再取这两个数值的平均值记在第一个平均值上方的括号内。

4. 归零方向值的计算

将各方向的平均读数分别减去起始方向括号内的平均值,即得归零后的方向值。各方向归零方向值记入表中第 8 栏。

5. 各测回归零方向值的平均值的计算

当一个测站观测两个或两个以上测回时,同一方向各测回归零方向值之差,即测回差,也不能超过限值要求(DJ$_6$ 型经纬仪为 24″,DJ$_2$ 型经纬仪为 12″)。若检查结果符合要求,取各测回同一方向归零方向值的平均值作为最后结果,记入表中第 9 栏。

6. 水平角的计算

相邻方向值之差,即为两相邻方向所夹的水平角,计算结果记入表中第 10 栏。

3.3.2.3 几点注意事项

(1)零方向选择很重要,应选择在距离适中、通视良好、成像清晰稳定、俯仰角和折光影响较小的方向。

(2)为了提高精度,减少度盘分划误差的影响,如需观测 n 个测回,则各测回间仍应按 $180°/n$ 变动水平度盘位置。

(3)表 3.2 中的盘左各目标的读数从上往下记录,盘右各目标的读数从下往上记录。

3.4 竖直角测量

3.4.1 竖直度盘结构

光学经纬仪的竖直度盘结构包括：竖盘、竖盘读数指标、竖盘指标水准管及竖盘指标水准管微动螺旋，如图 3.18 所示。

竖盘垂直固定在望远镜横轴的一端，随望远镜的转动而转动。在竖盘中心的下方装有反映读数指标线的棱镜，它与竖盘指标水准管连在一起，不随望远镜转动，只能通过调节指标水准管微动螺旋，使棱镜和指标水准管一起作微小转动。当竖盘指标水准管气泡居中时，竖盘指标线就处于正确位置。观测竖直角时，竖盘指标必须处于正确位置才能读数。竖直度盘由光学玻璃制成，其注记形式分天顶式注记和高度式注记两类。天顶式注记是指假想望远镜指向天顶时，竖盘读数指标指示的读数为 0°或 180°；而高度式注记是指假想望远镜指向天顶时，读数为 90°或 270°。这两类注记形式按度盘的刻划顺序不同又有顺时针和逆时针两种形式。如图 3.18 所示，为天顶式顺时针注记的度盘，近代生产的经纬仪多采用这类注记。

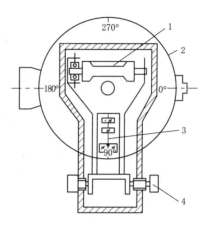

图 3.18 竖直度盘结构

1—竖盘指标水准管；2—竖盘；

3—读数指标；4—竖盘指标水准管微动螺旋

3.4.2 竖直角计算公式

无论竖盘采用哪种注记形式，计算竖直角都是倾斜方向读数与水平方向读数之差。如图 3.18 所示，竖盘的注记形式为天顶式顺时针，当望远镜视线水平，竖盘指标水准管气泡居中时，读数指标处于正确位置，竖盘读数正好是一常数 90°或 270°。

如图 3.19 (a) 所示，盘左位置，视线水平时竖盘读数为 90°。望远镜往上仰，读数减小，倾斜视线与水平视线所构成的竖直角为 α_L。设视线方向的读数为 L，则盘左位置的竖直角为

$$\alpha_L = 90° - L \tag{3.1}$$

如图 3.19 (b) 所示，盘右位置，视线水平时竖盘读数为 270°，望远镜往上仰，读数增大，倾斜视线与水平视线所构成的竖直角为 α_R。设视线方向的读数为 R，则盘右位置的竖直角为

$$\alpha_R = R - 270° \tag{3.2}$$

对于同一目标，考虑观测误差及仪器本身和外界条件的影响，则取盘左、盘右两次读数的平均值作为竖直角值，即

$$\alpha = \frac{1}{2}(\alpha_L + \alpha_R) \tag{3.3}$$

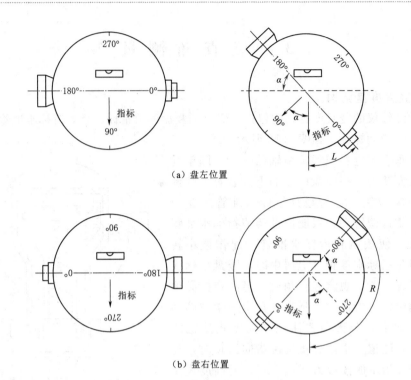

（a）盘左位置

（b）盘右位置

图 3.19　竖盘读数与竖直角计算

或
$$\alpha = \frac{1}{2}(R - L - 180°) \tag{3.4}$$

　　根据上述公式的分析方法，可推导出其他注记形式的竖盘竖直角的通用计算公式。首先应正确判读视线水平时的读数，且同一仪器盘左、盘右的读数差为180°；然后上仰望远镜，并观测竖盘读数是增加还减少。

　　若竖盘读数逐渐减小，则竖直角的计算公式为
$$\alpha = 视线水平时的常数 - 瞄准目标时的读数 \tag{3.5}$$

　　若竖盘读数逐渐增加，则竖直角的计算公式为
$$\alpha = 瞄准目标时的读数 - 视线水平时的常数 \tag{3.6}$$

3.4.3　竖盘指标差

　　当竖盘指标水准管气泡居中且视线水平时，读数指标处于正确位置，应正好指向90°或270°。上述竖直角计算公式也是在这个前提下确定出来的。但实际使用过程中，读数指标往往会偏离正确位置一个小角度 x，将此偏离角度 x 称为竖盘指标差，简称指标差。并规定当读数指标偏离方向与竖盘注记方向一致时，x 为"＋"；反之，x 为"－"。

　　如表 3.3 中图所示，若仪器存有竖盘指标差，盘左、盘右位置时正确的竖直角公式应为

　　盘左位置：
$$\alpha = 90° - L + x = \alpha_L + x \tag{3.7}$$

盘右位置：

$$\alpha = R - 270° - x = \alpha_R - x \tag{3.8}$$

表 3.3 竖 盘 指 标 差

竖盘位置	视 线 水 平	瞄 准 目 标
盘左		
盘右		

式（3.7）和式（3.8）两式联立求解可得盘左盘右竖直角的平均值 α 和竖盘指标差 x 的计算公式如下：

$$\alpha = \frac{1}{2}(R - L - 180°) = \frac{1}{2}(\alpha_L + \alpha_R) \tag{3.9}$$

$$x = \frac{1}{2}(R + L - 360°) = \frac{1}{2}(\alpha_R - \alpha_L) \tag{3.10}$$

可以看出，存在指标差的盘左盘右竖直角的平均值 α 的计算公式（3.9）与不存在指标差的计算公式（3.3）是一样的。这说明通过观测盘左、盘右竖直角，取其平均值的方法可消除竖盘指标差的影响，并获得竖直角的正确值。

一般来说，在同一测站上，同一台仪器在同一操作时间内的指标差应该是相等的。但实际测量工作中因测量误差的存在，往往指标差值会发生变化。可见，指标差互差反映了观测成果的质量。所以，常用指标差互差来检验观测成果的精度，其值应不超过规范规定的限值。对于 DJ_6 型光学经纬仪，同一测站上不同目标的指标差互差或同方向各测回指标差互差应不超过 $25''$。

当允许单独用盘左或盘右观测竖直角时，可先测得指标差，然后用式（3.7）或式（3.8）进行计算仍可获得正确的竖直角。

3.4.4　竖直角的观测、记录与计算

竖直角的观测、记录与计算方法和步骤如下。

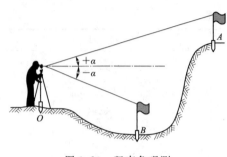

图 3.20　竖直角观测

（1）如图 3.20 所示，仪器安置于测站点 O 上，对中、整平。

（2）盘左瞄准目标点 A（中丝切于目标顶部）。调节竖盘指标水准管微动螺旋使竖盘指标水准管气泡居中（带有竖盘指标自动补偿器的经纬仪，读数前应将补偿器开关置于"ON"状态），读数 L，记入表中，计算出盘左时的竖直角 α_L，记入表中第 5 栏，完成上半测回的观测、记录与计算。

（3）盘右再瞄准目标点 A，使竖盘指标水准管气泡居中，读数 R，记录并计算下半测回的竖直角 α_R。

上、下半测回合起来为一测回。

（4）用式（3.10）计算竖盘指标差 x，并记入表中第 6 栏。

（5）判别竖盘指标差 x 是否超限，符合要求，取盘左盘右竖直角的平均值作为一测回竖直角值，并记入表中第 7 栏。

（6）同样方法观测、记录、计算目标点 B 的竖直角。

竖直角的记录、计算格式见表 3.4。

表 3.4　　　　　　　　　　　　竖直角观测记录计算手簿

测站	目标	竖盘位置	竖盘读数	半测回竖直角	指标差	一测回竖直角	备注
1	2	3	4	5	6	7	8
O	A	左	$75°30'8''$	$+14°29'52''$	$-4''$	$+14°29'48''$	竖盘为全圆顺时针注记形式
		右	$284°29'44''$	$+14°29'44''$			
	B	左	$110°26'14''$	$-20°26'14''$	$-7''$	$-20°26'21''$	
		右	$249°33'32''$	$-20°26'28''$			

3.5　经纬仪的检验与校正

3.5.1　经纬仪的主要轴线及其应满足的几何条件

从经纬仪的构造情况可知，经纬仪主要有四条轴线，分别为竖轴（仪器的旋转轴）VV'、横轴（望远镜的旋转轴）HH'、望远镜的视准轴 CC'、照准部的水准管轴 LL'，如图 3.21 所示。

根据角度测量原理的要求，这些轴系之间应满足以下几何条件。

（1）水准管轴垂直于竖轴（$LL' \perp VV'$）。

（2）望远镜视准轴垂直于横轴（$CC' \perp HH'$）。

（3）横轴垂直于竖轴（$HH' \perp VV'$）。

（4）十字丝纵丝垂直于横轴。

除此之外，经纬仪还应满足以下条件。

（1）竖盘指标差应为零。

（2）光学对中器的视准轴与竖轴的旋转轴中心重合。

上述几何条件在仪器出厂时都是满足要求的，但在使用过程中因受碰撞、振动等影响，其轴线间几何关系可能发生变化，从而影响测量成果质量。因此，正式作业前应对经纬仪进行检验，必要时需对一些部件加以校正，使之满足要求。

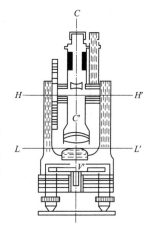

图 3.21　经纬仪主要轴线
及其几何条件

3.5.2　经纬仪的检验与校正方法

3.5.2.1　照准部水准管轴应垂直于仪器竖轴的检验与校正

1. 检验

安置仪器，并使仪器大致整平。如图 3.22 所示，转动照准部使照准部水准管平行于任意一对脚螺旋，转动该对角螺旋使气泡居中，再将照准部旋转 $180°$，若气泡仍居中，说明此条件满足；否则需要校正。

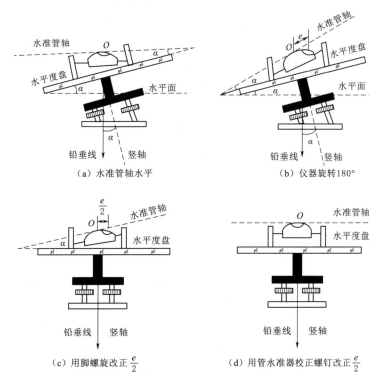

（a）水准管轴水平　　　　　　　　（b）仪器旋转180°

（c）用脚螺旋改正 $\frac{e}{2}$　　　　　　（d）用管水准器校正螺钉改正 $\frac{e}{2}$

图 3.22　照准部水准管轴的检验与校正

2. 校正

相对旋转脚螺旋使气泡向中心移动偏离值的一半，然后用校正针拨动水准管一端的校正螺丝，使气泡居中。重复检验校正，直到水准管在任何位置时气泡偏离量都在一格以内为止。

3.5.2.2　十字丝竖丝应垂直于仪器横轴的检验与校正

1. 检验

安置仪器，并使仪器精密整平。如图 3.23 所示，用十字丝竖丝一端瞄准细小点状目标，转动望远镜微动螺旋，使其移至竖丝另一端，若目标点始终在竖丝上移动，说明此条件满足，否则需要校正。

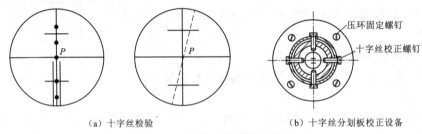

（a）十字丝检验　　　　　　　　　　（b）十字丝分划板校正设备

图 3.23　十字丝的检验与校正

2. 校正

旋下十字丝分划板护罩，松开十字丝分划板的固定螺钉，微微转动十字丝分划板，使竖丝端点至点状目标的间隔减小一半，再返转到起始端点。重复上述检验校正，直到点的移动轨迹始终在竖丝上，再将固定螺钉拧紧，并旋上十字丝分划板护罩。

3.5.2.3　视准轴应垂直于横轴的检验与校正

1. 方法一

（1）检验。安置仪器，并使仪器精密整平。首先选择远处与仪器同高的目标点 A，然后分别盘左、盘右瞄准目标点 A，并读取水平度盘读数 $\alpha_左$ 和 $\alpha_右$。若 $\alpha_左 = \alpha_右 \pm 180°$，说明此条件已满足，若差值超过 $2'$，则需要校正。

（2）校正。计算正确读数 $\alpha'_右 = [\alpha_右 + (\alpha_左 \pm 180°)]/2$，转动照准部微动螺旋，使水平度盘读数为 $\alpha_右{}'$，此时目标偏离十字丝交点，用校正针拨动十字丝左、右校正螺旋，使十字丝交点对准 A 点。如此重复检验校正，直到差值在 $2'$ 内为止。

2. 方法二

（1）检验。如图 3.24 所示，在平坦场地选择相距 100m 的 A、B 两点，仪器安置在两点中间的 O 点上，在 A 点设置和经纬仪同高的点标志（或在墙上设同高的点标志），在 B 点设一根水平尺，该尺与仪器同高且与 OB 垂直。检验时先用盘左瞄准 A 点标志，固定照准部，倒转望远镜，在 B 点尺上读出 B_1 点的读数，再用盘右同法读出 B_2 点读数。若 B_1 与 B_2 重合，说明此条件满足，否则需要校正。

（2）校正。在 B_1、B_2 点间 1/4 处定出 B_3 读数，使 $B_3 = B_2 - (B_2 - B_1)/4$。拨动十字丝左、右校正螺旋，使十字丝交点与 B_3 点重合。如此反复检校，直到 $B_1 B_2 \leqslant 2mm$ 为止。

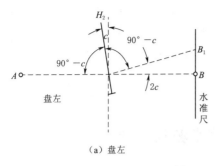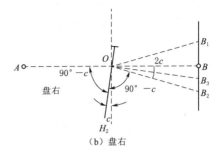

（a）盘左　　　　　　　　　　　（b）盘右

图 3.24　视准轴检验

3.5.2.4　横轴应垂直于竖轴的检验与校正

1. 检验

如图 3.25 所示，在离建筑物 10m 处安置仪器，盘左瞄准墙上高目标点标志 P（垂直角大于 30°），将望远镜放平，十字丝交点投在墙上定出 P_1 点。盘右瞄准 P 点同法定出 P_2 点。若 P_1P_2 点重合，则说明此条件满足，若 $P_1P_2 > 5$mm，则需要校正。

2. 校正

取 P_1 点与 P_2 点的连线中点 P_0，使十字丝交点照准 P_0 点；抬高望远镜照准高目标点标志 P，此时十字丝交点已偏离 P 点至 P' 点；抬高或降低经纬仪横轴的一端使 P' 点与 P 点重合。由于仪器横轴是密封的，故该项校正应由专业维修人员进行。

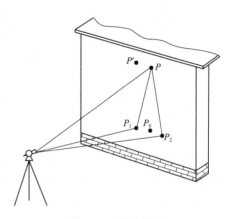

图 3.25　横轴检验

3.5.2.5　竖盘指标差的检验和校正

竖盘指标差检校的目的是使竖盘指标差 x 等于 0。

1. 检验

安置仪器，并使仪器精密整平。用盘左、盘右两个位置瞄准同一个目标，分别调竖盘指标水准管气泡居中后，读取竖盘读数 L 和 R，然后按前面公式计算竖盘指标差 x。若 x 值超过 1′时，则需进行校正。

2. 校正

保持望远镜盘右位置瞄准目标 P 不变，计算不含指标差 x 时的盘右正确读数 R_0，$R_0 = R - x$。转动竖盘指标水准管微动螺旋使竖盘读数为 R_0，此时竖盘指标水准管气泡一定不会居中。用校正针拨动竖盘指标水准管一端的校正螺丝，使气泡居中即可。此项校正须反复进行。

3.5.2.6　光学对中器的检验与校正

1. 检验

检校的目的是使光学对中器的光学垂线与仪器竖轴重合，即仪器对中后，绕竖轴旋转转至任何方向仍然对中安置仪器，并使仪器精密整平。在三脚架正下方地面上固定一张白纸，根据分划板上对中点中心在纸上标出一点，然后照准部旋转 180°，再观察，若点仍位于圆圈中心，不需校正；否则，需校正。

2. 校正

取两点的中点 P，校正转向棱镜的位置，直至对中点中心对准中点 P 为止。

3.6　角度测量的误差来源及消减方法

角度测量误差来源主要有仪器误差、观测误差和外界条件影响所产生的误差。分析这些误差是为了在实际测量工作中能采取有效方法消除和减少这些误差，保证测量成果的精度。

3.6.1　仪器误差

仪器误差包括仪器校正之后的残余误差及仪器加工不完善引起的误差。

1. 视准轴不垂直于横轴的误差

望远镜视准轴不垂直于横轴时，其偏离垂直位置的角值 C 称视准差或照准差。对水平方向观测值的影响为 $2C$，由于盘左、盘右观测时其符号相反，故水平角测量时，可采用盘左、盘右取平均值的方法加以消除。

2. 横轴不垂直于竖轴的误差

横轴误差是由于支承横轴的支架有误差，造成横轴与竖轴不垂直。当竖轴铅垂时，横轴不水平，而有一偏离值 i，称横轴误差或支架差。盘左、盘右观测时对水平角影响为 i 角误差，且方向相反。因此，也可采用盘左、盘右观测取平均值的方法来消除此项误差。

3. 竖轴倾斜误差

观测水平角时，仪器竖轴不处于铅垂方向，而偏离一个 δ 角度，称竖轴倾斜误差。其是由于水准管轴不垂直于竖轴，以及竖轴水准管不居中引起的误差。这时，竖轴偏离竖直方向一个小角度，从而引起横轴倾斜及度盘倾斜，造成测角误差。这种误差随望远镜瞄准不同方向而变化，不能用盘左、盘右取平均值的方法来消除。因此，测量前应严格检校仪器，观测时仔细整平，并始终保持照准部水准管气泡居中，气泡不可偏离一格。

4. 度盘偏心误差

度盘偏心差是指照准部旋转中心与水平度盘圆心不重合而引起的读数误差，主要是由度盘加工及安装不完善引起的。在盘左、盘右观测时，指标线在水平度盘上的读数具有对称性，而符号相反，因此，可用盘左、盘右读数取平均值的方法予以减小。

5. 度盘刻划不均匀误差

度盘刻划不均匀误差是由于仪器度盘刻划线加工不均匀而引起的。此项误差一般影响不大，可利用度盘位置变换手轮或复测扳手在各测回间变换度盘位置，使读数均匀地分布在度盘各个区间来消减此项误差。

6. 竖盘指标差

竖盘指标差可用盘左、盘右取平均值的方法来消除其影响。

3.6.2 观测误差

1. 对中误差

观测水平角时，对中不准确，使得仪器中心与测站点的标志中心不在同一铅垂线上即是对中误差，也称测站偏心。此项误差不能通过观测方法消除，所以测水平角时要仔细对中，在短边测量时更要严格对中。

2. 目标偏心

当照准的目标与其地面标志中心不在一条铅垂线上时，两点位置的差异称目标偏心或照准点偏心误差。其影响类似对中误差，边长越短，偏心距越大，影响也越大。为了减小这项误差，测角时标杆应竖直，并尽可能瞄准底部。

3. 瞄准误差

测角时由人眼通过望远镜瞄准目标产生的误差称为瞄准误差。影响瞄准误差的因素很多，如望远镜放大倍数、人眼分辨率、十字丝的粗细、标志形状和大小、目标影像亮度、颜色等，一般以人眼最小分辨率（60″）和望远镜放大率 v 来衡量仪器的瞄准精度，计算式为 $m_v = \pm 60''/v$。

4. 读数误差

读数误差主要取决于仪器读数设备情况。对于采用分微尺读数系统的经纬仪，读数中误差为测微器最小分划值的 1/10，即 $0.1' = 6''$。

3.6.3 外界条件影响所产生的误差

角度观测是在一定外界条件下进行的，外界条件对观测质量有直接影响，如大风和松软的土壤会影响仪器的稳定；温度变化和日晒可能会影响水准管气泡的运动；大气层受地面热辐射的影响会引起目标影像的跳动等，这些都会给观测角度带来误差。所以应尽可能避开不利条件，选择微风多云、空气清晰度好、大气湍流不严重、目标成像清晰稳定的有利时间观测，保证观测成果的质量。

【本章小结】

角度测量是测量工作的基本内容之一，经纬仪是角度测量的主要仪器。本章着重介绍以下内容。

1. 经纬仪的构造及使用

工程上常用的经纬仪型号有 DJ_6、DJ_2 等。本章重点学习 DJ_6 型光学经纬仪的构造和使用方法。

（1）DJ_6 型光学经纬仪主要由照准部、水平度盘和基座三大部分组成，应搞清楚各部分构件名称及作用。

（2）光学经纬仪的技术操作方法：对中—整平—瞄准—读数。应记住其操作要领，反复实践训练，掌握这项测量基本功。

（3）根据角度测量原理的要求，经纬仪及其主要轴线间应满足以下几何条件：水准管轴垂直于竖轴（$LL' \perp VV'$）；望远镜视准轴垂直于横轴（$CC' \perp HH'$）；横轴垂直于竖轴（$HH' \perp VV'$）；十字丝纵丝垂直于横轴；竖盘指标差应为零；光学对中器的视准轴与竖轴的旋转轴中心重合。若不满足会影响测量成果质量。因此，正式作业前应对经纬仪进行检验，必要时需对一些部件加以校正。

2. 水平角及其测量

（1）水平角是地面上一点到两目标的方向线垂直投影在水平面上所形成的夹角，用符号 β 表示，角值范围为 $0° \sim 360°$。

（2）观测水平角常用的方法有测回法和方向观测法。测回法用于观测两个方向之间的单角，方向观测法用于在一个测站观测三个及三个以上方向时测量多个角度。各种方法的观测程序、记录计算表格及方法见本章介绍。

3. 竖直角及其测量

（1）竖直角是指在同一竖直面内，观测视线与水平线间的夹角，用 α 表示，其角值范围为 $0° \sim \pm 90°$。将观测视线与铅垂线天顶方向间的夹角称为天顶距，用 Z 表示，其角值范围为 $0° \sim 180°$。竖直角 α 和天顶距 Z 之间的换算关系是：$\alpha = 90° - Z$。

（2）竖直角观测采用测回法，当各项限差符合要求后取盘左、盘右平均值为竖直角，可消减视准轴不垂直于横轴的误差、横轴不垂直于竖轴的误差、度盘偏心误差及竖盘指标差的影响。竖直角的观测、记录与计算方法和步骤见本章所讲。竖直角计算公式应使用正确，首先应正确判读视线水平时的读数，然后上仰望远镜，观测竖盘读数，若读数增加，则竖直角为瞄准目标时的读数减去视线水平时的常数；若读数减小，则竖直角为视线水平时的常数减去瞄准目标时的读数。

【知识检验】

1. 填空题

（1）经纬仪的安置工作包括_____、_____。

（2）竖直角就是在同一竖直面内_____与_____之夹角。

（3）经纬仪的主要几何轴线有_____、_____、_____、_____。

（4）经纬仪安置过程中，整平的目的是使_____，对中的目的是使仪器_____与_____点位于同一铅垂线上。

（5）经纬仪应满足的几何条件有_____，_____，_____，_____，_____，_____。

（6）竖盘读数前必须将_____居中，否则该竖盘读数_____。

（7）经纬仪由_____、_____、_____三部分组成。

（8）经纬仪是测量_____的仪器，它既能观测_____角，又可以观测_____角。

（9）经纬仪竖盘指标差为零，当望远镜视线水平，竖盘指标水准管气泡居中时，竖盘读数应为_____。

（10）用测回法观测水平角，可以消除仪器误差中的_____、_____、_____。

2. 单选题

(1) 当经纬仪的望远镜绕横轴转动时，竖直度盘（ ）。

A. 与望远镜一起转动　　　　　　　　B. 与望远镜相对运动

C. 不动　　　　　　　　　　　　　　D. 可能动，也可能不动

(2) 经纬仪视准轴检验和校正的目的是（ ）。

A. 使视准轴垂直横轴　　　　　　　　B. 使横轴垂直于竖轴

C. 使视准轴平行于水准管轴　　　　　D. 使横轴垂直于水准管轴

(3) 采用盘左、盘右观测水平角的方法，可以消除（ ）误差。

A. 对中　　　　　　　　　　　　　　B. 十字丝的竖丝不铅垂

C. 2C　　　　　　　　　　　　　　　D. 水准管气泡偏离引起的

(4) 用测回法观测水平角，测完上半测回后，发现水准管气泡偏离 2 格多，在此情况下应（ ）。

A. 继续观测下半测回　　　　　　　　B. 整平后观测下半测回

C. 整平后全部重测　　　　　　　　　D. 可以不重新整平，但需重新测上半测回

(5) 测量竖直角时，采用盘左、盘右观测，其目的之一是可以消除（ ）误差的影响。

A. 对中　　　　　　　　　　　　　　B. 视准轴不垂直于横轴

C. 指标差　　　　　　　　　　　　　D. 偶然

(6) 用经纬仪观测水平角时，尽量照准目标的底部，其目的是消除（ ）误差对测角的影响。

A. 对中　　　　B. 照准　　　　C. 目标偏离中心　　　　D. 天气环境

(7) 用测回法观测水平角，若右方目标的方向值 R 小于左方目标的方向值 L 时，水平角 α 的计算方法是（ ）。

A. $\alpha = R - L$ 　　　　　　　　　B. $\alpha = L - R$

C. $\alpha = R + 360° - L$ 　　　　　　D. $\alpha = R - (360° + L)$

(8) 地面上两相交直线的水平角是（ ）的夹角。

A. 这两条直线的实际

B. 这两条直线在水平面的投影线

C. 这两条直线在同一竖直面上的投影

D. 这两条直线在一个面的投影线

(9) 经纬仪安置时，整平的目的是使仪器的（ ）。

A. 竖轴位于铅垂位置，水平度盘水平　　B. 水准管气泡居中

C. 竖盘指标处于正确位置　　　　　　　D. 对中更加精准

(10) 经纬仪的竖盘按顺时针方向注记，当视线水平时，盘左竖盘读数为 90°，用该仪器观测一高处目标，盘左读数为 75°10′24″，则此目标的竖直角为（ ）。

A. 57°10′24″ 　　　　　　　　　　　B. −14°49′36″

C. 14°49′36″ 　　　　　　　　　　　D. 75°10′24″

(11) 经纬仪在盘左位置时将望远镜大致置平，使其竖盘读数在 0°左右，望远镜

物镜端抬高时读数减少，其盘左的竖直角 α 公式（　　）。

  A. $\alpha=90°-L$ B. $\alpha=0°-L$ 或 $\alpha=360°-L$

  C. $\alpha=L-0°$ D. $\alpha=L-90°$

（12）竖直指标水准管气泡居中的目的是（　　）。

  A. 使度盘指标处于正确位置   B. 使竖盘处于铅垂位置

  C. 使竖盘指标指向 $90°$ D. 使竖盘处于 $0°0'0''$

（13）若经纬仪的视准轴与横轴不垂直，在观测水平角时，其盘左盘右的误差影响是（　　）。

  A. 大小相等，符号相反   B. 大小相等，符号相同

  C. 大小不等，符号相同   D. 不能确定

（14）测定一点竖直角时，若仪器高不同，但都瞄准目标同一位置，则所测竖直角（　　）。

  A. 相同   B. 不同

  C. 可能相同也可能不同   D. 由是否是同一个人测来决定

3. 计算题

（1）在 O 点上安置经纬仪观测 M 和 N 两个方向，盘左位置先照准 M 点，后照准 N 点，水平度盘的读数为 $5°25'30''$ 和 $94°50'00''$；盘右位置先照准 N 点，后照准 M 点，水平度盘读数分别为 $274°50'18''$ 和 $185°25'18''$，试记录在测回法测角记录表（表 3.5）中，并计算该测回角值。

表 3.5　　　　　　　　　　测 回 法 测 角 记 录 表

测站	盘位	目标	水平度盘读数 /(° ′ ″)	半测回角值 /(° ′ ″)	一测回角值 /(° ′ ″)	备注

（2）在方向观测法的记录表（表 3.6）中，完成其记录的计算工作。

表 3.6　　　　　　　　　　方 向 观 测 法 记 录 表

测站	测回数	目标	水平度盘读数		2C /(″)	方向值 /(° ′ ″)	归零方向值 /(° ′ ″)	角值 /(° ′ ″)
			盘左 /(° ′ ″)	盘右 /(° ′ ″)				
O	1	A	00 01 04	180 01 22				
		B	69 20 30	249 20 24				
		C	124 51 24	304 51 30				
		A	00 01 10	180 01 16				

（3）计算表 3.7 用测回法观测水平角的记录。

表 3.7　　　　　　　　　　　　测回法观测水平角的记录计算表

测站	竖盘位置	目标	水平度盘读数 /(° ′ ″)	半测回角值 /(° ′ ″)	一测回角值 /(° ′ ″)	各测回平均值 /(° ′ ″)
第1测回 A	左	C	0　00　08			
		D	78　48　54			
	右	C	180　00　38			
		D	258　49　06			
第2测回 A	左	C	90　00　14			
		D	168　49　06			
	右	C	270　00　32			
		D	348　49　12			

（4）整理表 3.8 中竖直角观测记录。

表 3.8　　　　　　　　　　　　竖直角观测记录计算表

测站	目标	竖盘位置	竖盘读数 /(° ′ ″)	半测回竖直角 /(° ′ ″)	指标差 /(° ′ ″)	一测回竖直角 /(° ′ ″)	备注
A	1	左	78　30　8				竖盘为顺时针刻画
		右	281　29　44				
	2	左	108　26　14				
		右	251　33　32				

4. 问答题

（1）说出经纬仪各部分构件名称及其作用。

（2）经纬仪上有哪些制动螺旋和微动螺旋？各起什么作用？

（3）说明水平角观测时，对中和整平的目的和方法。

（4）测量水平角和竖直角有哪些相同处和不同处？

（5）经纬仪在作业使用前应满足哪些几何条件？为什么？

（6）角度测量为什么要用正、倒镜观测？在水平角和竖直角测量中可消减哪些误差？

（7）设一经纬仪为顺时针分划注记，若已知视线水平，竖盘水准管气泡居中时，盘左读数为 $90°02'10''$，试求其竖盘指标差。

（8）试述用光学对中器对中的经纬仪的操作使用方法和步骤。

课程思政案例 3：嫦娥三号

北京时间 12 月 17 日 1 时 59 分，探月工程嫦娥五号返回器在内蒙古四子王旗预定区域成功着陆，标志着中国首次地外天体采样返回任务圆满完成。

中国探月工程是《国家中长期科学和技术发展规划纲要（2006—2020 年）》明确的国家科技重大专项标志性工程，自 2004 年 1 月立项并正式启动以来，已连续成功实施嫦娥一号、嫦娥二号、嫦娥三号、再入返回飞行试验和嫦娥四号等五次任务。

2007 年，嫦娥一号成功获取了中国第一幅全月球影像图。

2010 年，嫦娥二号作为先导星，为嫦娥三号的落月探测进行多项技术验证。

2013 年，嫦娥三号在月面着陆，让中国成为世界上第三个实现地外天体软着陆的国家。

2014 年，探月工程三期再入返回试验器为后续的嫦娥五号验证了"打水漂"再入返回技术。

2018 年，嫦娥四号中继星"鹊桥"发射升空，为嫦娥四号提供中继通信服务。

2019 年，嫦娥四号实现了人类历史上的首次月球背面软着陆。

探索浩瀚宇宙是共同梦想，和平利用太空是共同理念。从人类航天史的角度审视，中国的月球、火星乃至更远的行星探测计划，都是地球文明向外太空探索乐章中不可缺少的部分。

嫦娥四号月球探测器的研制和应用情况包括利用摄影测量测绘技术生成的具有米级分辨率的着陆场地形产品，和着陆后实时生成厘米级分辨率的地形产品等。

科技自立自强的旋律最为动听。嫦娥系列代表着中国航天自主创新道路的新成就，地理空间技术为嫦娥怎么走，带回什么提供了强有力的技术支撑。只有通过独立自主的探索攻关，一直秉持科技自立自强的信心，才能谱写出壮美的乐章，奏响向航天强国迈进的铿锵华音。

第4章

距离测量和直线定向

【学习目标】

明确距离测量、直线定向和坐标方位角的基本概念、基本原理、基本方法；能运用钢尺进行距离测量；能利用经纬仪进行视距测量；能进行直线定向的基本操作；掌握钢尺量距、视距测量的成果计算方法；了解光电测距的基本原理和基本方法。

【课程思政育人目标】

培养学生家国情怀、民族自豪感、职业自豪感。

距离是指地面上两点垂直投影到水平面上的直线距离，是确定地面点位置三要素之一。若测得的是倾斜距离，还须改算为水平距离。距离测量是测量的三项基本工作之一。

距离测量按所用仪器、工具不同，又可分为直接测量和间接测量两种。用尺子测距和光电测距仪测距称为直接测量，而视距测量称为间接测量。

4.1 钢 尺 量 距

钢尺量距时会遇到地面平坦、起伏或倾斜等各种不同的地形情况，但不论何种情况，量距时都有三个基本要求：直、平、准。"直"就是要量两点间的直线长度，不是折线或曲线长度，为此定线要直，尺要拉直；"平"就是要量两点间的水平距离，要求尺身水平，如果量取斜距也要改算成水平距离；"准"就是对点、投点、计算要准，丈量结果不能有错误，并符合精度要求。

4.1.1 量距工具

丈量距离时，常使用钢尺、皮尺、绳尺等，在市政工程测量中最常用的还是钢尺。辅助工具有标杆、测钎、垂球、弹簧秤和温度计等，如图4.1所示。

1. 钢尺

钢尺是钢制的带尺，一般卷放在圆形盒内或金属架上，常用钢尺宽10mm，厚0.2mm；长度有20m、30m及50m几种。钢尺的基本分划有厘米和毫米两种，厘米分划的钢尺在起始的10cm内刻有毫米分划，一般钢尺在每米及每分米处均有数字注记。

钢尺按其上零刻划的位置不同，又分端点尺和刻线尺两种。端点尺是以尺的最外端作为尺的零点［图 4.2（a）］，当从建筑物墙边开始丈量时使用较方便。刻线尺是以尺前端的一刻线作为尺的零点［图 4.2（b）］。在丈量之前，应注意认真查看尺的零点位置、分划及注记，以防出错。

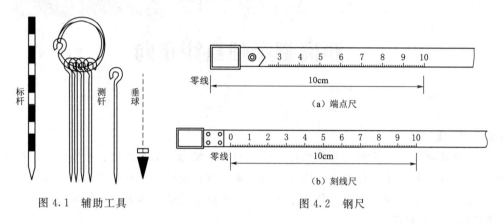

图 4.1　辅助工具　　　　　　　　　　　　图 4.2　钢尺

2. 辅助工具

（1）标杆，又称花杆，直径 3～4cm，长 2～3m，杆身涂以 20cm 间隔的红、白漆色段，下端装有锥形铁尖，主要用于标定直线或作为照准标志。

（2）测钎，也称测针，用直径 5mm 左右的粗钢丝制成，长 30～40cm。上端弯成小环形，用时还可系上醒目的红布条，不用时可套在大环上。下端磨尖，方便对准点位并插入地面土中。一般以 6～11 根为一组，穿在铁环中。主要用来标定尺的端点位置和统计所丈量的整尺段数，也可用来作照准标志。

（3）垂球。用钢或铁制成，上大下尖呈圆锥形，一般重 0.05～0.5kg 不等，垂球大头用耐磨的细线吊起后应使细线与垂球尖在一条垂线上。多用于在不平坦地面丈量时将钢尺的端点垂直投影到地面上。

（4）弹簧秤。用于控制施加在钢尺上的拉力，精密量距时用。

（5）温度计。用于测定钢尺量距时的温度，以便对钢尺丈量的距离施加温度改正，精密量距时用。

（6）木桩。根据需要用坚硬木料制成不同规格的方形或圆形木棒，一般直径为 3～5cm，长为 20～25cm，木棒下部做成尖形，顶部做成平面，用以标定点位。打入地面后，留有 1～2cm 余量，桩顶上画有十字，十字中点常钉小钉，以标示点的精确位置。

4.1.2　直线定线

若地面两点之间的距离大于钢尺的一个尺段或地势起伏较大时，为方便量距工作，需分成若干尺段进行丈量，这时要求各尺段的端点必须在同一条直线上。标定各尺段的端点在同一条直线上的工作称为直线定线。直线定线的方法有以下几种。

1. 两点间目测定线

如图 4.3 所示，设 A 和 B 为地面上相互通视、待测距离的两点。现要在直线 AB 上定出 1、2 等分段点。先在 A、B 两点上竖立标杆，甲作业员站在 A 杆后约 1m 处，指挥乙作业员左右移动标杆，直到甲作业员在 A 点沿标杆的同一侧看见 A、1、B 三点处的标杆在同一直线上。用同样方法可定出 2 点。直线定线一般应由远至近，即先定 1 点，再定 2 点。目测定线适用于钢尺量距的一般方法。

2. 逐渐趋近定线

如图 4.4 所示，A、B 两点在高地两侧，互不通视，要求在 AB 两点间标定直线。此时，可先在 A、B 两点上竖立标杆，然后甲、乙两位作业员各持标杆分别到 C_1 和 D_1 处，要求 B、D_1、C_1 位于同一直线上，且甲作业员能看到 B 点，乙能看到 A 点。可先由甲作业员站在 C_1 处指挥乙作业员移动至 BC_1 直线上的 D_1 处。然后，由 D_1 处的乙指挥甲移动至 AD_1 直线上的 C_2 处，要求甲在 C_2 处能看到 B 点，接着再由 C_2 处的甲指挥乙移至能看到 A 点的 D_2 处，这样逐渐趋近，直到 C、D、B 在一直线上，同时 A、C、D 也在一直线上，由此说明 A、C、D、B 均在同一直线上。此法适用于 A、B 两点在高地两侧、互不通视的情况，也可用于分别位于两座建筑物上的 A、B 两点间的定线。

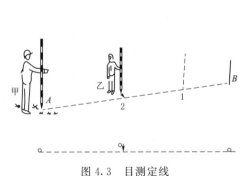

图 4.3　目测定线

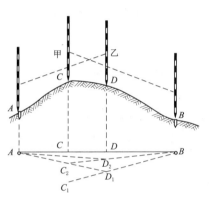

图 4.4　逐渐趋近定线

3. 经纬仪定线

当直线定线精度要求较高时，可使用经纬仪定线。如图 4.5 所示，要对直线 AB 进行精密量距，可将经纬仪安置于 A 点，用望远镜瞄准 B 点，固定照准部制动螺旋；用钢尺在经纬仪视线上概量定出略短于一个整尺长的位置 1、2、3 等点，并用木桩标定各点位，使桩顶高出地面 3～5cm，并在桩顶钉一小钉或画一个十字表示点的位置，作为丈量标志。

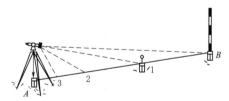

图 4.5　经纬仪定线

4.1.3　钢尺量距的一般方法

4.1.3.1　平坦地面量距

量距工作一般由三人进行，一人为后尺手，一人为前尺手，一人记录。量距方法如下。

（1）在 A、B 两点处打入木桩，桩顶钉一小钉，标定点位。

（2）在标定好的 A、B 两点外侧立标杆，进行直线定线。

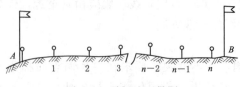

图 4.6　平坦地面量距

（3）进行丈量。如图 4.6 所示，后尺手持钢尺零点一端位于 A 点，前尺手持钢尺末端和一组测钎沿 AB 方向前进至一尺段处；后尺手将钢尺的零点对准 A 点，指挥前尺手将钢尺拉在 AB 直线上，前后两尺手共同将钢尺拉平、拉紧、拉稳，然后前尺手将一根测钎对准钢尺末端刻划垂直插入地面得到 1 点，即量完一个尺段。前、后尺手抬尺前进，当后尺手到达插测钎处时停下，再重复上述操作，量完第二尺段。后尺手拔起地上的测钎收好，用来计算量过的整尺段数 n。依次前进，直到量完 AB 直线的最后不足一尺段的余长 Δl。当丈量到 B 点时，由前尺手用尺上某整刻划线对准终点 B，后尺手在尺的零端读数至 mm，量出零尺段长度。

（4）计算 A、B 两点间的水平距离。

A、B 两点的水平距离 D 按式（4.1）计算：

$$D = nl + \Delta l \tag{4.1}$$

式中：l 为钢尺的整尺长，m；n 为整尺段数；Δl 为不足一整尺的余长，m。

（5）接着再调转尺头用以上方法，从 B 点至 A 点进行返测，直至 A 点为止。然后再依据式（4.1）计算出返测的距离。一般往返各丈量一次称为一测回，在符合精度要求时，取往返距离的平均值作为丈量结果，即 $D_{平均} = 1/2\ (D_{往} + D_{返})$。

量距精度通常用相对误差 K 来表示，即用往、返测长度之差与全长平均数 $D_{平均}$ 之比，并化作分子为 1 的分数来衡量。

$$K = \cfrac{1}{\cfrac{D_{平均}}{|D_{往} - D_{返}|}} \tag{4.2}$$

在平坦地区，钢尺量距的相对误差一般应不高于 1/3000，在量距困难地区，其相对误差也应不高于 1/1000，具体要求见有关工程测量规范。

平坦地面钢尺一般量距记录计算手簿见表 4.1。

表 4.1　　　　　　　　　　平坦地面钢尺一般量距记录计算手簿

线段	往测		返测		往返差 /m	相对误差 K	平均距离 $D_平$/m	备注
	分段长 /m	总长 /m	分段长 /m	总长 /m				
AB	30×5	172.768	30×5	172.726	+0.042	1/4113	172.747	
	22.768		22.726					
BC	30×6	183.145	30×6	183.201	−0.056	1/3271	183.173	
	3.125		3.201					

4.1.3.2　倾斜地面量距

1. 平量法

当地面稍有倾斜时，可把尺一端稍许抬高，就能按整尺段依次水平丈量，分段量取水平距离，最后计算总长。

当地面坡度较大并高低起伏不平，不可能将整根钢尺拉平丈量时，可将直线分成若干小段进行丈量，每段的长度视坡度大小、量距的方便而定。丈量由 A 向 B 进行，后尺手将尺的零端对准 A 点，前尺手将尺抬高，并且目估使尺子水平，用垂球尖将尺段的末端投于 AB 方向线的地面上，再插以测钎，依次进行丈量，则各段丈量结果的总和即为 A、B 两点间的水平距离，如图 4.7 所示。

在倾斜地面上丈量，仍需往返进行，在符合精度要求时，取其平均值作为丈量结果。

2. 斜量法

如图 4.8 所示，当倾斜地面的坡度比较均匀时，可沿斜面直接丈量出 AB 的倾斜距离 D'，测出地面倾斜角 α 或 AB 两点间的高差 h，按式（4.3）或式（4.4）计算 AB 的水平距离 D。

$$D = D'\cos\alpha \tag{4.3}$$

或

$$D = \sqrt{D'^2 - h^2} \tag{4.4}$$

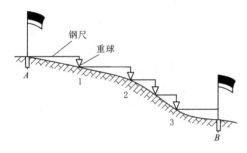

图 4.7　倾斜地面平量法量距　　　　图 4.8　倾斜地面斜量法量距

4.1.4　钢尺量距的精密方法

钢尺量距的一般方法，量距精度只能达到 $1/1000 \sim 1/5000$，当量距精度要求比这高时，如果还用钢尺量距，就需采用精密方法丈量。

1. 钢尺检定

因为制造误差、拉力不同及温度的影响，钢尺尺面注记的名义长度与实际长度往往不相等，所以用钢尺进行精密量距前，钢尺必须经过检定并得出在检定时拉力与温度的条件下应有的尺长方程式，以便对丈量结果进行改正，此项工作称为钢尺检定。钢尺检定应送专门的计量单位进行。

每根钢尺都有尺长方程式，用以对丈量结果进行改正。经过检定的钢尺，在施加标准拉力下（30m 和 50m 钢尺的标准拉力分别为 100N 和 150N），其实际长度等于名义长度、尺长改正数和温度改正数之和，即尺长方程式为

$$l_t = l_0 + \Delta l + \alpha(t - t_0)l_0 \tag{4.5}$$

式中：l_t 为钢尺在温度 t 时的实际长度，m；l_0 为钢尺的名义长度，m；Δl 为尺长改正数，即钢尺在温度 t_0 时的改正数，m，须通过钢尺检定来取得；α 为钢尺的线膨胀系数，一般取 $\alpha = 1.25 \times 10^{-5} \, \text{℃}^{-1}$；$t$ 为钢尺使用时温度，℃；t_0 为钢尺检定时的

温度，℃。

2. 准备工作

准备工作主要包括清理场地、直线定线及测桩顶间高差。

（1）清理场地。沿两点方向线上清除影响丈量的障碍物，若需要可适当平整场地，以防钢尺量距时产生挠曲。

（2）直线定线。精密量距丈量前应先用经纬仪定线，具体方法如4.1.2节的"经纬仪定线"所述。

（3）测桩顶间高差。使用水准仪采用双面尺法或往返测法测出各相邻桩顶间高差，所测相邻桩顶间高差之差，一般不超过±10mm，在限差内取其平均值作为相邻桩顶间的高差，作为分段倾斜改正的依据。

3. 量距

一般由两人拉尺，两人读数，一人记录并观测温度。量距时由后尺手用弹簧秤控制施加于钢尺的拉力。前后读数员应同时在钢尺上读数，估读到0.5mm，每尺段要移动钢尺三次不同位置，三次丈量结果互差不应超过2mm，若超限，须进行第四次丈量。取三次丈量结果的平均值作为尺段的最后结果。依次丈量完各尺段为一次往测，随即进行返测。

4. 量距成果整理

上述精密量距结果还应进行以下几项改正计算才能得到精度较高的量距成果。

（1）尺长改正 Δl_l 计算。由于钢尺的名义长度和实际长度不一致，丈量时就会产生误差。设钢尺在标准拉力、标准温度下的实际长度为 l，名义长度为 l_0，则一整尺的尺长改正数为

$$\Delta l = l - l_0$$

则丈量 D' 距离的尺长改正数为

$$\Delta l_l = \frac{l - l_0}{l_0} D' \tag{4.6}$$

钢尺的实长大于名义长度时，尺长改正数为正，反之为负。

（2）温度改正 Δl_t。丈量距离都是在一定的环境条件下进行的，温度的变化对距离将产生一定的影响。设钢尺检定时温度为 t_0，丈量时温度为 t，钢尺的线膨胀系数 α 一般为 $1.25 \times 10^{-5}/℃$，则丈量一段距离 D' 的温度改正数 Δl_t 为

$$\Delta l_t = \alpha(t - t_0)D' \tag{4.7}$$

若丈量时温度大于检定时温度，改正数 Δl_t 为正；反之为负。

（3）倾斜改正 Δl_h。设量得的倾斜距离为 D'，两点间测得高差为 h，将 D' 改算成水平距离 D 需加倾斜改正 Δl_h，一般用式（4.8）计算：

$$\Delta l_h = -\frac{h^2}{2D'} \tag{4.8}$$

倾斜改正数 Δl_h 永远为负值。

（4）全长计算。将测得的结果加上上述三项改正值，即得

$$D = D' + \Delta l_l + \Delta l_t + \Delta l_h \tag{4.9}$$

（5）相对误差 K 计算。

$$K=\cfrac{1}{\cfrac{D_{平均}}{|D_{往}-D_{返}|}}$$

相对误差 K 在限差范围之内，取各次丈量的平均值为丈量的结果，如相对误差超限，应重测。

钢尺精密量距的记录计算手簿见表 4.2。

表 4.2　　　　　　　　　　　**钢尺精密量距记录计算手簿**

钢尺号：No. 18　　钢尺线膨胀系数：0.0000125m/℃　　检定温度：20℃　　计算者：××
名义尺长：30m　　钢尺检定长度：30.002m　　检定拉力：10kg　　日期：2012 年 9 月 10 日

尺段号	量距次数	前尺读数/m	后尺读数/m	尺段长度/m	温度/℃	高差/m	温度改正值/mm	高差改正值/mm	尺长改正值/mm	改正后尺段长/m
1	2	3	4	5	6	7	8	9	10	11
A-1	1	29.9810	0.0700	29.9110	23.0	−0.182	+1.1	−0.6	+2.0	29.9135
	2	29.9620	0.0515	29.9105						
	3	29.9915	0.0800	29.9115						
	平均			29.9110						
1-2	1	29.8712	0.0510	29.8202	23.1	−0.060	+1.2	−0.1	+2.0	29.8228
	2	29.8714	0.0520	29.8194						
	3	29.8818	0.0623	29.8195						
	平均			29.8197						
2-3	1	29.9510	0.0300	29.9210	23.2	−0.240	+1.2	−1.0	+2.0	29.9232
	2	29.9620	0.0415	29.9205						
	3	29.9715	0.0500	29.9215						
	平均			29.9210						
3-B	1	20.1610	0.0510	20.1100	23.2	−0.220	+0.8	−1.2	+1.3	20.1109
	2	20.1610	0.0506	20.1104						
	3	20.1615	0.0519	20.1096						
	平均			20.1100						
总和										109.7704

表中各段距离的三项改正计算方法如下。

以表 4.2 中 A-1 段距离进行三项改正计算为例。

尺长改正：$\Delta l_1=\dfrac{30.002-30}{30}\times29.9110=0.0020\text{m}$

温度改正：$\Delta l_t=0.0000125\times(23.0-20)\times29.9110=0.0011\text{m}$

倾斜改正：$\Delta l_h=-\dfrac{(-0.182)^2}{2\times29.9110}=-0.0006\text{m}$

经上述三项改正后的 A-1 段的水平距离为

$$D_{A-1} = 29.9110 + 0.0020 + 0.0011 + (-0.0006) = 29.9135\text{m}$$

其余各段改正计算与 A-1 段相同，然后将各段相加为 109.7704m。若设返测的总长度为 109.7624m，可以求出相对误差，则相对误差 K 为

$$K = \frac{|D_{往} - D_{返}|}{D_{平均}} = \frac{0.008}{109.7664} = \frac{1}{13721}$$

精度满足要求，故取往返测的平均值 109.7664m 为最后量距结果。

4.1.5 钢尺量距的误差分析及注意事项

1. 钢尺量距的误差来源

钢尺量距精度的影响因素很多，下面简要分析产生误差的主要来源，以便量距时采取措施加以改正。

（1）尺长误差。尺长误差指钢尺的名义长度与实际长度不符时所产生的误差为尺长误差。此项误差具有累积性，因此，新购钢尺必须进行检定，并进行尺长改正。

（2）定线误差。定线误差指因定线不准确或量距时钢尺偏离定线方向而量出一条折线的距离而产生的误差。丈量 30m 的距离，若偏差为 0.25m，则量距偏大 1mm。在一般量距中，用标杆目估定线就能满足要求，但精密量距或所量距离较长时需用经纬仪定线。

（3）钢尺倾斜和垂曲误差。钢尺倾斜和垂曲误差指量距时钢尺两端不水平或中间下垂成曲线时所产生的误差。因此丈量时必须注意保持尺子水平，整尺段悬空时，中间应有人托住钢尺，精密量距时须用水准仪测定两端点高差，并要进行高差改正。

（4）拉力误差。拉力误差指钢尺量距时的拉力与检定时的拉力不同而产生的误差。钢尺具有弹性，拉力变化，尺长将会改变。如 30m 的钢尺，当拉力改变 30～50N 时，引起的尺长误差将有 1～1.8mm。对一般精度的钢尺量距工作，若能保持拉力的变化在 30N 范围内是可以的，但对精密量距，应使用弹簧秤，以保持钢尺的拉力是检定时的拉力，通常 30m 的钢尺施力 100N，50m 的钢尺施力 150N。

（5）温度误差。温度误差指钢尺量距时的温度与检定时的温度不同而产生的误差。按照钢的线膨胀系数计算，温度每变化 1℃，量距 30m 时对距离的影响为 0.4mm。一般量距时，量距时的温度与标准温度之差不超过 ±8.5℃时，可不考虑温度误差。但在精密量距时，必须进行温度改正。

（6）其他误差。其他误差指丈量时垂球落点或插测钎不准，前、后尺手配合不好以及读数不准等产生的误差。其对量距结果影响可大可小、可正可负。因此，参与作业人员应认真、仔细，默契配合，以尽量减少误差。

2. 钢尺量距的注意事项

（1）伸展钢卷尺时应小心慢拉，钢尺不能卷扭、打结。若发现有卷扭、打结的情况，应仔细慢慢解开，不能用力抖动，以防折断。

（2）量距前应仔细辨认钢尺的零端和末端；丈量时钢尺应逐渐用力拉直、拉紧、拉平，不能突然猛拉。丈量过程中始终保持钢尺的拉力为鉴定时的拉力。

（3）转移尺段时，前、后拉尺员应将钢尺抬高，不能在地面上拖拉摩擦，以免磨

损尺面分划。量距过程中不能让车辆从钢尺上轧过而损坏钢尺。

（4）测钎应对准钢尺的分划并插直。如插入土中有困难，可在地面上标示一明显记号，并把测钎尖端对准记号。

（5）单程丈量完毕后，前、后尺手应检查各自手中的测钎数目，避免加错或算错整尺段数。一测回丈量完毕，应立即检查限差是否符合要求。若不合要求，应重测。

（6）丈量工作结束后，要用软布擦干净尺上的水和泥，并涂上机油，以防生锈。

4.2　视　距　测　量

视距测量是利用望远镜内视距丝装置，根据几何光学和三角测量原理测距的一种方法。视距测量精度较低，一般相对误差为 $1/200 \sim 1/300$。但因此法可同时测定距离和高差，且操作简便，速度快，不受地面高低起伏限制，能满足测定碎部点位置的精度要求，因此被广泛应用于地形测量的碎部测量中。

04 经纬仪视
距测量

视距测量所用的主要仪器及工具是经纬仪和视距尺（水准尺），其任务是测量两点间的水平距离和高差。

4.2.1　视距测量原理及公式

若要测量 A、B 两点间的水平距离 D 及高差 h，可在 A 点安置经纬仪，B 点立视距尺。

1. 视线水平时的视距测量原理及公式

如图 4.9 所示，当望远镜视线水平时，瞄准 B 点视距尺，视线与视距尺垂直，尺上 M、N 点成像在十字丝分划板上的两根视距丝 m、n 处，此时，读取上、下丝读数，其差称为视距间隔或尺间隔，用 l 表示。

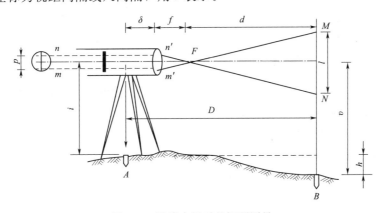

图 4.9　视线水平时的视距测量

图 4.9 中：p 为上、下视距丝的间距，f 为物镜焦距，δ 为物镜至仪器中心的距离。由三角形 $m'n'F$ 与 MNF 的相似关系可得：$d/f = l/p$，进而得 $d = fl/p$。

由图 4.9 中的几何关系可以看出：

A、B 两点间的水平距离 $D = d + f + \delta$，将 $d = fl/p$ 代入得：$D = fl/p + f + \delta$，令 $f/p = K$（K 称为视距乘常数），$f + \delta = C$（C 称为视距加常数），得 $D = Kl + C$。

现代常用的内对光望远镜的视距常数，设计时已使 $K=100$，C 接近于 0，故得 A、B 两点间的水平距离 D 为

$$D=Kl=100\times l \tag{4.10}$$

A、B 两点间的高差 h 可由量取的仪器高 i（桩顶到仪器横轴中心的高度）与读取的中丝读数 v 求得

$$h=i-v \tag{4.11}$$

2. 视线倾斜时的视距测量原理及公式

在地面起伏较大的地区进行视距测量时，必须使视线倾斜才能读取视距间隔，因视线不垂直于视距尺，故不能直接应用上述公式。如图 4.10 所示，如果能将视距间隔 MN 换算为与视线垂直的视距间隔 $M'N'$，这样就可按式（4.10）计算斜距 D'，再根据 D' 和竖直角 α 算出水平距离 D 及高差 h。

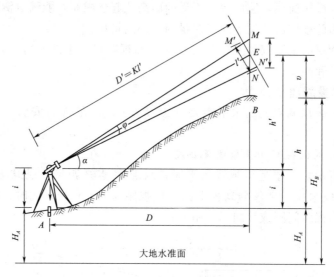

图 4.10　视线倾斜时的视距测量

图 4.10 中 φ 角很小，可把 $\angle MM'E$ 和 $\angle NN'E$ 近似地看作直角，则 $l'=M'N'=MN\cos\alpha=l\cos\alpha$，则 $D'=Kl'=Kl\cos\alpha$。

由图 4.10 中的几何关系可以求得：

A、B 两点间的水平距离 D 为

$$D=D'\cos\alpha=Kl\cos^2\alpha \tag{4.12}$$

A、B 两点间的高差 h 为

$$h=h'+i-v=D\tan\alpha+i-v \tag{4.13}$$

若已知 A 点（测站点）的高程 H_A，则 B 点（立尺点）的高程为

$$H_B=H_A+h \tag{4.14}$$

4.2.2　视距测量的观测与计算

视距测量的观测与计算程序如下。

（1）在 A 点（测站点）上安置好（对中、整平）仪器，量出仪器高 i（量至厘

米），在 B 点（待测点）上立好视距尺。

（2）转动照准部，盘左瞄准 B 点视距尺，分别读取上、下、中三丝的读数，计算视距间隔 l。

（3）使竖盘指标水准管气泡居中（若为竖盘指标自动补偿装置的经纬仪则将补偿器开关旋到"ON"状态），读取竖盘读数，并计算竖直角 α。

（4）利用上述介绍视距计算公式计算出水平距离 D 和高差 h。

视距测量的记录计算手簿如表 4.3 所示。

表 4.3　　　　　　　　　视距测量的记录计算手簿

测站：A 点　　　　测站点高程：$H_A = 68.980m$　　　　仪器高 $i = 1.425m$　　　　指标差 $x = 0$

点号	上丝读数 下丝读数	Kl /m	中丝读数 /m	竖盘读数 /(° ′ ″)	竖直角 /(° ′ ″)	平距 /m	高差 /m	测点高程 /m
B	0.770 1.596	82.6	1.183	83　26　00	+6　34　00	81.5	+9.62	78.600
C	0.658 2.236	147.8	1.447	93　22　00	−3　22　00	147.3	−8.69	60.290

4.2.3　视距测量误差分析及消减方法

影响视距测量精度的误差主要有以下几种。

（1）用视距丝读取尺间隔的误差。这是视距测量的主要误差来源，其大小与仪器的 K 值准确性、尺子最小分划的宽度、水平距离的远近和望远镜放大倍率等因素有关。因此，读数前应准确测定视距乘常数 K 值，K 值应在 100 ± 0.1 之内，否则应加以改正。观测时要根据仪器情况尽可能缩短视距长度。视距尺一般选择厘米刻划的整体尺，如果使用塔尺应注意检查各节尺的接头是否准确。读数时要成像稳定，注意消除视差。

（2）视距尺倾斜误差。视距尺倾斜误差的影响与竖直角大小有关，竖直角越大影响越大，故观测时要将视距尺竖直，并尽可能采用带有水准器的视距尺。

（3）竖直角观测误差。主要是对高差影响较大，因此，读数前一定要保证竖盘指标处于正确位置，并采用盘左盘右观测以消除竖盘指标差。

（4）外界条件影响产生的误差。主要包括大气垂直折光影响和空气对流使成像不稳定的影响。越接近地面的视线受大气垂直折光和空气对流影响越大，所以观测时应尽可能使视线离地面1m 以上（上丝读数不得小于 0.3m）。另外，观测时还要尽可能避开烈日和大面积水域的情况，以减小空气对流使成像不稳定的影响。

4.3　光　电　测　距

如图 4.11 所示，光电测距是利用光电测距仪发出的可见光或红外光作为载波，通过测定光线在测线两端点间往返的传播时间 t，再根据光波在大气中的传播速度 c，算出距离 D 的一种精密测距方法。计算公式为：$D = 1/2ct$。

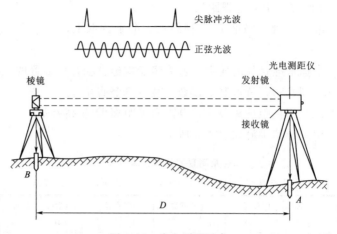

图 4.11　光电测距示意

4.3.1　光电测距仪的种类简介

由于光电测距仪不断地向自动化、数字化和小型轻便化方向发展，大大地减轻了测量工作者的劳动强度，加快了工作速度，所以在各种工程测量中，各种类型的光电测距仪被广泛使用。

1. 根据测定时间 t 的方式及原理不同划分

主要有两种：

（1）直接测定光脉冲在测线上往返传播时间的仪器，即脉冲式光电测距仪。

（2）通过测量调制光在测线上往返传播所产生的相位移，间接测定时间的仪器，即相位式光电测距仪。高精度的测距仪一般采用相位式。

相位式光电测距仪的测距原理是：由光源发出的光通过调制器后，成为光强随高频信号变化的调制光。通过测量调制光在待测距离上往返传播的相位差 φ 来解算距离。

2. 根据仪器测程划分

（1）短程光电测距仪。测程在 3km 以内，测距精度一般在 1cm 左右，适用于工程测量和矿山测量。

（2）中程光电测距仪。测程在 3～15km 的仪器称为中程光电测距仪，这类仪器适用于二、三、四等控制网的边长测量。

（3）远程激光测距仪。测程在 15km 以上的光电测距仪，精度一般可达 ±（5mm＋$1×10^{-6}D$），能满足国家一、二等控制网的边长测量。

由于激光器发射激光具有方向性强、亮度高、单色性好等特点，其发射的瞬时功率大，所以在中远程测距仪中多用激光作载波，称为激光测距仪。

3. 根据测距精度划分

光电测距仪精度，可按 1 公里测距中误差划分为三级：

Ⅰ级：$|mD|≤5mm$；Ⅱ级：$5mm<|mD|≤10mm$；Ⅲ级：$10mm<|mD|≤20mm$。其中：mD 为 1km 的测距中误差。

4.3.2　光电测距仪的结构性能

1.仪器结构

如图 4.12 （a）、（b）所示，主机通过连接器安置在经纬仪上部。经纬仪可以是普通光学经纬仪，也可以是电子经纬仪。利用光轴调节螺旋，可使主机的发射—接收器光轴与经纬仪视准轴位于同一垂直面内。另外，经纬仪横轴到测距仪横轴的高度与觇牌中心到反射棱镜中心高度一致，从而使经纬仪瞄准觇牌中心的视线与测距仪瞄准反射棱镜中心的视线保持平行。

|（a）测距仪|（b）光电测距仪|（c）反射棱镜|

图 4.12　光电测距仪的主机及附件

配合主机测距的反射棱镜，如图 4.12 （c）所示，根据距离远近，可用单棱镜（1500m 内）或三棱镜（2500m 内），棱镜安置在三脚架上，使用光学对中器和长水准管进行对中整平。

2.仪器主要技术指标及功能

短程红外光电测距仪的最大测程为 2500m，测距精度可达 $\pm$ （3mm$+2\times10^{-6}D$）（其中 D 为所测距离），最小读数为 1mm。仪器设有自动光强调节装置，在复杂环境下测量时也可人工调节光强。可输入竖直角自动计算出水平距离和高差；可输入温度、气压及棱镜常数自动对测量结果进行改正；通过距离预置可进行定线放样；通过输入测站坐标和高程，还可自动计算观测点的坐标和高程。测距方式分正常测量和跟踪测量，正常测量所需时间为 3s，可显示数次测量的平均值；跟踪测量所需时间为 0.8s，每隔一定时间间隔自动重复测距。

4.3.3　光电测距仪的操作与使用

1.安置仪器

先在测站上安置好经纬仪，对中、整平后，将测距仪主机安装在经纬仪支架上，用连接器固定螺丝锁紧，将电池插入主机底部、扣紧。在目标点上安置反射棱镜，对中、整平，使镜面朝向主机。

2.观测竖直角、气温及气压

目的是对测距仪测量出的斜距进行倾斜改正、温度改正和气压改正，以便得到正确的水平距离。用经纬仪十字横丝照准觇板中心，测出竖直角 α。同时观测、记录温度和气压计上的读数。

3. 测距准备

按电源开关键"POWER"开机，主机自检并显示原设定的温度、气压和棱镜常数值，自检通过后将显示"good"。

若要修正原设定值，可按"TPC"键后输入温度、气压值或棱镜常数（可通过"ENT"键和数字键逐个输入）。通常若使用同一类的反光镜，其棱镜常数不变，而温度、气压每次观测均可能有变化，需重设。

4. 距离测量

调节主机照准轴水平调整手轮（或经纬仪水平微动螺旋）和主机俯仰微动螺旋，使测距仪望远镜精确瞄准棱镜中心。在显示"good"状态下，也可根据蜂鸣器声音来判断是否精确瞄准。若上下左右微动测距仪，使蜂鸣器的声音最大，说明已精确瞄准，出现"＊"。此时，按"MSR"键，主机将测定并显示经温度、气压和棱镜常数改正后的斜距。

斜距到平距的改算，可进行如下操作：按"V/H"键后输入竖直角值，再按"SHV"键显示水平距离。连续按"SHV"键可依次显示斜距、平距和高差。

当测量过程中遇到光束受挡或大气抖动等，测量将暂被中断，此时"＊"消失，待光强正常后会继续自动测量。若光束中断 30s，须光强恢复后，再按"MSR"键重测。

4.3.4　使用光电测距的注意事项

（1）气象条件对光电测距影响较大，最好选在微风的阴天进行观测。

（2）测线应尽量离开地面障碍物 1.3m 以上，避免通过发热体和较宽水面的上空。

（3）测线应避开像高压线、变压器、信号发射塔等强电磁场干扰的地方。

（4）镜站的后面应避免有反光镜和其他强光源等背景的干扰。

（5）要严防阳光等强光直射接收物镜，避免光线经镜头聚焦进入机内，将部分元件烧坏，若需在强光下作业应撑伞保护仪器。

05 直线定向

4.4　直　线　定　向

确定地面两点间平面位置的相对关系，只测量两点间的水平距离是不够的，还需要知道这两点连线的方向。在测量工作中将确定一条直线与标准方向之间的水平角的工作称为直线定向。可见，要先选定一个标准方向作为直线定向的依据。

4.4.1　标准方向的种类

测量工作中直线定向所依据的标准方向共有三种。

1. 真子午线方向

地球表面某点与地球旋转轴所构成的平面与地球表面的交线称为该点的真子午线，真子午线在该点的切线方向为该点的真子午线方向。指向北方的一端叫真北方向，是用天文测量方法测定的。

2. 磁子午线方向

地球表面某点与地球磁场南北极连线所构成的平面与地球表面的交线称为该点

的磁子午线，磁子午线在该点的切线方向为该点的磁子午线方向。一般是以磁针在该点自由静止时磁针轴线所指的方向，指向北端的方向为磁北方向，可用罗盘仪测定。

3. 坐标纵轴方向

过地面上一点且与其所在的高斯平面直角坐标系或假定坐标系的坐标纵轴平行的直线称为该点的坐标纵轴方向。指向北方的一端为轴北。用坐标纵轴方向为标准方向，各点的标准方向都是平行的，方向计算很方便。

4.4.2　直线方向的表示方法

通常用方位角和象限角来表示直线的方向。

4.4.2.1　方位角

从标准方向北端起，顺时针方向量到某直线的水平夹角，用 α 来表示，角值范围 $0°\sim360°$。

1. 方位角的种类及相互关系

如图 4.13 所示，根据标准方向不同方位角有三种：若标准方向为真子午线方向，则其方位角称为真方位角，用 A 表示；若标准方向为磁子午线方向，则其方位角称为磁方位角，用 A_m 表示；若标准方向是坐标纵轴，则称其为坐标方位角，用 α 表示。

地面上同一点的真子午线方向与磁子午线方向之间的夹角称为磁偏角，用 δ 表示；过同一点的真子午线方向与坐标纵轴方向的夹角称为子午线收敛角，用 γ 表示。磁子午线北端和坐标纵轴方向偏于真子午线以东叫东偏，δ、γ 为正；偏于西侧叫西偏，δ、γ 为负。三种方位角之间的关系如下：$A_m = A - \delta$；$A = \alpha + \gamma$；$\alpha = A_m + \delta - \gamma$。

测量工作中，一般采用坐标方位角表示直线的方向，并将坐标方位角简称方位角。

2. 正反坐标方位角

一条直线有正反两个方向，如图 4.14 所示，1、2 是直线的两个端点，1 为起点，2 为终点，过这两个端点可分别作坐标纵轴的平行线，把图中 α_{12} 称为直线 12 的正坐标方位角；把 α_{21} 称为直线 12 的反坐标方位角。同理，若 2 为起点，1 为终点，则把图中 α_{21} 称为直线 21 的正坐标方位角；把 α_{12} 称为直线 21 的反坐标方位角。可见，一条直线正反坐标方位角相差 $180°$，即

$$\alpha_{反} = \alpha_{正} \pm 180° \tag{4.15}$$

式（4.15）中，$\alpha_{正} < 180°$ 时取 "$+$"；$\alpha_{正} > 180°$ 时取 "$-$"。

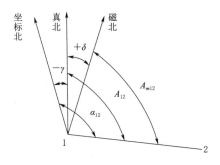

图 4.13　三种标准方向及方位角之间关系

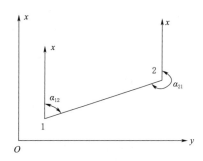

图 4.14　正、反坐标方位角

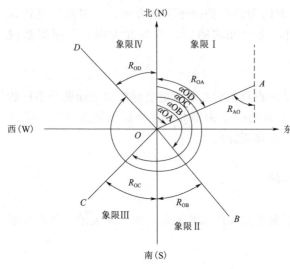

图 4.15　坐标方位角与象限角

4.4.2.2　象限角

测量上有时用象限角来确定直线的方向。由标准方向的北端或南端起量至某直线所夹的锐角，再冠以北东（NE）、北西（NW）、南东（SE）、南西（SW）的象限符号称为该直线的象限角，常用 R 表示，角值范围为 $0°\sim90°$。

4.4.2.3　坐标方位角和象限角的关系

坐标方位角和象限角之间既有联系又有区别，它们之间的关系如图 4.15 所示。在实际测量工作中常会用到它们之间的换算，换算公式见表 4.4。

表 4.4　坐标方位角和象限角的换算

直 线 方 向	由坐标方位角 α 求象限角 R	由象限角 R 求坐标方位角 α
第 I 象限（北东）	$R=\alpha$	$\alpha=R$
第 II 象限（南东）	$R=180°-\alpha$	$\alpha=180°-R$
第 III 象限（南西）	$R=\alpha-180°$	$\alpha=180°+R$
第 IV 象限（北西）	$R=360°-\alpha$	$\alpha=360°-R$

例 4.1　某直线 AB，已知正坐标方位角 $\alpha_{AB}=34°31'38''$，试求 α_{BA}、R_{AB}、R_{BA}。

解： $\alpha_{BA}=34°31'38''+180°=214°31'38''$

$R_{AB}=34°31'38''\text{NE}$

$R_{BA}=214°31'38''-180°=34°31'38''\text{SW}$

4.4.3　罗盘仪使用

罗盘仪主要是用来测量直线的磁方位角的仪器，其构造简单，使用方便，精度较低，常用于测定独立测区的近似起始方向，以及路线勘测、地质普查、森林普查中的测量工作。

1. 罗盘仪的构造

罗盘仪主要由望远镜、磁针和刻度盘三部分组成，如图 4.16 所示。

磁针是由长条形或长菱形的人造磁铁制成，中央呈小帽状支承在度盘中心钢质的顶针上，可以灵活转动。罗盘仪上还有一小杠杆，罗盘仪不用时，可旋紧杠杆一端的小螺旋使

图 4.16　罗盘仪

磁针离开顶针，以减少磨损。因我国处在北半球，为使磁针保持水平，在南针上加了细铜丝。刻度盘一般有 2°或 1°的分划，并从 0°到 360°反时针注记。

2. 直线磁方位角的测量

(1) 在测线的一端安置仪器，并做好对中和整平；在测线另一端立上花杆。

(2) 瞄准读数。转动目镜调焦螺旋，使十字丝清晰；转动罗盘仪，使望远镜对准测线另一端的目标，调焦使目标成像清晰稳定，再转动望远镜，使十字丝对准立于测点上的花杆的最底部；松开磁针制动螺旋，等磁针静止后，从正上方向下读取磁针指北端所指的读数，即得测线的磁方位角。读完数后，旋紧磁针制动螺旋，将磁针顶起以防磁针磨损。

3. 使用罗盘仪的注意事项

(1) 使用仪器时应避开高压线、磁铁矿区、电视转播台、无线电天线等有电磁干扰处。

(2) 观测时仪器要远离像斧头、钢尺、测钎等铁器物。

(3) 读数时眼睛的视线方向与磁针应在同一竖直面内，以减小读数误差。

(4) 搬动仪器时应拧紧磁针制动螺旋，固定好磁针以防损坏磁针。

(5) 观测时罗盘仪须置平以保证磁针能自由转动。

【本章小结】

本章主要介绍了两大方面的内容。

1. 距离测量

两点之间的距离指的是连成直线的水平距离。丈量距离的方法很多，本书着重介绍钢尺量距。

(1) 钢尺量距的主要步骤是直线定线、距离丈量和成果计算。钢尺量距分一般方法和精密量距法。一般方法采用标杆目测定线，分平坦地面与倾斜地面的量距。测量读数至毫米，一般采用往、返测量，求相对误差。精密量距采用经纬仪定线经钢尺概量打下木桩。然后用经过检定的钢尺进行量距，每一尺段移动三次钢尺位置，得三个结果，三次较差合乎要求后，取平均值。读数均至毫米。然后再进行返测，每条直线丈量次数，视不同要求按规范而定。每尺段均要进行尺长改正、温度改正、倾斜改正。

(2) 视距测量是利用望远镜内视距丝装置，根据几何光学和三角测量原理测距的一种方法。视距测量所用的主要仪器及工具是经纬仪和视距尺（水准尺），其任务是测量两点间的水平距离和高差。视距测量的基本公式是：$D = Kl\cos^2\alpha$，$h = D\tan\alpha + i - v$。

(3) 光电测距是利用光电测距仪发出的可见光或红外光作为载波，通过测定光线在测线两端点间往返的传播时间 t，再根据光波在大气中的传播速度 c，算出距离 D 的一种精密测距方法。计算公式为：$D = 1/2ct$。依测定时间 t 的不同，测距仪分为相位式和脉冲式。工程测量多采用相位式。测距仪测量的结果需要进行常数、气象和倾斜改正，才能得到测线的水平距离。

2. 直线定向

确定地面上两点的相对位置，必须进行直线定向。测量工作中常用坐标方位角来确定直线的方向。一条直线的正、反坐标方向角互差 $180°$。

【知识检验】

1. 填空题

（1）钢尺量距时的三个基本要求是_____、_____、_____。

（2）钢尺按其上零刻划的位置不同，又分_____和_____两种。

（3）当直线定线精度要求较高时，可使用_____定线。

（4）钢尺量距的误差来源有_____、_____、_____、_____、_____、_____。

（5）视距测量所用的主要仪器及工具是_____和_____，其任务是测量两点间的_____和_____。

（6）影响视距测量精度的误差主要有_____、_____、_____、_____ 4 种。

（7）通常用_____和_____来表示直线的方向。

（8）一条直线正反坐标方位角相差_____。

（9）依测定时间 t 的不同，测距仪分为_____和_____。

（10）钢尺量距的主要步骤是_____、_____和_____。钢尺量距分_____方法和_____方法。

2. 计算题

（1）某钢尺的尺长方程式为 $l_t = 30.0000 + 0.0070 + 1.2 × 10^{-5} × 30(t - 20℃) \text{m}$。用此钢尺在 $18℃$ 条件下丈量一段坡度均匀，长度为 180.380m 的距离。丈量时的拉力与钢尺检定拉力相同，并测得该段距离两端点高差为 -1.8m，试求其水平距离。

（2）试整理表 4.5 中的观测数据，并计算 AB 间的水平距离。已知钢尺为 30m，尺长方程式为 $30 + 0.005 + 1.25 × 10^{-5} × 30(t - 20℃)$。

表 4.5　　　　　　　　　　　钢尺量距观测计算表

线段	尺段	距离 d_i'/m	温度 $/℃$	尺长改正 $\Delta d_l/\text{mm}$	温度改正 $\Delta d_t/\text{mm}$	高差 h/mm	倾斜改正 $\Delta d_h/\text{mm}$	水平距离 d_i/m
A	$A \sim 1$	29.391	10			+860		
	$1 \sim 2$	23.390	11			+1280		
	$2 \sim 3$	27.682	11			-140		
	$3 \sim 4$	28.538	12			-1030		
	$4 \sim B$	17.899	13			-940		
B							$\Sigma_{往}$	

线段	尺段	距离 d'_i/m	温度 /℃	尺长改正 Δd_l/mm	温度改正 Δd_t/mm	高差 h/mm	倾斜改正 Δd_h/mm	水平距离 d_i/m
B	B～1	25.300	13			+860		
	1～2	23.922	13			+1140		
	2～3	25.070	11			+130		
	3～4	28.581	10			−1100		
	4～A	24.050	10			−1180		
A							$\Sigma_返$	

（3）完成表 4.6 中所列视距测量观测成果的计算。

表 4.6　　　　　　　　　视距测量观测计算表

测站：A　　　测站高程：46.86m　　　仪器高：1.423m　　　指标差：0

点号	视距间隔 /m	中丝/m	竖盘读数 /(° ′ ″)	竖直角 /(° ′ ″)	高差 /m	高程 /m	平距 /m	备注
1	0.874	1.42	86 43 10					
2	0.922	1.42	88 08 02					
3	0.548	1.42	93 12 10					
4	0.736	2.42	85 22 12					竖盘为顺时针 分划注记
5	1.038	0.42	90 09 15					
6	0.689	1.42	94 50 45					
7	0.817	1.42	87 36 18					
8	0.952	2.00	89 38 20					

3. 问答题

（1）距离测量的方法主要有哪几种？

（2）用钢尺丈量倾斜地面的距离有哪些方法？各适用于什么情况？

（3）什么是直线定线？方法有哪些？

（4）下列情况使得丈量结果比实际距离增大还是减少？

①钢尺比标准尺长；②定线不准；③钢尺不平；④拉力偏大；⑤温度比检定时低。

（5）怎样衡量距离丈量的精度？设丈量了 AB、CD 两段距离：AB 的往测长度为 256.68m，返测长度为 256.61m；CD 的往测长度为 455.888m，返测长度为455.98m。问哪一段的量距精度较高？

（6）用钢尺往、返丈量了一段距离，其平均值为 184.26m，要求量距的相对误差为 1/5000，则往、返丈量距离之差不能超过多少？

（7）何谓直线定向？为什么要进行直线定向？怎样确定直线的方向？

（8）在直线定向中有哪些标准方向线？它们之间存在什么关系？

课程思政案例 4：科技对测绘的巨大推进

近年来，在世界范围，以云计算、物联网、大数据、人工智能等为代表的新一代信息技术快速兴起且不断演进升级，并已在诸多领域实现规模化应用。在此形势下，国内外测绘地理信息界专家学者普遍认为，未来测绘科技将朝着智能化的方向发展。

因而，从战略发展层面深入研究分析以人工智能为代表的高新技术对未来测绘科技的发展影响，显得十分必要和重要。

回顾测绘科技发展历史，测绘的形成和发展在很大程度上依赖测绘方法和测绘仪器的创造和变革，而测绘方法和测绘仪器的变革往往离不开相关高新技术的引领和催化：计算机科学、数据库技术、网络技术等发展催生了地理信息系统技术，通信技术、卫星技术等发展催生了卫星导航定位技术，卫星技术、摄影技术、光电技术等发展催生了遥感技术，光电子等技术发展催生了高精尖的测量装备。

一切测绘科技创新活动最终都是围绕如何更好地描绘地球、认识地球、辅助管理地球这一根本目的，因而，只要可以用来帮助实现这一目标的科学技术最终都会被用于测绘科技创新发展活动之中。

21世纪以后，测绘技术与信息技术等新技术的融合趋势越来越明显：测绘与大数据、人工智能等技术相结合，大大提高了地理信息开发、处理的能力和水平，同时也催生了自动驾驶、增强现实等一些新的融合集成技术；测绘与云计算等技术相结合，大幅提高了地理信息数据的计算能力、管理能力和服务能力；测绘与移动互联技术的结合，大幅提高了地理信息数据的传输效率，催生了移动互联网地图等新应用。

人工智能对测绘科技的影响

人工智能是计算机学科的一个分支，20世纪70年代以来被称为世界三大尖端技术之一（空间技术、能源技术、人工智能），也被认为是21世纪三大尖端技术之一（基因工程、纳米科学、人工智能），甚至被发达国家视为人类的最后科学尖端。人工智能主要研究如何运用计算机来模拟人类的某些意识、思维、行为过程（如学习、推理、规划等），显著提高计算、识别、判断等方面的能力，有效避免人为因素产生的过失、误差、低效率等。机器深度学习是实现人工智能的核心技术，无时无刻学习是机器深度学习的基本要求，而云计算、物联网、大数据等技术是实现无时无刻机器深度学习的前提支撑技术。

多年来，测绘科技取得的进步与人工智能的发展进程也密不可分，以DPGrid（数字摄影测量网格）、VirtuoZo、JX-4A等为代表的全数字摄影测量系统在影像自动定向与自动匹配、数字高程模型自动提取、正射影像自动生成与无缝镶嵌等方面的智能化水平不断提高，相关遥感数据处理系统的影像智能解译水平不断提高，测量机器人自动识别目标、自动照准、自动测角与测距、自动跟踪目标、自动记录等智能化水平不断提高，人工参与度逐步降低，工作效率不断提升。面向未来，以机器人、语言识别、图像识别、自然语言处理和专家系统等为主要研究领域、以深度学习等为核心技术的人工智能将对测绘科技发展带来颠覆性的影响。

人工智能对大地测量与卫星导航定位技术的影响

（1）让机器深度学习如何利用各种来源的卫星、航空、地面重力数据构建地球重力场模型，进而建立更高位阶、更高精度的地球重力场模型。

（2）让机器深度学习如何利用已有的各种来源的重力数据、水准数据等构建大地水准面模型，进而建立全国/全球范围的厘米级甚至毫米级大地水准面模型。

（3）利用机器深度学习如何实时智能化处理海量卫星导航定位基准站数据，为各类用户实时提供差分改正数据。

上述工作基础将构成实现毫米级实时卫星导航定位服务的必要条件，不仅能够为自动驾驶提供必要支撑，也将推动现代大地测量技术走向卫星导航定位与人工智能完美结合的新时代，彻底颠覆以全站仪、水准仪等传统技术手段进行大地测量、工程测量的时代。

利用人工智能的智能机器人技术，研制支持高精度室内定位的新型传感器、定位芯片等装备，能够自主获取水深、水下地形地貌等数据信息的水下智能测量机器人，适用于地下管线空间分布数据智能化获取的探地雷达装备，集高精度自主导航、定位、三维激光扫描、智能绘图等功能于一体的智能化地面测量机器人，基于远程控制、具备空中实时传输数据能力的智能无人机航飞系统以及机载微小型合成孔径雷达（synthetic aperture radar，SAR）、阵列天线三维 SAR、激光雷达（light detection and ranging，LiDAR）等新型无人航空测绘装备，重力卫星、星载高空间分辨率传感器、星载高光谱分辨率传感器、星载高时相分辨率传感器、雷达卫星、激光测高卫星等航天测绘装备以及各种微小型遥感卫星和视频卫星，实现航空航天遥感装备、地上地下移动测量装备、水上水下移动测量装备、室内室外移动测量装备的自动化、智能化测量，大幅提高地理信息数据获取的效率和质量。

让机器深度学习如何准确、快速提取广泛存在于互联网、物联网和泛在传感网中的、与位置直接或间接相关的文本、电子地图、图表等结构化和非结构化的、用来表述空间特征的信息组成的网络众源地理信息数据，进而极大地丰富地理信息数据源。

根据测绘科技发展的一般规律，以人工智能为代表的新一代信息技术的发展将对测绘科技发展产生革命性的影响，甚至空前的影响。以认识地球、绘制地球、辅助管理地球为导向的测绘科学技术发展，需要充分利用深度学习技术来不断提升自身的智能化水平，进而提升服务经济社会发展的能力。但是不可否认，这一科技融合发展道路十分艰难，广大测绘地理信息科研工作者多年来一直致力于提升地理信息数据处理与应用的自动化、智能化水平，但是距离实现由机器完全替代人工的目标还十分遥远，尚有诸多需要加快攻克的科技难题。比如，如何围绕智能化地理信息数据获取、处理、管理、服务与应用的需要，加快研制室内、水下、地下、陆上、航空、航天等新一代智能化测绘地理信息装备。如何利用机器深度学习技术，提升海量卫星导航定位基准站数据的智能化处理能力，实现实时、毫米级卫星导航定位服务。如何实现遥感影像的全自动解译以及网络众源地理信息数据的全自动、高精度提取与融合处理，改进地理信息变化发现与信息提取的智能化水平。如何利用人工智能和大数据技术建立时空地理信息与经济、社会、人文等其他数据之间的关联数学模型。

第5章

全 站 仪 测 量

【学习目标】

了解全站仪的概念，理解全站仪的分类、特点、基本构造，以及 GPS 定位的基本原理；重点掌握全站仪的角度、距离和坐标的测量方法，以及利用全站仪进行放样的方法和步骤。

【课程思政育人目标】

培养学生测绘劳模精神、劳动精神、工匠精神。

全站仪是由电子测角、光电测距、微处理器与机载软件组合而成的智能光电测量仪器，它的基本功能是测量水平角、垂直角、斜距，借助机载程序，可以组合成多种测量功能，如计算并显示平距、高差及镜站点的三维坐标，进行偏心测量、悬高测量、对边测量、后方交会测量、面积计算等。全站仪的自动记录、储存、计算功能以及数据通信功能，进一步提高了测量作业的自动化程度。随着计算机技术的不断发展与应用以及用户的特殊要求，这一最常规的测量仪器越来越满足各项测绘工作的需求，发挥更大的作用。

目前，主流全站仪品牌厂家，国外常见的有瑞士徕卡（LEICA）TPS 系列、日本索佳（SOKKIA）SET 系列、拓普康（TOPCON）GTS 系列、尼康（NIKON）DTM 系列、天宝（Trimble）、宾得（PENTAX）等；国内品牌常见的有南方、科力达、三鼎、瑞得、苏一光、博飞、中纬、西光、莱赛、欧波等。本章以我国南方测绘公司的全站仪 NTS-660 为例，对全站仪的结构、功能和使用进行介绍。

几款不同厂家不同型号的全站仪如图 5.1 所示。

尼康DTM-452C　　　拓普康TKS-202R　　　徕卡TS09　　　南方NTS-350

图 5.1　几款不同厂家不同型号的全站仪

5.1 全站仪的分类与特点

5.1.1 全站仪的分类

全站仪按测量功能可分成四类。

1. 经典型全站仪

经典型全站仪也称常规全站仪，它具备全站仪电子测角、电子测距和数据自动记录等基本功能，有的还可以运行厂家或用户自主开发的机载测量程序。其经典代表为徕卡公司的 TC 系列全站仪，我国南方测绘公司的 NTS－660 系列和 NTS－310 系列等。

2. 机动型全站仪

在经典全站仪的基础上安装轴系步进电机，可自动驱动全站仪照准部和望远镜的旋转。在计算机的在线控制下，机动型系列全站仪可按计算机给定的方向值自动照准目标，并可实现自动正、倒镜测量。徕卡 TCM 系列全站仪就是典型的机动型全站仪。

3. 无合作目标性全站仪

无合作目标型全站仪是指在无反射棱镜的条件下，可对一般的目标直接测距的全站仪。因此，对不便安置反射棱镜的目标进行测量，无合作目标型全站仪具有明显优势。如徕卡 TCR 系列全站仪，无合作目标距离测程可达 1000m，可广泛用于地籍测量、房产测量和施工测量等。

4. 智能型全站仪

在机动化全站仪的基础上，仪器安装自动目标识别与照准的新功能，因此在自动化的进程中，全站仪进一步克服了需要人工照准目标的重大缺陷，实现了全站仪的智能化。在相关软件的控制下，智能型全站仪在无人干预的条件下可自动完成多个目标的识别、照准与测量。因此，智能型全站仪又称为"测量机器人"。典型的代表有徕卡的 TCA 型全站仪等。

5.1.2 全站仪的特点

全站仪与经纬仪和水准仪相比，具有如下特点。

（1）仪器操作简单、高效。全站仪具有现代测量工作所需的所有功能，现已广泛应用于控制测量、地形测量、工程测量等测量工作中。

（2）快速安置。简单地整平和对中后，仪器一开机便可工作。仪器具有专门的动态角扫描系统，因此无须初始化。关机后，仍会保留水平和垂直度盘的方向值。电子"气泡"有图示显示，并能使仪器始终保持精密置平。

（3）全站仪能够在一个测站上完成采集水平角、垂直角和倾斜距离三种基本数据的功能，并通过仪器内部的中央处理器，由这三种基本数据计算出平距、高差、高程及坐标等数据。

（4）全站仪设有双向倾斜补偿器，可以自动对水平和竖直方向进行修正，以消除竖轴倾斜误差的影响。还可进行地球曲率改正、折光误差以及温度、气压改正。

（5）可以通过传输接口把野外采集的数据与计算机、绘图仪连接起来，再配以数据处理软件和绘图软件，可实现测图的自动化。

5.2　全站仪的结构与功能

5.2.1　全站仪的结构

下面以南方测绘公司全站仪 NTS-660 为例说明全站仪的构造。

全站仪的基本组成可分为外部组成和内部组成。其外部组成与经纬仪大体相似，同样有望远镜、望远镜调焦螺旋，竖直度盘、水平度盘，竖直制动螺旋、竖直微动螺旋，水平制动螺旋、水平微动螺旋，照准部水准器、圆形水准器，光学对中器、基座脚螺旋等。最大区别是竖直度盘、水平度盘是电子度盘，在基座上方增加了液晶显示屏和操作面板。内部组成由电子测角系统、电子测距系统、中央处理单元和存储器等组成。

液晶显示屏用来显示全站仪的测量状态、数据输入状态、数据输出状态和测量结果，其作用与计算机的显示器作用相同。只是屏幕太小不能显示更多的信息，有时需分屏显示。操作面板相当于计算机的输入键盘，向全站仪输入各种测量指令和数据，由于全站仪体积所限不能有太多的按键，所以全站仪的大部分按键往往有几种功能，随着全站仪的测量状态不同按键功能随之改变。

全站仪各部件位置和名称如图 5.2 和图 5.3 所示。

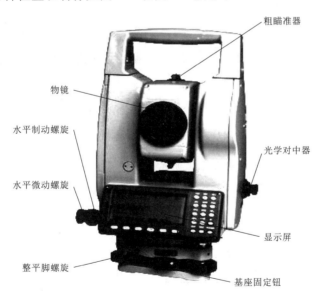

图 5.2　全站仪 NTS-660 部件名称（一）

5.2.2　主要部件功能

5.2.2.1　显示屏

如图 5.4 所示，一般上面几行显示观测数据，底行显示软键功能，它随测量模式的不同而变化。

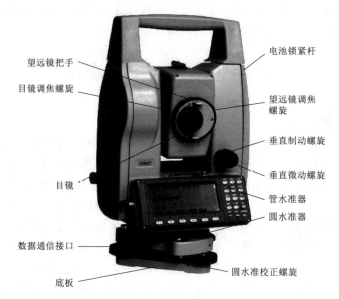

图 5.3 全站仪 NTS-660 部件名称（二）

角度测量模式 | 距离测量模式

垂直角(V)：87°56′09″

水平角(HR)：180°44′38″

垂直角(V)：87°56′09″

水平角(HR)：180°44′38″

斜距(SD)：12.345m

图 5.4 显示屏

显示屏各显示符号的含义如表 5.1 所示。

表 5.1　　　　　　　　　　　　显示屏各显示符号的含义

符号	含义	符号	含义
V	垂直角	*	电子测距正在进行
V%	百分度	m	以米为单位
HR	水平角（右角）	ft	以英尺为单位
HL	水平角（左角）	F	精测模式
HD	平距	T	跟踪模式（10mm）
VD	高差	R	重复测量
SD	斜距	S	单次测量
N	北向坐标	N	N 次测量
E	东向坐标	ppm	大气改正值
Z	天顶方向坐标	psm	棱镜常数值

5.2.2.2　操作键

操作键的位置和名称如图5.5所示。

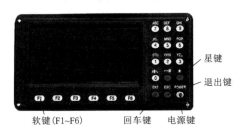

图5.5　操作键的位置和名称

按键基本功能如表5.2所示。

表5.2　　　　　　　　　　**按 键 基 本 功 能**

按　键	名　称	功　能
F1~F6	软键	功能参见所显示的信息
0~9	数字键	输入数字，用于欲置数值
A~/	字母键	输入字母
ESC	退出键	退回到前一个显示屏或前一个模式
★	星键	用于仪器若干常用功能的操作
ENT	回车键	数据输入结束并认可时按此键
POWER	电源键	控制电源的开/关

5.2.2.3　功能键（软键）

软键功能标记在显示屏的底行，如图5.6所示。该功能随测量模式的不同而改变。

```
┌─────────────────────────────┐
│     【角度测量】             │
│  V:   87°56′09″             │
│  HR: 120°44′38″             │
│                             │
│                             │
│                             │
│  斜距  平距  坐标  置零  锁定  P1 │
│  记录  置盘  R/L  坡度  补偿  P2 ↓│
└─────────────────────────────┘
           角度测量
```

```
┌─────────────────────────────┐
│     【斜距测量】             │
│  V:   87°56′09″             │
│  HR: 120°44′38″             │
│  S:                  PSM 30  │
│                      PPM  0  │
│                      (m) F.R │
│  测量  模式  角度  平距  坐标  P1 │
│  记录  放样  均值  m/ft      P2 ↓│
└─────────────────────────────┘
           斜距测量
```

```
┌─────────────────────────────┐
│     【平距测量】             │
│  V:   87°56′09″             │
│  HR: 120°44′38″             │
│  HD:                 PSM 30  │
│  VD:                 PPM  0  │
│                      (m) FR  │
│  测量  模式  角度  斜距  坐标  P1↓│
│  记录  放样  均值  m/ft      P2 ↓│
└─────────────────────────────┘
           平距测量
```

```
┌─────────────────────────────┐
│     【坐标测量】             │
│  N:    12345.578            │
│  E:   −12345.678            │
│  Z:       10.123    PSM 30  │
│                     PPM  0   │
│                     (m) F.R  │
│  测量  模式  角度  斜距  坐标  P1↓│
│  记录  放样  均值  m/ft      P2 ↓│
└─────────────────────────────┘
           坐标测量
```

图5.6　软键操作界面

软键各显示界面对应功能见表 5.3。

表 5.3　软键各显示界面对应功能

模式	显示	软键	功　能
角度测量	斜距	F1	倾斜距离测量
	平距	F2	水平距离测量
	坐标	F3	坐标测量
	置零	F4	水平角置零
	锁定	F5	水平角锁定
	记录	F1	将测量数据传输到数据采集器
	置盘	F2	预置一个水平角
	R/L	F3	水平角右角/左角变换
	坡度	F4	垂直角/百分度的变换
	补偿	F5	设置倾斜改正。若打开补偿功能，则显示倾斜改正值
斜距测量	测量	F1	启动斜距测量。选择连续测量/N 次（单次）测量模式
	模式	F2	设置单次精测/N 次精测/重复精测/跟踪测量模式
	角度	F3	角度测量模式
	平距	F4	平距测量模式，显示 N 次或单次测量后的水平距离
	坐标	F5	坐标测量模式，显示 N 次或单次测量后的坐标
	记录	F1	将测量数据传输到数据采集器
	放样	F2	放样测量模式
	均值	F3	设置 N 次测量的次数
	m/ft	F4	距离单位米或英尺的变换
平距测量	测量	F1	启动平距测量。选择连续测量/N 次（单次）测量模式
	模式	F2	设置单次精测/N 次精测/重复精测/跟踪测量模式
	角度	F3	角度测量模式
	斜距	F4	斜距测量模式，显示 N 次或单次测量后的倾斜距离
	坐标	F5	坐标测量模式，显示 N 次或单次测量后的坐标
	记录	F1	将测量数据传输到数据采集器
	放样	F2	放样测量模式
	均值	F3	设置 N 次测量的次数
	m/ft	F4	米或英尺的变换
坐标测量	测量	F1	启动坐标测量。选择连续测量/N 次（单次）测量模式
	模式	F2	设置单次精测/N 次精测/重复精测/跟踪测量模式
	角度	F3	角度测量模式
	斜距	F4	斜距测量模式，显示 N 次或单次测量后的倾斜距离
	平距	F5	平距测量模式，显示 N 次或单次测量后的水平距离
	记录	F1	将测量数据传输到数据采集器

续表

模式	显示	软键	功　能
坐标测量	高程	F2	输入仪器高/棱镜高
	均值	F3	设置 N 次测量的次数
	m/ft	F4	米或英尺的变换
	设置	F5	预置仪器测站点坐标

5.3　全站仪应用

5.3.1　全站仪的安置与参数设置

5.3.1.1　使用全站仪的注意事项

（1）不得将望远镜直接照准太阳，否则会损坏仪器。小心轻放，避免撞击与剧烈震动。

（2）注意工作环境，避免沙尘侵袭仪器。在烈日、雨天、潮湿环境下作业，必须打伞。

（3）取下电池时务必先关闭电源，否则会损坏内部线路。

（4）仪器入箱，必须先取下电池，否则可能会使仪器发生故障或耗尽电池电能。

06 全站仪精密角度测量

5.3.1.2　安置仪器

将仪器安装在三脚架上，精确整平和对中，以保证测量成果的精度（应使用专用的中心连接螺旋的三脚架）。

打开电源开关，仪器显示屏会依次显示"南方测绘仪器公司"并进入主菜单，确认显示窗中显示有足够的电池电量，当电池电量不多时，应及时更换电池或对电池进行充电。

5.3.1.3　反射棱镜

全站仪在进行距离测量等作业时，需在目标处放置反射棱镜。反射棱镜可通过基座连接器将棱镜组与基座连接，再安置到三脚架上，也可直接安置在对中杆上。南方测绘仪器公司生产的棱镜组如图 5.7 所示。

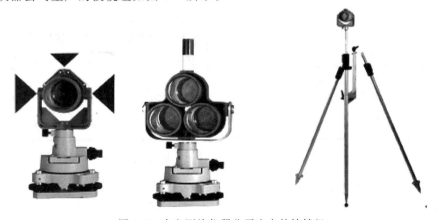

图 5.7　南方测绘仪器公司生产的棱镜组

5.3.1.4　全站仪参数设置

所有测量工作开始以前，必须进行参数设置。

（1）仪器常数设置。由主菜单按 F5 键，进入仪器常数设置界面，如图 5.8 所示。然后按 F2 键进入仪器常数输入界面，如图 5.9 所示，按照系统提示是否需要输入新的仪器常数，如果需要重新设置仪器常数，则单击屏幕按键选择"是"，进行输入。

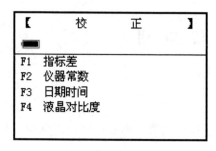

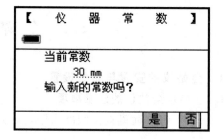

图 5.8　仪器常数设置界面　　　　图 5.9　仪器常数输入界面

（2）棱镜常数的设置。南方公司的棱镜常数值设置为 - 30，若使用的不是南方公司的棱镜，必须设置相应的棱镜常数。一旦设置了棱镜常数，关机后该常数将被保存。

棱镜常数的设置是在星键（★）模式下进行的，如图 5.10 所示。

（3）大气改正的设置。光在空气中传播的速度并非常数，而是随大气的温度和压力而改变。本仪器一旦设置了大气改正值，即可自动对观测结果实施大气改正。当温度为 20℃/68℉，气压值为 1013.25hPa/760mmHg/29.9inHg。即使仪器关机，大气改正值仍被保存。

在星键（★）模式下可以设置大气改正值。

（4）参数设置模式。本模式用于设置与测量、显示以及数据通信有关的参数。当参数改动并设置后，新的参数值被存入存储器。由主菜单图标按 F6 键即可出现如图 5.11 所示的显示屏界面。这些参数可划分为测量参数和数据通信参数两类。

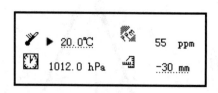

图 5.10　棱镜常数设置界面　　　　图 5.11　参数设置界面

测量参数设置界面如图 5.12 所示。

数据通信参数设置界面如图 5.13 所示。

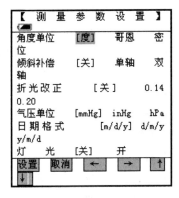

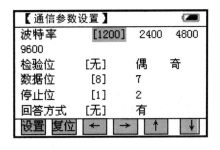

图 5.12　测量参数设置界面　　　　　图 5.13　通信参数设置界面

5.3.2　全站仪常规测量

5.3.2.1　角度测量

角度测量步骤如下。

（1）按角度测量键，使全站仪处于角度测量模式，照准第一目标 A。设置 A 方向的水平度盘读数为 $0°00'00''$，如图 5.14 所示。

（2）照准第二目标 B，将望远镜对准明亮地方，旋转目镜筒，调焦看清十字丝再慢慢旋进调焦，使十字丝清晰。利用粗瞄准器内的三角形标志的顶尖瞄准目标点，照准时眼睛与瞄准器之间应保留有一定距离。利用望远镜调焦螺旋使目标成像清晰，此时显示的水平度盘读数即为两方向间的水平角，如图 5.15 所示。

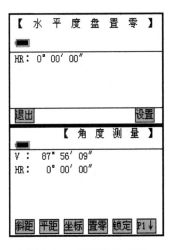

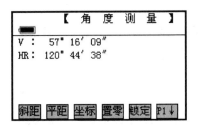

图 5.14　角度测量界面　　　　　图 5.15　角度测量结果显示

（3）如果测竖直角，可在读取水平度盘的同时读取竖盘的显示读数。

5.3.2.2　距离测量

距离测量步骤如下。

（1）设置棱镜常数。测距前须将棱镜常数输入仪器中，仪器会自动对所测距离进行改正。

图 5.16 距离测量界面

（2）设置大气改正值或气温、气压值。

（3）量仪器高、棱镜高并输入全站仪。

（4）距离测量。照准棱镜中心，按测距键，进入测距模式，开始距离测量，测距完成时显示水平角 HR、水平距离 HD、高差 VD 或水平角 HR、垂直角 V、斜距 SD，如图 5.16 所示。

5.3.2.3　坐标测量

坐标测量步骤如下。

（1）安置仪器。在测站点 A 安置全站仪，进行对中、整平，如图 5.17 所示。

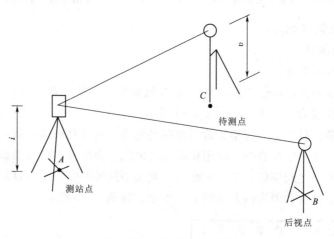

图 5.17 坐标测量示意图

（2）设置测站点。输入测站点的坐标 N、E，高程 Z，如图 5.18 所示。

（3）设置仪器高和棱镜高。在高程设置模式下输入仪器高和棱镜高，如图 5.19 所示。

图 5.18 设置测站点

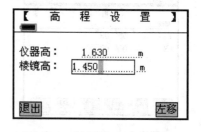

图 5.19 仪器高和棱镜高设置

（4）设置坐标方位角。如图 5.20 所示，首先输入测站点坐标，然后输入后视点坐标。

提示是否设置方向值，按 F5（是）键，如图 5.21 所示。

（5）坐标测定。方位角设置好以后将全站仪照准部瞄准待测点 C，按 F3（坐标）键即完成测量，如图 5.22 所示。

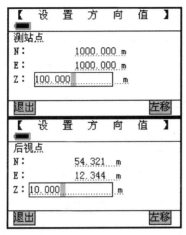

图 5.20　方向角设置（一）　　　　图 5.21　方向角设置（二）

5.3.3　全站仪程序测量

5.3.3.1　坐标放样

全站仪坐标放样的步骤如下。

（1）图 5.23 所示为全站仪放样示意图，C 为已知测站点，A 为另一个已知点（即后视点），$P1$ 为放样点。

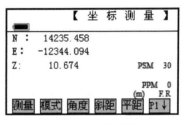

图 5.22　坐标测定

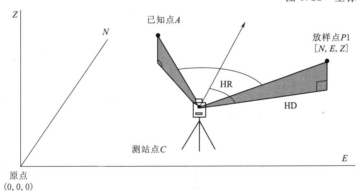

图 5.23　全站仪放样示意图

首先在测站点 C 安置全站仪，对中、整平后，在屏幕上单击按 F3（坐标放样）键进入放样模式，如图 5.24 所示为放样菜单界面。

（2）设置坐标方位角。按 F1 键设置坐标方位角，方位角具体设置方法参见本章中 5.3.2.3 节提到的方位角设置方法。方位角设置成功后，会出现如图 5.25 所示设置界面。

（3）输入仪器高，放样点点号和坐标以及棱镜高。

输入仪器高界面，如图 5.26 所示。

输入放样点的点号和坐标，如图 5.27 所示。

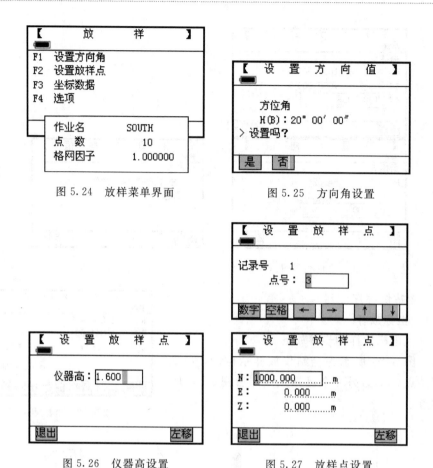

图 5.24　放样菜单界面

图 5.25　方向角设置

图 5.26　仪器高设置

图 5.27　放样点设置

输入棱镜高，如图 5.28 所示。

（4）全站仪会自动显示待放样点的放样角度和放样距离，如图 5.29 所示。dHR 值的含义是全站仪从初始方向应旋转 $45°23'45''$ 才能转到放样点的方向上，dHD 的含义是仪器到放样点的平距为 23.901m。

图 5.28　棱镜高设置

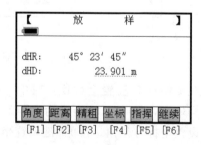

图 5.29　放样结果显示

点放样具体操作方法如下：首先转动望远镜使度盘读数等于 $45°23'45''$，此时望远镜视线即为 $CP1$ 方向（即放样点 $P1$ 与已知点 C 的连线上），观测者指挥立镜人员将反射棱镜放置在该方向线上；然后按测距键，指挥棱镜前后移动使读数等于待测设的水平距离值 23.901m，这点的位置就是放样点 $P1$。

（5）如需进行高程放样，则将棱镜置于放样点 $P1$ 上，在坐标放样模式下，测量 $P1$ 点的坐标 H，根据其与已知 HC 的差值，上、下移动棱镜，直至差值显示为零时，放样点 $P1$ 的位置即确定，再在地面上做出标志。

5.3.3.2　偏心测量

所谓全站仪偏心测量，就是反射棱镜不是放置在待测点的铅垂线上而是安置在与待测点相关的某处，间接地测定出待测点的位置。偏心测量可分为角度偏心测量、距离偏心测量、平面偏心测量和圆柱偏心测量几种，本节主要介绍角度偏心测量和距离偏心测量两种方法。

1. 角度偏心测量

在这种模式下，仪器到点 P（即棱镜点）的平距应与仪器到目标点的平距相同。在设置好仪器高/棱镜高后进行偏心测量，即可得到被测物中心位置的坐标，如图 5.30 所示。

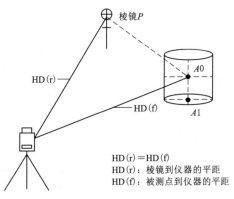

图 5.30　角度偏心测量示意图

角度偏心测量的步骤如下。

（1）架设仪器对中整平，设置测站点的坐标，设置仪器高/棱镜高。

（2）程序菜单中按 F6 键，进入该菜单的第 2 页。按 F4 键进入偏心测量菜单屏幕。按 F1 键自由垂直角（或 F2 键锁定垂直角）开始角度偏心测量。若用第一种方法照准 $A0$，垂直角随望远镜的上下转动而变化；若用第二种方法照准 $A0$，垂直角被锁定到棱镜位置，不会因望远镜的转动而变化，如图 5.31 所示。

（3）照准另一已知点进行定向，然后照准偏心点 P，按 F1（测量）键进行测量。用水平制动和微动螺旋照准目标点 $A0$。按 F2（斜距）键，则显示仪器到 $A0$ 点斜距，按 F3（坐标）键则显示目标点的 N、E、Z（或 E、N、Z）坐标，如图 5.32 所示。

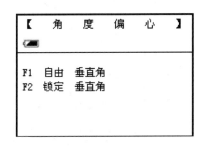

图 5.31　角度偏心测量

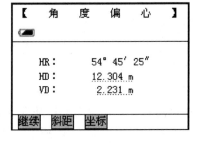

图 5.32　角度偏心测量界面

2. 距离偏心测量

通过输入目标点偏离反射镜的前/后、左/右偏心的水平距离，即可测定该目标的位置。距离偏心测量如图 5.33 所示。

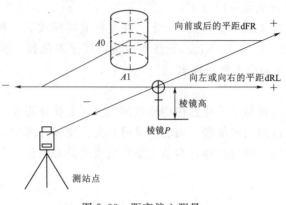

图 5.33　距离偏心测量

距离偏心测量的步骤如下。

（1）架设仪器对中整平，设置测站点的坐标，设置仪器高/棱镜高。

（2）程序菜单中按 F6 键，进入该菜单的第 2 页。按 F4 键进入偏心测量菜单屏幕。按 F6 键输入偏心距，每输入一项，按 ENT。

（3）照准棱镜，按 F1（测量）键进行测量。测量结束后将会显示出加上偏心距改正后的测量结果，如图 5.34 所示。

显示仪器到 $A0$ 点的高差和平距。按 F2（斜距）键，则显示仪器到 $A0$ 点斜距，按 F3（坐标）键，则显示目标点的 N、E、Z（或 E、N、Z）坐标。

5.3.3.3　悬高测量

有些棱镜不能到达的悬高点（如空中的高压线路，高架桥梁底部等），可瞄准其投影到地面上的基准点处的棱镜，测量到基准点棱镜的平距，然后再瞄准棱镜正上方的悬高点，由全站仪自动进行悬高测量计算。悬高测量示意图如图 5.35 所示。

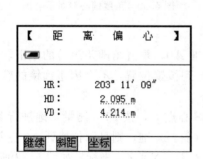

图 5.34　距离偏心测量

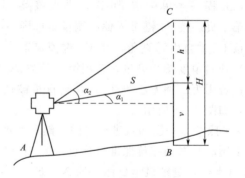

图 5.35　悬高测量示意图

悬高测量操作步骤如下。

（1）将全站仪架设到 A 点进行设置，并且保证设站点到悬高点的垂直角小于 $45°$，否则三角函数推算出来的高差误差较大。

（2）在悬高点投影到地面上的基准点处安放棱镜，进入测量程序界面如图 5.36 所示，按 F4 键选择悬高测量，输入仪器高，棱镜高，仪器会显示到棱镜的水平距离。

（3）松开望远镜垂直方向制动，照准棱镜上方的悬高点，仪器会显示棱镜到悬高点的垂直距离，测量完毕。

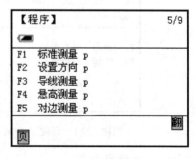

图 5.36　进入测量程序界面

5.4　测　量　数　据　传　输

5.4.1　数据通信模式

该模式用于设置波特率（数据通信协议），接收数据文件（输入）和发送数据文件（输出），进行数据文件的发送与接收时，计算机上必须安装有支持 YMODEM 协议的数据通信软件。如图 5.37 所示，进入数据通信模式。为了实现 NTS‐660 系列仪器与计算机之间的数据文件传送，仪器与计算机的通信参数设置必须相同。波特率可选值为 1200、2400、4800、9600、19200、38400、57600、115200。

5.4.1.1　数据文件的输入

（1）在计算机上发送数据文件之前，必须确认 NTS‐660 仪器处于准备好等待接收的状态。

（2）运行计算机数据文件发送指令。显示输入文件名，接收数据量（字节）/文件的容量（字节）及已输入的部分占整个文件数据量的百分比，如图 5.38 所示。

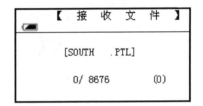

图 5.37　进入数据通信模式　　　　图 5.38　接收文件界面

一旦传送结束，显示屏就返回到主菜单图标。

5.4.1.2　数据文件的输出

进入文件管理菜单，按 F5（↑）或 F6（↓）键和 ENT 键，选择某一个文件。显示输出文件名，已发送数据量（字节）/文件的容量（字节）及已输入的部分占整个文件数据量的百分比，如图 5.39 所示，一旦传送结束，显示屏就返回到主菜单图标。

5.4.2　作业、坐标的传输

传输数据选择项用于将坐标数据发送到计算机或从计算机接收坐标数据。用户应设置以下通信参数：波特率、奇偶检验、数据位和停止位。使用南方公司的接口电缆可进行数据传输。

使用作业名更名选择项可以对作业名进行更名。当选择更名选择项时，除非在查看内存选择项中选择不同的作业名，否则当前作业名被重新命名。

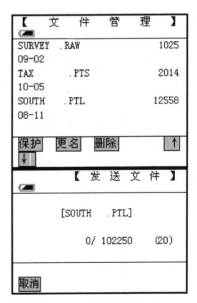

图 5.39　文件输出界面

在删除内存中的作业中有两项选择：删除一个作业或删除全部作业。删除一个作业选择项会从内存中删除一个作业；只有在查看内存选择项中未选择其他作业，才可删除当前作业。删除全部作业选择项可以删除内存中的全部作业。

5.4.2.1　接收坐标

该功能用于 NTS－660 系列全站仪接收来自计算机的数据文件。在接收任何数据前应保证仪器中设置的通信参数与计算机中软件的通信参数一致。

从计算机上启动接收数据软件如图 5.40 所示。当计算机准备好了后，按 F4（确定）键开始传输作业；如果按 F5（取消）键，会返回到传输作业菜单。

5.4.2.2　发送坐标数据

在确定要传送的作业后，应检查仪器上的通信参数和计算机软件上的通信参数是否匹配。首先设置计算机处于接收数据状态，然后再选择传输坐标数据菜单上的"发送数据"选项，如图 5.41 所示。

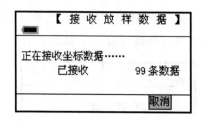
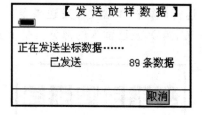

图 5.40　数据接收界面　　　　图 5.41　数据发送界面

一旦作业被传输完毕便会显示"数据发送结束！"并按 F5（确定）键返回到传输作业菜单。

【本章小结】

通过本章的学习，我们了解了全站仪的基本概念，并且通过实物图片的展示了解了全站仪的组成和基本构造。由于全站仪具有操作简单灵活，可以自动进行水平和垂直方向的改正，可以地球曲率改正、折光误差以及温度、气压改正等优点，因此在现代测量中全站仪发挥了巨大的作用。

本章还以南方仪器公司 NTS－660 全站仪为例，讲述了全站仪的基本操作方法，以及如何使用全站仪进行角度、距离和坐标的测量，如何利用全站仪进行坐标放样、偏心测量、悬高测量等。

本章重点掌握全站仪的构造、全站仪的仪器参数设置方法及利用全站仪进行常规测量和程序测量的基本操作方法。

【知识检验】

1. 填空题

（1）全站仪是由_____、_____、_____与机载软件组合而成的智能光电测量仪器。

（2）全站仪的组成可分为外部组成和内部组成，内部组成由_____、

_____、_____和_____等组成。

（3）全站仪和经纬仪的最大区别是_____、_____是电子度盘。

（4）全站仪可以分为_____、_____、_____和_____四种。

（5）全站仪设有_____，可以自动对水平和竖直方向进行修正，以消除竖轴倾斜误差的影响，还可进行_____、_____以及_____改正。

2. 简答题

（1）简述全站仪的构造。

（2）全站仪的分类有哪些？

（3）全站仪的特点有哪些？

（4）举例说明几种常见的全站仪及各自的特点。

（5）全站仪使用时有哪些注意事项？

3. 论述题

（1）详细说明全站仪有几种常规测量方式以及每种测量方式的操作步骤。

（2）阐述全站仪进行坐标放样的方法和步骤。

（3）谈谈自己对全站仪的认识及在现代测量中的应用。

课程思政案例 5：时代先锋——国测一大队：量天测地 爱国奉献

国家测绘局第一大地测量队（暨国家测绘局精密工程测量院、陕西省第一测绘工程院）自 1954 年建队，半个世纪的时间，几代人满怀理想和激情，投身祖国的测绘事业。他们前赴后继，测天量地，用青春和生命谱写出一部气壮山河的爱国诗篇。

他们 24 次进驻内蒙古荒原，28 次深入西藏无人区，37 次踏入新疆腹地，徒步行程总计 5000 多万公里，相当于绕地球 1200 多圈。

他们 28 次大规模进入世界屋脊，在高山、沼泽、荒原中克服各种意想不到的困难，凭着坚韧不拔的意志，负重攀登，纵横千里。

他们远涉重洋八万里，新春佳节仍在地球的两极奋战，工作精益求精，给祖国送回捷报。

在地温高达 70 摄氏度的火焰山中，大地如蒸笼，他们焦渴难忍，头晕眼花，仍争分夺秒，不敢懈怠，用血汗换回测绘成果。

北疆阿勒泰地区最冷时温度达零下 45 摄氏度，他们操作仪器，为了使其精度不受影响，不顾刺骨的严寒，脱掉手套。

在繁华的都市、宁静的乡村，他们走南闯北、走街串巷，为了完成测量任务，他们要适应各种环境，排除各种困难。

冰雪严寒、高温酷暑、沙漠干渴、雪崩雷击、洪水野兽、山高路险等种种威胁，对他们是家常便饭。为建设新中国，因为坠崖、坠江、车祸、断水、冻饿、疾病、落入雪窟、遭遇雷击、惨遭杀害等原因，这支队伍的几十名测绘队员默默地献出最宝贵的生命。目前全队患有肺气肿、肝炎、关节炎、胃病、心理疾病等与所从事的职业有关的疾病者，占有相当的比例，更有不少人因身体原因提前退休，一些职工英年早逝。

就是在这样的条件下，他们常年奔波在外，离妻别子，一次次向自然界和生命的极限发起冲击，为了祖国甘于付出自己的一切。

他们六闯"生命禁区"。1975 年，第一次准确测定珠穆朗玛峰海拔高度为8848.13 米；2005 年，第一次精确测定珠峰的岩石面海拔高程为 8844.43 米。他们用青春和生命，在地球的第三极谱写出动人的英雄之歌。

他们踏遍祖国的千山万水，累计完成国家各等级三角测量 1 万余点，建造测量觇标 10 万多座，提供各种测量数据 5000 多万组，得出近半个中国的大地测量控制成果，出色完成了 2000 国家重力基本网、国家高精度 GPS A、B 级网、中国地壳运动观测网络等国家重大测绘工程项目，用血汗乃至生命绘出祖国的壮美蓝图。

他们走赤道下南极，参加科学考察，填补祖国南极测绘的空白，让祖国在南极占有一席之地，为祖国增光添彩。

他们在时代大潮中乘风破浪，不论在往昔的计划经济时期，还是在今日的市场经济形势之下，他们英雄的优良传统一代代薪火相传，"热爱祖国，忠诚事业，艰苦奋斗，无私奉献"的铁军本色始终不改。在抗灾重建、城市规划、国土资源、水利、电力、交通、国防等领域，到处可见他们奔波忙碌的身影，时时都有他们作出的贡献。

量天测地 50 余载，大队为祖国的测绘事业做出了贡献，争得了荣誉，1991 年国务院通令嘉奖，授予大队"功绩卓著，无私奉献的英雄测绘大队"荣誉称号。大队先后 26 次受到国家、省、部级表彰，有 25 人获得国家、省和市级各种荣誉称号，2005珠峰复测有 4 人荣立一等功，12 人荣立二等功，9 人荣立三等功。

第 6 章

小 地 区 控 制 测 量

【学习目标】

掌握控制测量的定义、任务和作用；了解工程控制网建立的原理和方法、控制网的布设形式；控制测量的作业流程，对控制测量有一个整体的概念；掌握小区域平面控制测量、高程控制测量的基本作业方法，特别是能进行导线测量及三、四等水准测量的观测与计算；了解 GPS 系统原理，能使用 GPS 进行控制测量的基本操作。

【课程思政育人目标】

培养学生家国情怀、民族自豪感、职业自豪感。

测量工作必须遵循"从整体到局部，先控制后碎部"的原则，先建立控制网，然后根据控制网进行碎部测量和测设。控制网按其建立的范围分为国家控制网、城市控制网和小地区控制网；控制网按其测量内容分为平面控制网和高程控制网两种。为建立测量控制网而进行的测量工作称为控制测量。控制测量具有控制全局和限制测量误差累积和传播的作用。本章主要讨论小地区控制网建立的有关问题。

6.1 平 面 控 制 测 量

6.1.1 平面控制测量概述

在全国范围内建立的平面控制网称为国家平面控制网。它是全国各种比例尺测图的基本控制，也是工程建设的基本依据，同时为确定地球的形状和大小及其他科学研究提供资料。国家平面控制网是使用精密测量仪器和方法进行施测的，按照测量精度由高到低分为一、二、三、四等四个等级，它的低等级点受高等级点逐级控制。

在城市地区进行测图或工程建设而建立的平面控制网称为城市平面控制网。它一般是在国家平面控制点的基础上，根据测区的大小、城市规划和施工测量的要求，布设成不同的等级，以供地形测图和施工放样使用。

在面积小于 $10km^2$ 范围内建立的平面控制网称为小地区平面控制网。小地区平面控制网测量应与国家平面控制网或城市控制网连测，以便建立统一的坐标系统。若无条件进行连测，也可在测区内建立独立的平面控制网。国家控制网和城市控制网的测量成果资料可向有关测绘部门申请获得。

小地区平面控制网，应根据测区面积的大小按精度要求分级建立。在测区范围内建立的精度最高的控制网称为首级控制网，直接为测图需要而建立的控制网称为图根控制网。直接供地形测图使用的控制点，称为图根控制点，简称图根点。图根点的密度（包括高级点），取决于测图比例尺和地物、地貌的复杂程度。至于布设哪一级控制作为首级控制，应根据城市或工程建设的规模。中小城市一般以四等网作为首级控制网；面积在 $15km^2$ 以内的小城镇，可用 GPS 网或导线网作为首级控制；面积在 $0.5km^2$ 以下的测区，图根控制网可作为首级控制。

测定控制点平面位置的工作，称为平面控制测量。平面控制网的建立可采用三角测量和导线测量的常规方法，也可采用 GPS 进行测量。下面将重点介绍用导线测量建立小地区平面控制网的方法。

6.1.2　导线测量概述

在测区范围内的地面上按一定要求选定的具有控制意义的点称为控制点。将测区内相邻控制点连成直线所构成的折线称为导线。其中的控制点也称为导线点，折线边也称为导线边。导线测量就是依次测定各导线边的长度和各转折角值，再根据起始数据，推算各边的坐标方位角，求出各导线点的坐标，从而确定各点平面位置的测量方法。导线测量在建立小地区平面控制网中经常采用，尤其在地物分布较复杂的建筑区、视线障碍较多的隐蔽区及带状地区常采用这种方法。

使用经纬仪测量转折角，用钢尺测定边长的导线，称为经纬仪导线；若使用光电测距仪或全站仪测定导线边长，则称为电磁波测距导线。

导线测量平面控制网根据测区范围和精度要求分为一级、二级、三级和图根四个等级。

6.1.2.1　导线的布设形式

根据测区的情况和工程要求不同，导线主要可布设成以下三种形式。

1. 闭合导线

如图 6.1（a）所示，导线从一已知点 A 出发，经过 1、2、3、4、5 点，最后又回到已知点 A。这种起止于同一已知点的导线称为闭合导线。闭合导线自身具有严密的几何条件可进行检核。应尽量使导线与附近的高级控制点连接，以获得起算数据，并建立统一坐标系统。闭合导线常用在面积较宽阔的独立地区。

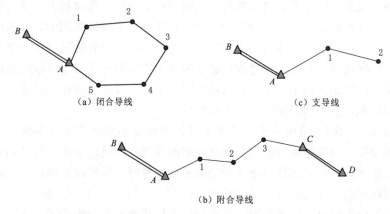

（a）闭合导线　　　　　　　　（c）支导线

（b）附合导线

图 6.1　导线的基本形式

2. 附合导线

如图 6.1（b）所示，从一高级控制点 *A* 出发，最后附合到另一高级控制点 *C* 上。这种布设在两个已知点之间的导线称为附合导线。附合导常用在带状地区。

3. 支导线

如图 6.1（c）所示，由一已知点出发，既不附合到另一已知点，又不回到原起始点的导线称为支导线。支导线没有检核条件，精度较低。导线边数不能超过 4 条，适用于图根控制加密。

6.1.2.2　导线测量的技术要求

经纬仪导线的主要技术要求如表 6.1 所示。

表 6.1　　　　　　　　　　　　经纬仪导线的主要技术要求

等级	测图比例尺	附合导线长度/m	平均边长/m	往返丈量差相对误差	测角中误差/(″)	导线全长相对闭合差	测回数 DJ$_2$	测回数 DJ$_6$	方位角闭合差/(″)
一级		2500	250	≤1/20000	≤±5	≤1/10000	2	4	≤±10$\sqrt{n}$
二级		1800	180	≤1/15000	≤±8	≤1/7000	1	3	≤±16$\sqrt{n}$
三级		1200	120	≤1/10000	≤±12	≤1/5000	1	2	≤±24$\sqrt{n}$
图根	1∶500	500	75			≤1/2000		1	≤±60$\sqrt{n}$
	1∶1000	1000	110						
	1∶2000	2000	180						

注　*n* 为测站数。

光电测距导线的主要技术要求如表 6.2 所示。

表 6.2　　　　　　　　　　　　光电测距导线的主要技术要求

等级	测图比例尺	附合导线长度/m	平均边长/m	测距中误差/mm	测角中误差/(″)	导线全长相对闭合差	测回数 DJ$_2$	测回数 DJ$_6$	方位角闭合差/(″)
一级		3600	300	≤±15	≤±5	≤1/14000	2	4	≤±10$\sqrt{n}$
二级		2400	200	≤±15	≤±8	≤1/10000	1	3	≤±16$\sqrt{n}$
三级		1500	120	≤±15	≤±12	≤1/6000	1	2	≤±24$\sqrt{n}$
图根	1∶500	900	80			≤1/4000		1	≤±40$\sqrt{n}$
	1∶1000	1800	150						
	1∶2000	3000	250						

注　*n* 为测站数。

6.1.3　导线施测前的准备工作

1. 业务准备

（1）学习技术设计书，了解工程的性质、来源、目的、技术要求、质量要求、工期要求等。

（2）学习所涉及的各工程类别的相关规范，了解基本技术要求。

（3）学习各工种操作、配合基本要求。

（4）依据设计书要求，在已有的地形图上大概设计出导线点位。

（5）检查已知点平面成果的投影带号是否正确，各批已知点成果坐标系统是否统一，水准点等已知点高程系统与设计要求是否一致。

2. 仪器设备检查及生产资料准备

（1）了解经纬仪、全站仪等型号，测距、测角精度，检查仪器加常数、乘常数等参数设置是否正确。

（2）在平坦的地面上钢尺量距 4～5m，用全站仪测量平距，检查棱镜常数是否设置正确，若有问题应及时向生产负责人汇报，以获得正确棱镜常数，重新设置。

（3）实测前检验仪器在经过长途搬运后各项指标是否正常。

（4）检查棱镜、觇板、基座、脚架是否正常，数量是否满足生产要求。

（5）检查记录手簿是否带够，若为电子手簿，应熟悉记录手簿软件，检查软件运行情况，与台式机数据传输情况等。

（6）检查辅助测量的物品是否齐备，如记录板、铅笔、钢卷尺、做标记的红布、木桩、油漆、记号笔等。

（7）全站仪及对讲机等需充电设备应及时充电。

6.1.4　导线测量的外业工作

07 全站仪一级
导线测量

导线测量的外业工作主要有：踏勘选点并建立标志、测量导线边长、测量转折角和连接测量。测量时应参照第 3 章角度测量和第 4 章距离测量的记录格式，做好导线测量外业工作的记录，并保存好测量数据。

1. 踏勘选点并建立标志

首先调查搜集测区已有地形图和高一级的控制点的成果资料，然后将控制点展绘在地形图上，并在地形图上拟定出导线的布设方案，最后到野外去踏勘，实地核对、修改、落实点位并建立标志。若测区没有地形图资料，则需到现场详细踏勘，根据已知控制点的分布、测区地形条件及测图和施工需要等具体情况，合理选定导线点的位置。

实地选点时应注意以下几点。

（1）使相邻点间通视良好、地势平坦，方便测角和量距。

（2）将点位选在土质坚实处，便于安置仪器和保存标志。

（3）点所在处应视野开阔，便于进行碎部测量。

（4）导线点的应密度合理，分布较均匀，便于控制整个测区。

（5）导线各边长应大致相等，相邻边长的长度尽量不要相差太大，导线边长应符合有关技术要求。

选定导线点后，应马上建立标志。若是临时性标志，通常在各个点位处打上大木桩，在桩周围浇灌混凝土，并在桩顶钉一小钉；若导线点需长时间保存，就应埋设混凝土桩或石桩，桩顶刻"十"字，作为永久性标志。为了便于寻找，导线点还应统一编号，并做好点之记，即绘一草图，注明导线点与附近固定而明显的地物点的尺寸及相互位置关系。

2. 测量导线边长

可用光电测距仪（或全站仪）测定导线边长，测量时要同时观测竖直角，供倾斜改正用。若用钢尺量距，钢尺使用前须进行检定，并按钢尺量距的精密方法进行量距。

3. 测量导线转折角

导线转折角分左角和右角，在导线前进方向右侧的转折角为右角，在导线前进方向左侧的转折角为左角，可用测回法测量导线转折角。一般在闭合导线中均测内角，若导线前进方向为顺时针则为右角，若导线前进方向为逆时针则为左角；在附合导线中常测左角，也可测右角，但要统一；在支导线中既要测左角也要测右角，以便进行检核。各等级导线测角时应符合其相应的技术要求。图根导线，一般用 DJ$_6$ 型光学经纬仪测一个测回。若盘左、盘右测得角值的较差不超过 $40''$，可取其平均值。

为了方便瞄准，测角时可在已埋设的标志上用测钎或觇牌作为照准标志。

4. 连接测量

当导线与高级控制点连接时，须进行连接测量，即进行连接边和连接角测量，作为传递坐标方位角和坐标的依据。若附近没有高级控制点，则应用罗盘仪施测导线起始边的磁方位角，并假定起始点的坐标作为起算数据。

6.1.5　导线测量的内业计算

导线测量的内业计算就是根据已知的起算数据和外业的观测数据，经过误差调整，推算出各导线点的平面坐标的计算。

计算前，应先全面、认真检查导线测量的外业记录，看看数据是否齐全、正确，成果精度是否符合要求，起算数据是否准确。然后绘制导线略图，并将各项数据标注在图上相应位置。

6.1.5.1　坐标方位角的推算

实际测量工作中，并不是直接确定各边的坐标方位角，而是通过与已知坐标方位角的直线连测，并测量出各边之间的水平夹角，然后根据已知直线的坐标方位角，推算出各边的坐标方位角值。

如图 6.2 所示，起始边 12 为已知边，其坐标方位角为 α_{12}，通过测量水平角，沿着测量路线的前进方向，测得 12 边与 23 边的转折角为 β_2（右角），23 边与 34 边的转折角为 β_3（左角），现推算 α_{23}、α_{34}。

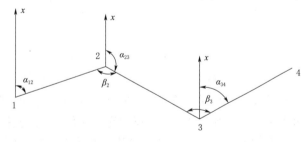

图 6.2　坐标方位角推算

由图 6.2 中几何关系可以看出：

$$\alpha_{23} = \alpha_{12} + 180° - \beta_2$$
$$\alpha_{34} = \alpha_{23} + \beta_3 - 180°$$

由此可推算出坐标方位角的通用公式为

若测得转折角为右角时，则

$$\alpha_{前} = \alpha_{后} + 180° - \beta_{右} \tag{6.1}$$

若测得转折角为左角时，则

$$\alpha_{前} = \alpha_{后} + \beta_{左} - 180° \tag{6.2}$$

注意：计算中，若推算出的 $\alpha_{前} > 360°$，减 360°；若推算出的 $\alpha_{前} < 0°$，加 360°。

6.1.5.2　坐标正算与反算的基本公式

1. 坐标正算

根据已知点坐标、已知边长及该边的坐标方位角计算未知点的坐标称为坐标正算。

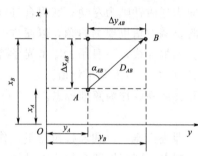

图 6.3　导线坐标计算示意图

如图 6.3 所示，在直角坐标系中已知 A 点坐标（x_A，y_A），AB 的边长 D_{AB} 及 AB 边的坐标方位角 α_{AB}，计算未知点 B 的坐标（x_B，y_B）。

由图 6.3 可知：

$$\left.\begin{array}{l} x_B = x_A + \Delta x_{AB} \\ y_B = y_A + \Delta y_{AB} \end{array}\right\} \tag{6.3}$$

而坐标增量的计算公式可由三角形的几何关系得

$$\left.\begin{array}{l} \Delta x_{AB} = D_{AB} \cdot \cos\alpha_{AB} \\ \Delta y_{AB} = D_{AB} \cdot \sin\alpha_{AB} \end{array}\right\} \tag{6.4}$$

式中 Δx_{AB}，Δy_{AB} 的正负号应根据 $\cos\alpha_{AB}$、$\sin\alpha_{AB}$ 的正负号决定。由式（6.3）和式（6.4）又可得到式（6.5）：

$$\left.\begin{array}{l} x_B = x_A + D_{AB} \cdot \cos\alpha_{AB} \\ y_B = y_A + D_{AB} \cdot \sin\alpha_{AB} \end{array}\right\} \tag{6.5}$$

注意：坐标正算亦可直接通过计算器 REC（）功能实现。

2. 坐标反算

由两个已知点的坐标反算其坐标方位角和边长称为坐标反算。

如图 6.3 所示，已知 A 点坐标（x_A，y_A）、B 点坐标（x_B，y_B），则可得坐标反算公式为

$$\alpha'_{AB} = \arctan\frac{\Delta y_{AB}}{\Delta x_{AB}} = \arctan\frac{y_B - y_A}{x_B - x_A} \tag{6.6}$$

$$D_{AB} = \sqrt{(\Delta x_{AB})^2 + (\Delta y_{AB})^2} = \sqrt{(x_B - x_A)^2 + (y_B - y_A)^2} \tag{6.7}$$

需要指出的是：按式（6.6）计算出来的角属象限角，应根据坐标增量 Δx 和 Δy 的正负号判别 AB 边所在的象限后将象限角换算成坐标方位角。判别与换算方法如下：

当 $\Delta x > 0$，$\Delta y > 0$ 时，AB 边在第 Ⅰ 象限，则 $\alpha_{AB} = \alpha'_{AB}$；

当 $\Delta x < 0$，$\Delta y > 0$ 时，AB 边在第 Ⅱ 象限，则 $\alpha_{AB} = 180° - \alpha'_{AB}$；

当 $\Delta x < 0$，$\Delta y < 0$ 时，AB 边在第 Ⅲ 象限，则 $\alpha_{AB} = 180° + \alpha'_{AB}$；

当 $\Delta x > 0$，$\Delta y < 0$ 时，AB 边在第 Ⅳ 象限，则 $\alpha_{AB} = 360° - \alpha'_{AB}$。

注意：坐标正算亦可直接通过计算器 POL（）功能实现。

6.1.5.3　闭合导线计算

1. 准备工作

将校核过的外业观测数据及起算数据填入闭合导线坐标计算表中。

2. 角度闭合差的计算与调整

由平面几何关系知，n 边形闭合导线的理论内角和值应为

$$\sum \beta_{理} = (n-2) \times 180° \tag{6.8}$$

因观测角不可避免地存在误差,使实测内角和值不等于理论值,而产生角度闭合差,其值为

$$f_\beta = \sum \beta_{测} - \sum \beta_{理} \tag{6.9}$$

各级导线角度闭合差若超过表 6.1 或表 6.2 的容许值,则说明所测角度不符合要求,应重新检测角度。若不超过,可进行角度改正计算,将角度闭合差反符号平均分配到各观测角中。角度改正数为

$$V_\beta = -\frac{1}{n} f_\beta \tag{6.10}$$

若式 (6.10) 不能整除,而有余数,可将余数调整到短边的邻角上,使改正后的内角和应为理论内角和值 $(n-2) \times 180°$,以作为计算校核。

3. 用改正后的转折角推算各边的坐标方位角

根据起始边的已知坐标方位角及改正后的转折角按式 (6.1) 或式 (6.2) 推算其他各导线边的坐标方位角。注意最后推算出的起始边坐标方位角,应与原有的已知坐标方位角值相等,否则应重新检查计算。

4. 坐标增量闭合差的计算与调整

先按公式 (6.4) 计算坐标增量值,然后计算各导线边坐标增量的代数和。由闭合导线本身的几何特点可知各导线边纵横坐标增量的代数和的理论值应等于 0,即 $\sum \Delta x_{理} = 0$,$\sum \Delta y_{理} = 0$。但实际测量中因其存在误差,往往 $\sum \Delta x_{测} \neq 0$,$\sum \Delta y_{测} \neq 0$,从而使导线边纵横坐标增量产生闭合差为

$$\left. \begin{array}{l} f_x = \sum \Delta x_{测} \\ f_y = \sum \Delta y_{测} \end{array} \right\} \tag{6.11}$$

由于 f_x、f_y 的存在,使得导线不能完全闭合而有一个缺口,这个缺口的长度称为导线全长闭合差,按式 (6.12) 计算:

$$f_D = \sqrt{f_x^2 + f_y^2} \tag{6.12}$$

因导线越长,其全长闭合差也越大,所以 f_D 值的大小无法反映导线测量的精度,而应当用导线全长相对误差,即用相对闭合差 K_D 来衡量导线测量的精度更合理。

$$K_D = \frac{f_D}{\sum D} = \frac{1}{\sum D / f_D} \tag{6.13}$$

当 $K_D \leq K_{容}$ 时,说明测量成果精度符合要求,可进行坐标增量的改正调整计算。否则,应重新检查成果,甚至重测。坐标增量改正数计算公式为

$$\left. \begin{array}{l} v_{xi} = -\dfrac{f_x}{\sum D} \times D_i \\ v_{yi} = -\dfrac{f_x}{\sum D} \times D_i \end{array} \right\} \tag{6.14}$$

导线纵横坐标增量改正数之和应符合式 (6.15) 要求:

$$\left. \begin{array}{l} \sum v_{xi} = -f_x \\ \sum v_{yi} = -f_y \end{array} \right\} \tag{6.15}$$

改正后的坐标增量计算式为

$$\left.\begin{array}{l}\Delta x_{i改}=\Delta x_i+v_{xi}\\\Delta y_{i改}=\Delta y_i+v_{yi}\end{array}\right\} \tag{6.16}$$

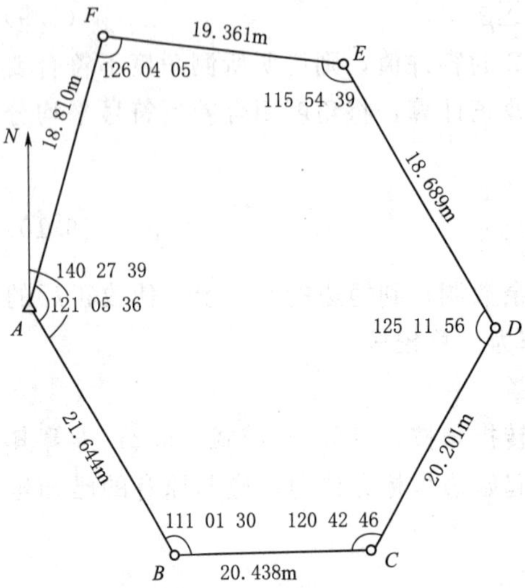

图 6.4　闭合导线

5. 推算各导线点坐标

根据导线起始点的已知坐标及改正后的坐标增量，用公式（6.3）依次推算出各导线点的坐标。注意最后推回已知点的坐标应与已知坐标相等，以此进行计算检核。

例 6.1　图 6.4 所示为一选定的闭合导线，A、B、C、D、E、F 6 个点为导线点。已知起始点坐标为 A（504.328，806.497），起始边方位角 $\alpha_{AB}=140°27'39''$，外业观测数据如图所注。计算各导线点的坐标。

6.1.5.4　附合导线计算

附合导线的计算步骤与闭合导线基本相同，只是角度闭合差及坐标增量闭合差的计算公式有区别。

闭合导线坐标计算表如表 6.3 所示。

表 6.3　　　　　　　　　　　　**闭合导线坐标计算表**

点名	改正数 观测角值/ (° ′ ″)	改正后 角值/ (° ′ ″)	方位角/ (° ′ ″)	边长 /m	改正数/mm 增量计算值/m Δx_i	改正数/mm 增量计算值/m Δy_i	改正后的坐标 增量值/m $\Delta x_{i改}$	改正后的坐标 增量值/m $\Delta y_{i改}$	坐标 /m x	坐标 /m y
A			140 27 39	21.644	+2 −16.692	+2 13.779	−16.690	13.781	504.328	806.497
B	−5 111 01 30	111 01 25	71 29 04	20.438	+2 6.490	+2 19.380	6.492	19.382	487.638	820.278
C	−5 120 42 46	120 42 41	12 11 45	20.201	+2 19.745	+1 4.268	19.747	4.269	494.130	839.660
D	−5 125 11 56	125 11 51	317 23 36	18.689	+1 13.755	+1 −12.652	13.756	−12.651	513.877	843.929
E	−6 115 54 39	115 54 33	253 18 09	19.361	+2 −5.563	+1 −18.545	−5.561	−18.544	527.633	831.278
F	−6 126 04 05	126 03 59	199 22 08	18.810	+1 −17.745	+1 −6.238	−17.744	−6.237	522.072	812.734
A	−5 121 05 36	121 05 31	140 27 39						504.328	806.497
B										
Σ	−32 720 00 32	720 00 00		119.143	+10 −0.010	+8 −0.008	0	0		

辅助计算：$f_\beta=\sum\beta_测-\sum\beta_理=720°00'32''-(6-2)\times180°=+32''$　$f_{\beta允}=\pm60''\sqrt{n}=\pm146''$

$f_x=\sum\Delta x=-0.010\mathrm{m}$　$f_y=\sum\Delta y=-0.008\mathrm{m}$

$f_D=\sqrt{f_x^2+f_y^2}=0.013\mathrm{m}$　$K_D=\dfrac{f_D}{\sum D}=\dfrac{1}{9164}\leqslant1/2000$

1. 角度闭合差的计算

若观测 n 个角，已知的起始边的坐标方位角为 $\alpha_{始}$，终边的坐标方位角为 $\alpha_{终}$，依次推得各导线边的坐标方位角，并将各坐标方位角推导式相加得理论上转折角的代数和式为

$$\sum \beta_{理(左)} = \alpha_{终} - \alpha_{始} + n \times 180° \tag{6.17}$$

$$\sum \beta_{理(右)} = \alpha_{始} - \alpha_{终} + n \times 180° \tag{6.18}$$

但实际上观测中存在误差，往往观测角总和与理论值不相等，其差值为角度闭合差 f_{β}。

$$f_{\beta} = \sum \beta_{测} - \sum \beta_{理} \tag{6.19}$$

角度闭合差 f_{β} 若不超过相应等级技术要求的容许值，可进行角度闭合差的调整计算，否则应查找原因重测。调整的方法与闭合导线相同。调整后的转折角的观测值总和应等于理论值总和，以进行检核。

2. 坐标增量闭合差的计算

理论上各边纵横坐标增量的代数和应等于终始两已知点间的纵、横坐标差，即应符合式（6.20）要求：

$$\left. \begin{array}{l} \sum \Delta x_{理} = x_{终} - x_{始} \\ \sum \Delta y_{理} = y_{终} - y_{始} \end{array} \right\} \tag{6.20}$$

而实际上测量因存在误差，上式并不满足要求，将实际计算的各边的纵横坐标增量的代数和与附合导线终点与起点的纵横坐标之差的差值称为纵横坐标增量闭合差 f_x 和 f_y，其计算公式为

$$\left. \begin{array}{l} f_x = \sum \Delta x - \sum \Delta x_{理} = \sum \Delta x - (x_{终} - x_{始}) \\ f_y = \sum \Delta y - \sum \Delta y_{理} = \sum \Delta y - (y_{终} - y_{始}) \end{array} \right\} \tag{6.21}$$

其他计算同闭合导线。

例 6.2 图 6.5 所示为一选定的附合导线，A、B（1）、2、3、4、C(5)、D 共 7 个点为导线点。已知起始点坐标为 A（843.40，1264.29），B（640.93，1068.44），C（589.97，1307.87），D（793.61，1399.19），外业观测数据见图上所注。计算各导线点的坐标。

附合导线坐标计算表如表 6.4 所示。

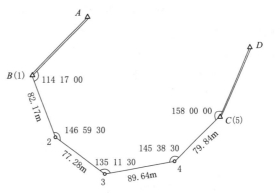

图 6.5 附合导线

表 6.4　　　　　　　　　　　　　　　　附合导线坐标计算表

点号	观测角/(° ′ ″)	改正数/(″)	改正角/(° ′ ″)	方位角/(° ′ ″)	距离/m	改正数/cm 增量计算值/m ΔX_i	改正数/cm 增量计算值/m ΔY_i	改正后增量值/m $\Delta X_{i改}$	改正后增量值/m $\Delta Y_{i改}$	坐标值/m X_i	坐标值/m Y_i
A				2 240 252						843.40	1264.29
B(1)	1 141 700	−2	1 141 658							640.93	1068.44
				1 581 950	82.17	+0 −76.36	+1 +30.34	−76.36	+30.35		
2	1 465 930	−2	1 465 928							564.57	1098.79
				1 251 918	77.28	+0 −44.68	+1 +63.05	−44.68	+63.06		
3	1 351 130	−2	1 351 128							519.89	1161.85
				803 046	89.64	+0 +14.77	+2 +88.41	+14.77	+88.43		
4	1 453 830	−2	1 453 828							534.66	1250.28
				460 914	79.84	+0 +55.31	+1 +57.58	+55.31	+57.59		
C(5)	1 580 000	−2	1 575 958							589.97	1307.87
				240 912							
D										793.61	1399.19
Σ	7 000 630	−10	7 000 620		328.93	0 −50.96	+5 +239.38	−50.96	+239.43		

计算

$$\alpha_{AB} = \arctan \frac{y_B - y_A}{x_B - x_A} = 224°02'52'' \qquad \alpha_{CD} = \arctan \frac{y_D - y_C}{x_D - x_C} = 24°09'12''$$

$$f_\beta = \sum \beta_{测} + \alpha_{AB} - \alpha_{CD} - n \cdot 180° = 700°06'30'' + 224°02'52'' - 24°09'12'' - 5 \times 180° = +10''$$

$$f_{\beta容} = \pm 60'' \sqrt{5} = \pm 134''$$

$$f_x = \sum \Delta X - (X_C - X_B) = \pm 0.00\text{m} \qquad f_y = \sum \Delta Y - (Y_C - Y_B) = -0.05\text{m}$$

$$f_D = \sqrt{f_x^2 + f_y^2} = 0.05\text{m} \qquad K = \frac{f_D}{\sum D} = \frac{0.05}{328.93} = \frac{1}{6578} \leqslant \frac{1}{2000}$$

6.1.5.5　支导线计算

　　由于支导线既不回到原起始点上，又不附合到另一个已知点上，因此支导线没有检核限制条件，也就不需要计算角度闭合差与坐标增量闭合差，只要根据已知边的坐标方位角和已知点的坐标，由外业测定的转折角和导线边长，直接计算各边的方位角及各边坐标增量，最后推算出待定导线点的坐标即可。

　　例 6.3　图 6.6 所示为一选定的支导线，A、B、T1、T2、T3 共 5 个点为导线点。已知起始点坐标为 A（343.058，779.072），B（282.291，744.324），外业观测数据见图上所注。计算各导线点的坐标。

　　支导线坐标计算表如表 6.5 所示。

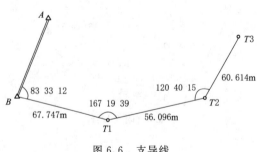

图 6.6　支导线

表 6.5   支 导 线 坐 标 计 算 表

点名	转折角/(° ′ ″)	方位角/(° ′ ″)	边长/m	增量计算值/m		坐标/m	
				Δx	Δy	x	y
A		209 45 43				343.058	779.072
B	83 33 12	113 18 55	67.747	−26.814	62.215	282.291	744.324
T_1	167 19 39	100 38 34	56.096	−10.360	55.131	255.477	806.539
T_2	120 40 15	41 18 49	60.614	45.528	40.016	245.117	861.670
T_3						290.645	901.686
辅助计算	$\alpha_{AB} = \arctan \dfrac{y_B - y_A}{x_B - x_A} = 209°45'43''$						

6.1.5.6 导线测量错误的检查

1. 个别转折角测错的查找方法

在外业结束后进行观测数据检查时，如果发现角度闭合差超限，则有可能只是测错一个角度，这种情况可用如下方法查找测错的角度。

若观测的是闭合导线，可先将观测的边长和转折角，按较大的比例尺展绘出导线图，然后在闭合差的中点作垂线。如果垂线通过或接近通过某导线点，则该点发生错误的可能性最大。

若观测的是附合导线，可先将两个端点的已知起算数据展绘在图上，然后分别从导线的两个端点出发将观测的边长和角度按一定比例尺展绘在图上，形成两条导线，在两条导线的交点处发生测角错误的可能性最大。当误差较小而用图解法难以显示角度测错的点位时，也可从导线的两端开始，分别计算各点的坐标，若某点两个坐标值相近，则该点就是测错角度的导线点。

2. 个别导线边测错的查找方法

如果导线全长相对闭合差大大超限，则可能是某一导线边测错。此时，无论是闭合导线还是附合导线，都可用如下方法查找。

可先根据纵横坐标增量闭合差 f_x 和 f_y 求出导线全长闭合差的坐标方位角值，计算公式为

$$\alpha_f = \arctan \frac{f_y}{f_x} \tag{6.22}$$

凡是坐标方位角与 α_f 或 $\alpha_{f+180°}$ 相近的导线边就可能是测错的导线边。也可通过展绘导线图，然后查找与导线全长闭合差平行或接近平行的导线边为可能测错的导线边。还可计算 f_y/f_x 及 $\Delta y/\Delta x$ 的比值查找，凡是 $\Delta y/\Delta x$ 的比值接近 f_y/f_x 的比值的导线边就可能是测错的导线边。

上述查找方法只适用于个别转折角测错或个别导线边测错的情况，如果出现多角测错或多边测错的情况就很难查找了。所以导线测量的外业工作一定要认真、仔细，尽量避免出错重测。

08 南方平差易平面控制网平差

6.2　高程控制测量

6.2.1　高程控制测量概述

在全国范围内建立的高程控制网称为国家高程控制网。它是全国各种比例尺测图的基本控制，并为确定地球形状和大小提供研究资料。国家高程控制网布设成水准网，是采用精密水准测量方法建立的，所以也称国家水准网。其布设也是按照从整体到局部、由高级到低级，分级布设逐级控制的原则。国家水准网分一、二、三、四等 4 个等级。

在城市地区，为测绘大比例尺地形图、进行市政工程和建筑工程放样，在国家高程控制网的控制下而建立的高程控制网，称为城市高程控制网。城市高程控制网一般布设为二、三、四等水准网。首级高程控制网，一般要求布设成闭合环形，加密时可布设成附合路线和结点图形。各等级水准测量的精度和国家水准测量相应等级的精度一致。直接供地形测图使用的控制点，称为图根控制点，简称图根点。测定图根点高程的工作，称为图根高程控制测量。图根控制点的密度（包括高级控制点）取决于测图比例尺和地形的复杂程度。

在面积小于 $10 \mathrm{km}^2$ 范围内建立的高程控制网称为小地区高程控制网。小地区高程控制网也是根据测区面积大小和工程要求采用分级的方法建立。三、四等水准测量经常用于建立小地区首级高程控制网，在全测区范围内建立三、四等水准路线和水准网，再以三、四等水准点为基础，测定图根点的高程。三、四等水准测量的起算和校核数据应尽量与附近的一、二等水准点连测，若测区附近没有国家一、二等水准点，也可在小地区范围内建立独立高程控制网，假定起算数据。

测定控制点高程的工作，称为高程控制测量。小地区高程控制测量一般采用三、四等水准测量和三角高程测量的常规方法，也可采用 GPS 进行测量。

6.2.2　三、四等水准测量

详见第 2 章。

6.2.3　三角高程测量

1. 三角高程测量的基本原理

根据两点间的水平距离或斜距离以及竖直角来求出两点间的高差。三角高程测量又可分为经纬仪三角高程测量和光电测距三角高程测量。这种方法较之水准测量灵活方便，但精度较低，主要用于山区的高程控制和平面控制点的高程测定。利用平面控制测量中，已知的边长和用经纬仪测得两点间的竖直角来求得高差。

如图 6.7 所示，已知 AB 水平距离 D，A 点高程 H_A，在测站 A 观测垂直角 α，则

$$h_{AB} = D_{AB} \tan\alpha_{AB} + i_A - v_B \qquad (6.23)$$

$$H_B = H_A + h_{AB} \qquad (6.24)$$

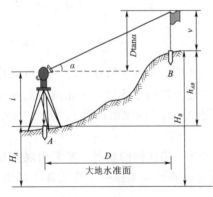

图 6.7　三角高程测量

式中：i 为仪器高；v 为觇标高。

为了提高三角高程测量的精度，一般要进行直、返觇双向观测，并取平均值作为最后结果。

直觇观测：

$$H_B = H_A + h_{AB} = H_A + D_{AB}\tan\alpha_{AB} + i_A - v_B \tag{6.25}$$

反觇观测：

$$H_B = H_A + h_{AB} = H_A - h_{BA} = H_A - (D_{BA}\tan\alpha_{BA} + i_B - v_A) \tag{6.26}$$

直、反觇双向观测的高差平均值：

$$h_{AB中} = \frac{h_{AB} - h_{BA}}{2} \tag{6.27}$$

待定点 B 的直、反觇双向观测所得的高程结果值：

$$H_B = H_A + h_{AB中} \tag{6.28}$$

2. 三角高程测量的技术要求

表 6.6   三角高程测量的技术要求

等级	仪器	测回数	竖盘指标差/(″)	竖直角较差/(″)	直反觇高差较差/mm	路线高差闭合差/mm
四等	DJ_2	3	7	7	$\pm 40\sqrt{D}$	$\pm 20\sqrt{\sum D}$
五等	DJ_2	2	10	10	$\pm 60\sqrt{D}$	$\pm 30\sqrt{\sum D}$
图根	DJ_6	1	25	25	$\pm 400D$	$\pm 0.1 H_D\sqrt{n}$

注   1. D 为测距边长度，km；n 为边数。

      2. H_D 为等高距，m。

3. 三角高程测量的外业观测

（1）量取仪器高度（i）及觇标高（v）。

（2）竖直角观测。注意三点：①观测时一般利用十字丝中丝横切觇标的顶端；②进行竖盘读数必须调整竖盘指标水准管气泡居中；③计算竖盘指标差 x、竖直角 α 并核对是否超限。

（3）在三角高程测量时应尽可能地采用对向直、反觇观测，以削弱气曲差对高差观测值的影响。

4. 三角高程测量的外业验算

（1）由三角高程测量的对向观测所求得的直、反测高差（经过两差改正）之差 $\Delta h_{AB} = h_{AB} - h_{BA} \leqslant$ 三角高程测量技术要求的规定。

（2）三角高程附（闭）合路线的附（闭）合高差 $f_h = \sum h_{测} - (H_{终} - H_{始}) \leqslant$ 三角高程测量技术要求的规定。

5. 三角高程测量的内业平差计算

（1）绘制三角高程内业计算略图并抄录外业观测数据。

（2）设计并编制三角高程内业计算表格。

（3）抄录点名、起算点高程及外业观测数据（直、反觇高差平均值、边长）。

（4）计算三角高程路线附（闭）合差 f_h 并检核。

09 南方平差易高程控制网平差

（5）按路线距离成比例反号分配附（闭）合差 f_h 并检核。

（6）计算各边高差平差值 h。

（7）计算各待定点高程平差值 H。

6. 三角高程测量内业计算示例

表 6.7、表 6.8 为某图根三角高程测量内业计算示例。

表 6.7　　　　　　　　　　　　三角高程测量直反觇高差计算表

| 边号 | 距离/m | 直　觇 | | | | 反　觇 | | | | 直反觇高差较差/m | $\Delta h_允$/m | 平均高差/m |
		垂直角/(° ′ ″)	仪器高/m	目标高/m	直觇高差/m	垂直角/(° ′ ″)	仪器高/m	目标高/m	反觇高差/m			
$A-T1$	81.370	+3 20 17	0.975	0.991	+4.730	−3 57 42	1.295	0.397	−4.737	−0.007	±0.032	+4.734
$T1-T2$	72.606	+1 32 13	1.295	0.991	+2.252	−1 59 22	1.253	0.991	−2.260	−0.008	±0.029	+2.256
$T2-T3$	53.292	+0 04 16	1.253	0.991	+0.328	−0 40 58	1.299	0.991	−0.327	+0.001	±0.021	+0.328
$T3-T4$	61.580	−0 12 20	1.299	0.991	+0.087	−0 18 51	1.252	0.991	−0.077	+0.010	±0.025	+0.082
$T4-T5$	86.932	−0 21 38	1.252	0.991	−0.286	−0 00 21	1.279	0.991	+0.279	−0.007	±0.035	−0.282
$T5-T6$	83.377	−2 56 44	1.279	0.991	−4.002	+2 34 44	1.231	0.991	+3.995	−0.007	±0.033	−3.998
$T6-T7$	68.637	−2 58 04	1.231	0.991	−3.318	+2 31 44	1.281	0.991	+3.321	+0.003	±0.027	−3.320
$T7-T8$	79.348	−1 23 01	1.281	0.991	−1.627	+0 52 27	1.396	0.991	+0.616	−0.011	±0.032	−1.622
$T8-A$	71.099	+1 08 37	1.396	0.986	+1.829	−2 03 17	0.975	0.265	−1.841	−0.012	±0.028	+1.835

表 6.8　　　　　　　　　　闭合三角高程路线高差闭合差调整与高程计算

点号	距离/m	高差观测值/m	高差改正数/m	改正后高差/m	高程/m	辅助计算
A					100.121	
	81.370	+4.734	−0.002	+4.732		
$T1$					104.853	
	72.606	+2.256	−0.001	+2.255		
$T2$					107.108	
	53.292	+0.328	−0.001	+0.327		
$T3$					107.435	
	61.580	+0.082	−0.001	+0.081		
$T4$					107.516	
	86.932	−0.282	−0.002	−0.284		已知高程 $H_A=100.121\text{m}$
$T5$					107.232	$f_h=\sum h=+0.013\text{m}$
	83.377	−3.998	−0.002	−4.000		$f_{h容}=0.1H_D\sqrt{n}=0.300\text{m}$
$T6$					103.232	
	68.637	−3.320	−0.001	−3.321		
$T7$					99.911	
	79.348	−1.622	−0.002	−1.624		
$T8$					98.287	
	71.099	+1.835	−0.001	+1.834		
A					100.121	
Σ	658.241	+0.013	−0.013	0		

6.3 GNSS 控制测量

6.3.1 GNSS 系统的组成

GNSS 是 global navigation satellite system 的缩写，中文译名为全球导航卫星系统。当今，GNSS 系统不仅是国家安全和经济的基础设施，也是现代化大国地位和国家综合国力的重要标志。由于其在政治、经济、军事等方面具有重要的意义，世界主要军事大国和经济体都在竞相发展独立自主的卫星导航系统。2007 年 4 月 14 日，我国成功发射了第一颗北斗卫星，标志着世界上第四个 GNSS 系统进入实质性的运作阶段，美国 GPS、俄罗斯 GLONASS（格洛纳斯，全球卫星导航系统）、欧盟 GALILE-O（伽利略卫星导航系统）和中国北斗卫星导航系统（BDS）四大 GNSS 将建成或完成现代化改造。

除了上述四大全球系统外，还包括区域系统和增强系统，其中区域系统有日本的 QZSS（准天顶卫星系统）和印度的 IRNSS（印度区域导航卫星系统），增强系统有美国的 WASS（广域增强系统）、日本的 MSAS（多功能卫星增强系统）、欧盟的 EGNOS（欧洲地球静止导航重叠服务）、印度的 GAGAN（GPS 辅助静地轨道增强导航系统）以及尼日利亚的 NIG - GOMSAT - 1 等。未来几年，卫星导航系统将进入一个全新的阶段。用户将面临四大全球系统近百颗导航卫星并存且相互兼容的局面。丰富的导航信息可以提高卫星导航用户的可用性、精确性、完备性以及可靠性，但与此同时也得面对频率资源竞争、卫星导航市场竞争、时间频率主导权竞争以及兼容和互操作争论等诸多问题。

6.3.1.1 全球定位系统

GPS 是在美国海军导航卫星系统的基础上发展起来的无线电导航定位系统。具有全能性、全球性、全天候、连续性和实时性的导航、定位和定时功能，能为用户提供精密的三维坐标、速度和时间。现今，GPS 共有在轨工作卫星 31 颗，其中 GPS-2A 卫星 10 颗，GPS-2R 卫星 12 颗，经现代化改进的带 M 码信号的 GPS-2R-M 和 GPS-2F 卫星共 9 颗。根据 GPS 现代化计划，2011 年美国推进了 GPS 更新换代进程。GPS-2F 卫星是第二代 GPS 向第三代 GPS 过渡的最后一种型号，将进一步使 GPS 提供更高的定位精度。

随着科技水平的进步，无线通信技术和全球卫星定位系统技术越来越多地应用于日常生活的方方面面开始。无论是在各方面的安全监控和维护，全球移动通信系统（GSM）和 DGPS（差分全球定位系统）技术发挥了重要作用。基于 GSM 的无线通信网络覆盖一个大范围的数据已被破坏，很好用的便当，成本低。单独的 GPS 系统，GSM 的车辆和人员通过无线卫星定位通信链路的移动电话用户完成车辆和人员的监控发送位置信息。

6.3.1.2 全球卫星导航系统

GLONASS 是由苏联国防部独立研制和控制的第二代军用卫星导航系统，该系统是继 GPS 后的第二个全球卫星导航系统。GLONASS 由卫星、地面测控站和用户设备三部分组成，系统由 21 颗工作星和 3 颗备份星组成，分布于 3 个轨道平面上，每个轨道面有 8 颗卫星，轨道高度 1.9 万公里，运行周期 11 小时 15 分。GLONASS 于 20 世纪 70 年代开始研制，1984 年发射首颗卫星入轨。但由于航天拨款不足，该系统部分卫星一度老化，最严重曾只剩 6 颗卫星运行，2003 年 12 月，由俄国应用力学科研生产联合公司研制的新一代卫星交付联邦航天局和国防部试用，为 2008 年全面更新 GLONASS 做准备。在技术方面，GLONASS 的抗干扰能力比 GPS 要好，但其单点定位精确度不及 GPS。2004 年，印度和俄罗斯签署了《关于和平利用俄全球导航卫星系统的长期合作协议》，正式加入了 GLONASS，计划联合发射 18 颗导航卫星。项目从 1976 年开始运作，1995 年整个系统建成运行。随着苏联解体，GLONASS 也无以为继，到 2002 年 4 月，该系统只剩下 8 颗卫星可以运行。2001 年 8 月起，俄罗斯在经济复苏后开始计划恢复并进行 GLONASS 现代化建设工作 GLONASS 导航星座历经 10 年瘫痪之后终于在 2011 年底恢复全系统的运行。2006 年 12 月 25 日，俄罗斯用质子 - K 运载火箭发射了 3 颗 GLONASS - M 卫星，使格洛纳斯系统的卫星数量达到 17 颗。

6.3.1.3　伽利略卫星导航定位系统

GALILEO 是由欧盟研制和建立的全球卫星导航定位系统，该计划于 1992 年 2 月由欧洲委员会公布，并和欧空局共同负责。系统由 30 颗卫星组成，其中 27 颗工作星，3 颗备份星。卫星轨道高度为 23616km，位于 3 个倾角为 56° 的轨道平面内。2012 年 10 月，伽利略全球卫星导航系统第二批两颗卫星成功发射升空，太空中已有的 4 颗正式的伽利略卫星，可以组成网络，初步实现地面精确定位的功能 GALILEO 系统是世界上第一个基于民用的全球导航卫星定位系统，投入运行后，全球的用户将使用多制式的接收机，获得更多的导航定位卫星的信号，这将无形中极大地提高导航定位的精度。

6.3.1.4　北斗卫星导航系统

北斗卫星导航系统是中国自主研发、独立运行的全球卫星导航系统。该系统分为两代，即北斗一代和北斗二代。我国 20 世纪 80 年代决定建设北斗系统，2003 年，北斗卫星导航验证系统建成；2017 年 11 月 5 日，中国第三代导航卫星顺利升空，它标志着中国正式开始建造"北斗"全球卫星导航系统。

北斗卫星导航系统由空间段、地面段和用户段三部分组成，可在全球范围内全天候、全天时为各类用户提供高精度、高可靠定位、导航、授时服务，并具短报文通信能力，已经初步具备区域导航、定位和授时能力，定位精度 10m，测速精度 0.2m/s，授时精度 10ns。

随着科技飞速进步，GNSS 观测系统与数据处理技术的发展日新月异，不断取得新的重大进展。目前 GPS 是最为成熟的一种，因此本书以下内容均以 GPS 为例，讲解卫星定位控制测量技术。

6.3.2　GPS 组成

GPS 包括三大部分：地面控制部分、空间部分和用户部分，图 6.8 显示了 GPS 的三个组成部分及其相互关系。

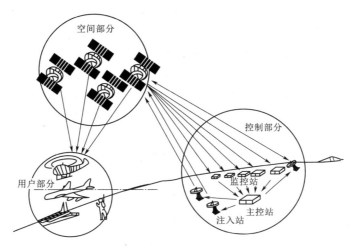

图 6.8 GPS 组成

6.3.2.1 地面控制部分

GPS 的地面控制部分由分布在全球的由若干个跟踪站组成的监控系统所构成。根据其作用的不同，跟踪站分为主控站、监控站和注入站。主控站有一个，位于美国科罗拉多（Colorado）的法尔孔（Falcon）空军基地。它的作用是根据各监控站对 GPS 的观测数据，计算出卫星的星历和卫星时钟的改正参数等，并将这些数据通过注入站注入卫星中去；同时，它还对卫星进行控制，向卫星发布指令；当工作卫星出现故障时，调度备用卫星，替代失效的工作卫星工作；另外，主控站还具有监控站的功能。监控站有 5 个，除了主控站外，其他 4 个分别位于夏威夷（Hawaii）、阿松森群岛（Ascencion）、迪戈加西亚岛（Diego Garcia）、和卡瓦加兰（Kwajalein）。监控站的作用是接收卫星信号，监测卫星的工作状态。注入站有 3 个，它们分别位于阿松森群岛（Ascencion）、迪戈加西亚岛（Diego Garcia）、和卡瓦加兰（Kwajalein）。注入站的作用是将主控站计算的卫星星历和卫星时钟的改正参数等注入卫星中去。

地面监控系统提供每颗 GPS 卫星所播发的星历。并对每颗卫星工作情况进行监测和控制。地面监控系统另一重要作用是保持各颗卫星处于同一时间标准——GPS 时间系统（GPST）。

6.3.2.2 空间部分

GPS 工作卫星及其星座由 21 颗工作卫星和 3 颗在轨备用卫星组成，记作（21＋3）GPS 星座。24 颗卫星均匀分布在 6 个轨道平面内，轨道倾角为 55°，各个轨道平面之间夹角为 60°，即轨道的升交点赤经各相差 60°。每个轨道平面内各颗卫星之间的升交角相差 90°。每颗卫星的正常运行周期为 11h58min，若考虑地球自转等因素，将提前 4min 进入下一周期。

6.3.2.3 用户部分

主要指 GPS 接收机，此外还包括气象仪器、计算机、钢尺等仪器设备组成。

GPS 接收机主要由天线单元、信号处理部分、记录装置和电源组成。

天线单元，由天线和前置放大器组成，灵敏度高，抗干扰性强。接收天线把卫星发射的十分微弱的信号通过放大器放大后进入接收机。GPS 天线分为单极天线、微带天线、锥型天线等。

信号处理部分是 GPS 接收机的核心部分，进行滤波和信号处理，由跟踪环路重建载波，解码得到导航电文，获得伪距定位结果。记录装置主要有接收机的内存硬盘或记录卡（CF 卡）。电源，分为外接和内接电池（12V），机内还有一锂电池。GPS 接收机的基本类型主要分为大地型、导航型和授时型三种。

6.3.3　GPS 的特点

GPS 的特点概况为：高精度、全天候、高效率、多功能、操作简便、应用广泛等。

1. 定位精度高

应用实践已经证明，GPS 相对定位精度在 50km 以内可达 10^{-6}，$100 \sim 500$km 可达 10^{-7}，1000km 可达 10^{-9}。在 $300 \sim 1500$m 工程精密定位中，1 小时以上观测的解其平面位置误差小于 1mm，与 ME-5000 电磁波测距仪测定得边长比较，其边长较差最大为 0.5mm，较差中误差为 0.3mm。

2. 观测时间短

随着 GPS 的不断完善，软件的不断更新，目前，20km 以内快速静态相对定位，仅需 $15 \sim 20$min；RTK（实时动态）测量时，当每个流动站与参考站相距在 15km 以内时，流动站观测时间只需 $1 \sim 2$min。

3. 测站间无须通视

GPS 测量不要求测站之间互相通视，只需测站上空开阔即可，因此可节省大量的造标费用。由于无须点间通视，点位位置可根据需要，可稀可密，使选点工作甚为灵活，也可省去经典大地网中的传算点、过渡点的测量工作。

4. 可提供三维坐标

经典大地测量将平面与高程分别采用不同方法施测。GPS 可同时精确测定测站点的三维坐标（平面＋大地高）。目前通过局部大地水准面精化，GPS 水准可满足四等水准测量的精度。

5. 操作简便

随着 GPS 接收机不断改进，自动化程度越来越高，有的已达"傻瓜化"的程度，接收机的体积越来越小，重量越来越轻，极大地减轻测量工作者的工作紧张程度和劳动强度。

6. 全天候作业

目前 GPS 观测可在一天 24h 内的任何时间进行，不受阴天黑夜、起雾刮风、下雨下雪等气候的影响。

7. 功能多、应用广

GPS 不仅可用于测量、导航，精密工程的变形监测，还可用于测速、测时。测速的精度可达 0.1m/s，测时的精度优于 0.2ns，其应用领域在不断扩大。当初，设计 GPS 的主要是用于导航，收集情报等军事目的。但是，后来的应用开发表明，GPS 不仅能够达到上述目的，而且用 GPS 卫星发来的导航定位信号能够进行厘米级甚至毫米级精度的静态相对定位，米级至亚米级精度的动态定位，亚米级至厘米级精度的速度测量和毫微秒级精度的时间测量。因此，GPS 展现了极其广阔的应用前景。

6.3.4 GPS 的应用

1. GPS 应用于导航

主要是为船舶、汽车、飞机等运动物体进行定位导航。例如：船舶远洋导航和进港引水；飞机航路引导和进场降落；汽车自主导航；地面车辆跟踪和城市智能交通管理；紧急救生；个人旅游及野外探险；个人通信终端［与手机、PDA（掌上电脑）、电子地图等集成一体］。

2. GPS 应用于授时校频

每个 GPS 卫星上都装有铯原子钟作星载钟；GPS 全部卫星与地面测控站构成一个闭环的自动修正系统（图 6.9）；采用协调世界时 UTC（USNO/MC）为参考基准。

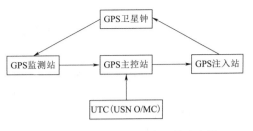

图 6.9　GPS 时间系统建立的示意图

当前精密的 GPS 时间同步技术可以实用 $10^{-10} \sim 10^{-11}$ s 的同步精度。这一精度可以用于国际上各重要时间和相关物理实验室的原子钟之间的时间传递。利用它可以在地球上不同区域相当远的距离（数千公里）的实验室上利用各种精密仪器设备对太空的天体、运动目标，如脉冲星、行星际飞行探测器等进行同步观测，以确定它们的太空位置、物理现象和状态的某些变化。

3. GPS 应用于高精度测量

各种等级的大地测量、控制测量；道路和各种线路放样；水下地形测量；地壳形变测量、大坝和大型建筑物变形监测；GIS 数据动态更新；工程机械（轮胎吊，推土机等）控制；精细农业等。

近些年来，随着大量的建筑工程项目开工建设。对测绘工作提出了新的要求：快速、经济、准确。传统的测量方法越来越难以跟上设计技术的步伐和快速的施工速度。GPS 技术的出现正迎合了现代测绘的新要求。目前 GPS 技术已被成功应用于建筑勘测设计、施工放样以及运营过程中的安全检测等各个方面。

经过 30 余年的实践证明，GPS 是一个高精度、全天候和全球性的无线电导航、定位和定时的多功能系统。GPS 技术已经发展成为多领域、多模式、多用途、多机型的高新技术国际性产业。目前已遍及国民经济各个部门，并开始逐步深入人们的日常生活。

6.3.5 GPS 外业观测

6.3.5.1 GPS 外业观测的作业方式

同步图形扩展式的作业方式具有作业效率高，图形强度好的特点，是目前在 GPS 测量中普遍采用的一种布网形式，在此主要介绍该布网方式的作业方式。

采用同步图形扩展式布设 GPS 基线向量网时的观测作业方式主要以下几种：点

连式、边连式、网连式和混连式。

1. 点连式

（1）观测作业方式。在观测作业时，相邻的同步图形间只通过一个公共点相连。这样，当有 m 台仪器共同作业时，每观测一个时段，就可以测得 $m-1$ 个新点，当这些仪器观测了 s 个时段后，就可以测得 $1+s(m-1)$ 个点。

（2）特点。作业效率高，图形扩展迅速；缺点是图形强度低，如果连接点发生问题，将影响到后面的同步图形。

2. 边连式

（1）观测作业方式。在观测作业时，相邻的同步图形间有一条边（即两个公共点）相连。这样，当有 m 台仪器共同同作业时，每观测一个时段，就可以测得 $m-2$ 个新点，当这些仪器观测了 s 个时段后，就可以测得 $2+s(m-2)$ 个点。

（2）特点。具有较好的图形强度和较高的作业效率。

3. 网连式

（1）观测作业方式。在作业时，相邻的同步图形间有3个（含3个）以上的公共点相连。这样，当有 m 台仪器共同作业时，每观测一个时段，就可以测得 $m-k$ 个新点，当这些仪器观测了 s 个时段后，就可以测得 $k+s(m-k)$ 个点。

（2）特点。所测设的GPS网具有很强的图形强度，但网连式观测作业方式的作业效率很低。

4. 混连式

（1）观测作业方式。在实际的GPS作业中，一般并不是单独采用上面所介绍的某一种观测作业模式，而是根据具体情况，有选择地灵活采用这几种方式的混连式作业。

（2）特点。实际作业中最常用的作业方式，它实际上是点连式、边连式和网连式的一个结合体（图6.10）。

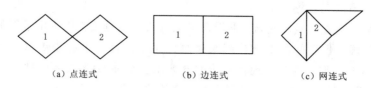

    （a）点连式   （b）边连式   （c）网连式

图6.10　GPS外业观测的作业方式

6.3.5.2　观测作业

1. 观测作业流程

GPS外业作业流程如下。

（1）网形规划及时段安排。GPS网形规划与控制点之分布有关，为使整个网形的点位中误差值能够均匀，最好网形能依控制点之分布规划。时段之安排最好能避开中午（11：00AM—1：00PM）时段观测。时段安排后，填写计划时段表，前明确指示测量员测站行程。

（2）摆站程序。外业负责人应明确告知摆站人员其所摆设测站点名、点号及开关机时间，若架站人员有未明了事项，也应主动向负责人请示了解。以下以重点提醒方式提出架设 GPS 该注意事项及操作程序：①找寻点位。该点若已去过，应该不会发生问题；若是没去过点位，而按点之记找寻者，在到达点位之后应确认该点之标石号码，检核无误后再行架设仪器。②架设仪器。仪器的定心及定平是基本功，此处不详细赘述。③记录观测手簿。手簿是数据下载及内业计算最重要的信息记录，外业所发生的错误都必须经由手簿的记载来改正之，因此手簿数据的记载务必要求正确、详尽。记录过程中，应注意点名、点号书写是否正确，天线高、天线盘及接收仪的型号、序号记录是否正确，开关机时间务必记录等。

（3）资料下载。GPS 外业收集之数据须经由传输线之连接下载（download），或经由记忆磁卡（PCMCIA 卡）传输至计算机中，再经由仪器商所提供之计算软件计算基线，最后再组成网形计算坐标。因此，数据下载也是一门重要的课题，外业上所发生的一些错误就必须在这个阶段完成侦错及改正。下载软件及硬件的连接这里不予讨论。

（4）资料检核。测量首重就是数据的正确性，因此在最后外业交付内业的最后阶段，必须再次确认各项数据是否有误，检核后将下列各档案移交内业人员：①当日计划时段表：交付网形、时段规划者。②测站手簿、实际观测时段表、下载磁性数据［raw data（原始数据）及 RINEX data（与接收机无关的交换格式）］，交付内业计算人员。

2. 观测作业的注意事项

目前接收机的自动化程度较高，操作人员只需做好以下工作即可。

（1）各测站的观测员应按计划规定的时间作业，确保同步观测。

（2）确保接收机存储器（目前常用 CF 卡）有足够存储空间。

（3）开始观测后，正确输入高度角，天线高及天线高量取方式。

（4）观测过程中应注意查看测站信息、接收到的卫星数量、卫星号、各通道信噪比、相位测量残差、实时定位的结果及其变化和存储介质记录等情况。一般来讲，主要注意 DOP（位置精度衰减因子）值的变化，如 DOP 值偏高［GDOP（几何因子）一般不应高于 6］，应及时与其他测站观测员取得联系，适当延长观测时间。

（5）同一观测时段中，接收机不得关闭或重启；将每测段信息如实记录在 GPS 测量手簿上。

（6）进行长距离高等级 GPS 测量时，要将气象元素、空气湿度等如实记录，每隔一小时或两小时记录一次。

附：GPS 外业观测记录手簿（表 6.9～表 6.11）。

表 6.9   **AA、A 与 B 级测量记录手簿**

点 号		点 名		图幅编号	
观测记录员		日期段号		观测日期	
接收机名称及编号		天线类型及其编号		存储介质编号数据文件名	
温度计类型及编号		气压计类型及其编号		备份存储介质编号	

续表

点　号		点　名		图幅编号	
近似纬度	°′″N	近似经度	°′″E	近似高程	m
采样间隔	s	开始记录时间	h min	结束记录时间	h min
天线高测定		天线高测定方法及略图		点位略图	

测前：　　　　测后：

测定值＿＿＿＿　＿＿＿＿ m

修正值＿＿＿＿　＿＿＿＿ m

天线高＿＿＿＿　＿＿＿＿ m

平均值＿＿＿＿　＿＿＿＿ m

记事

气象元素及天气情况

时间（UTC）	气压/mbar	干温/℃	湿度/℃	天气情况

表 6.10　　　　　　　　　　**测站跟踪作业记录手簿**

时间（UTC）	跟踪卫星号（PRN）及信噪比	纬度/ (° ′ ″)	经度/ (° ′ ″)	大地高 /m	PDOP

注：气象元素各栏内应记录气象仪器读数和相对应的修正值。

表 6.11　　　　　　　　**C、D、E 级测量记录手簿**

点号		点名		图幅编号	
观测记录员		日期段号		观测日期	
接收机名称及编号		天线类型及其编号		存储介质编号数据文件名	
温度计类型及编号		气压计类型及编号		备份存储介质编号	
近似纬度	°′″N	近似经度	°′″E	近似高程	m
采样间隔	s	开始记录时间	h min	结束记录时间	h min
天线高测定		天线高测定方法及略图		点位略图	

测前：　　　　测后：

测定值＿＿＿＿　＿＿＿＿ m

修正值＿＿＿＿　＿＿＿＿ m

天线高＿＿＿＿　＿＿＿＿ m

平均值＿＿＿＿　＿＿＿＿ m

续表

点号		点名		图幅编号	
时间（UTC）	跟踪卫星号 （PRN）信噪比	纬度/ （° ′ ″）	经度/ （° ′ ″）	大地高 /m	PDOP
记事					

6.3.6　GPS 测量数据处理与成果检核

GPS 测量外业结束后，必须对采集的数据进行处理，以求得观测基线和观测点位的成果，同时进行质量检核，以获得可靠的最终定位成果。数据处理是用专用软件进行的，不同的接收机以及不同的作业模式配置各自的数据处理软件。GPS 测量数据处理主要包括基线解算和 GPS 网平差。通过基线解算，将外业采集的数据文件进行整理分析检验，剔除粗差，检测和修复整周跳变，修复整周模糊度参数，对观测值进行各种模型改正，解算出合格的基线向量解（一般选择合格的双差固定解）。在此基础上，进行 GPS 网平差，或与地面网联合平差，同时将结果转换为地面网的坐标。

GPS 技术施测的成果，由于种种原因，会存在一些误差，使用时应对成果进行检测。检测的方法很多，可以视实际情况选择合适的方法。GPS 测量成果质量的检核的内容包括：外业数据质量检核、GPS 网平差结果质量检核。

【本章小结】

1. 平面控制测量——导线测量

导线测量是折线形式，一般只有两个方向故显得灵活，在平坦或隐蔽地区以及建筑区更为优越。导线测量的外业工作包括：选点定标、测角、量边。不同等级的导线对测角和量边有不同的要求，可参见测量规范。外业工作结束之后应全面检查记录手簿，并检查角度闭合差及全长闭合差是否在限差允许范围之内，若符合要求，则进行误差调整（即平差）计算。

2. 高程控制测量

在小区域，高程控制测量主要采用三、四等水准测量和三角高程测量的方法。与图根水准测量比较，四等水准测量所有的仪器如放大率等有一定要求，水准尺也需有红黑面的双面水准尺。其观测顺序可以归纳为：后、后、前、前。记录有一定格式，以便检查，整个线路测量完后，计算水准路线的闭合差。按与水准路线的距离成正比进行调整，要注意高差改正数的总和等于闭合差，而符号相反，最后根据已知点的高程加上改正后的高差依次计算各水准点的高程。三角高程测量，主要掌握其原理和观测计算方法。

3. GPS 控制测量

介绍了 GPS 的组成、GPS 定位原理、外业观测、数据处理等内容。

【知识检验】

1. 判断题

（1）三等水准测量中丝读数法的观测顺序为后、前、前、后。（　　）

（2）导线测量的外业工作包括踏勘选点、角度测量、边长测量以及导线定向。（　　）

（3）附合导线坐标增量闭合差的理论值为零。（　　）

（4）控制测量分为平面控制量和高程控制测量。（　　）

（5）相邻导线点应互相通视良好，便于测量水平角和测量距离。（　　）

（6）导线角度闭合差的调整是以闭合差相反的符号平均分配到各观测角上。（　　）

（7）在分配导线角度闭合差取至整秒时，出现的闭合差不足以平均时，将闭合差分配到短边相邻的角上。（　　）

2. 单选题

（1）导线的布置形式有（　　）。

A. 一级导线、二级导线、图根导线　　　B. 单向导线、往返导线、多边形导线

C. 闭合导线、附和导线、支导线　　　　D. 闭合导线、附和导线和支水准路线

（2）衡量导线测量精度的指标是（　　）。

A. 坐标增量闭合差　　　　　　　　　　B. 导线全长闭合差

C. 导线全长相对闭合差　　　　　　　　D. 高差闭合差

（3）附合导线与闭合导线坐标计算的主要差异是（　　）的计算。

A. 角度闭合差与坐标增量闭合差　　　　B. 坐标方位角与角度闭合差

C. 坐标方位角与坐标增量　　　　　　　D. 坐标增量与坐标增量闭合差

（4）四等水准测量一测站观测（　　）个数据，计算（　　）个数据。

A. 8，10　　　　　　B. 4，8　　　　　　C. 6，8　　　　　　D. 6，10

（5）四等水准测量的前后视距差不得超过（　　）m，前后视距累积差不得超过（　　）m。

A. 2，10　　　　　　B. 2，5　　　　　　C. 3，5　　　　　　D. 3，10

（6）四等水准测量黑红面读数差的限差是（　　）mm，黑红面所测高差之差的限差是（　　）mm。

A. ±1，±2　　　　　B. ±2，±5　　　　　C. ±2，±3　　　　　D. ±3，±5

（7）设 AB 距离为 200.23m，方位角为 $121°23'36''$，则 AB 的 x 坐标增量为（　　）m。

A. −170.92　　　　　B. 170.92　　　　　C. 104.30　　　　　D. −104.30

（8）如图 6.11 所示，为一条四等附合水准路线，已知：$H_1 = 108.034$，$H_2 =$

111.929；试计算各待定点 A、B、C 的高程。（$f_h = \pm 20\sqrt{L}$）（　　　）

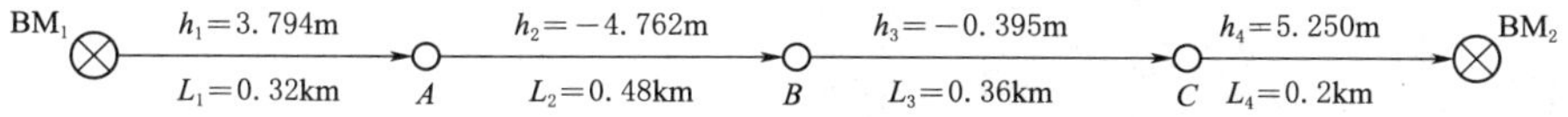

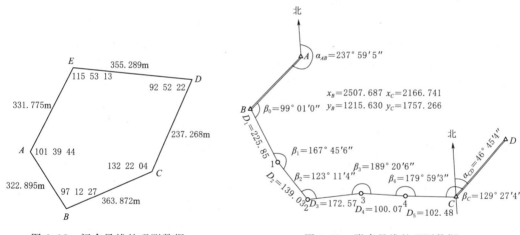

图 6.11　四等附合水准路线图

A. $H_A = 111.830\text{m}$，$H_B = 107.071\text{m}$，$H_C = 106.678\text{m}$

B. $H_A = 111.828\text{m}$，$H_B = 107.066\text{m}$，$H_C = 106.671\text{m}$

C. $H_A = 111.830\text{m}$，$H_B = 107.070\text{m}$，$H_C = 106.675\text{m}$

D. $H_A = 111.830\text{m}$，$H_B = 107.066\text{m}$，$H_C = 106.675\text{m}$

3. 计算题

（1）如图 6.12 所示，为一闭合导线的观测数据，已知起始点坐标为 A（658.900，691.500），起始边方位角 $\alpha_{AB} = 167°25'11''$，试用表格解算各导线点坐标。

（2）图 6.13 所示为一附合导线的观测数据，试用表格计算各导线点坐标。

图 6.12　闭合导线的观测数据　　　　图 6.13　附合导线的观测数据

4. 问答题

（1）控制测量有何作用？控制网分为哪几种？

（2）导线有哪几种布设形式？各在什么情况下采用？

（3）在什么情况下采用三角高程测量？如何记录和计算？

（4）GPS 有哪些部分构成？其定位的基本原理是什么？

课程思政案例 6：珠峰测量

2020 年 5 月 27 日，珠峰高程测量登山队成功登顶世界第一高峰——珠穆朗玛峰。

北京时间 2020 年 5 月 27 日上午 11 时整，2020 珠峰高程测量登山队 8 名攻顶队员，全部成功登顶珠峰，将五星红旗插上世界最高峰峰顶并开展各项测量工作。

5 月 27 日凌晨 2 时许，8 名攻顶队员次落、袁复栋、李富庆、普布顿珠、次仁多

登山队在峰顶合影留念

吉、次仁平措、次仁罗布、洛桑顿珠从海拔 8300 米营地出发，克服重重困难，成功从北坡登上珠穆朗玛峰峰顶。巧合的是，45 年前的今天，1975 年 5 月 27 日中国登山队登顶珠峰，首次将觇标带至峰顶，测绘人员根据交会测量原理，推算出珠峰高程为 8848.13 米。

今天，测量登山队员在峰顶竖立起测量觇标，使用 GNSS 接收机通过北斗卫星进行高精度定位测量，使用雪深雷达探测仪探测了峰顶雪深，并使用重力仪进行了重力测量。上述高精度测量仪器均由我国自主研发。同时也是人类首次在珠峰峰顶开展重力测量，这将有利于大地水准面优化，提高珠峰高程精度，并获取宝贵的科学数据。当觇标竖立在峰顶后，在珠峰周边海拔 5200 米至 6000 米的 6 个交会点，测量队员开始同步开展峰顶交会测量和 GNSS 联测，获取珠峰高程测量数据。

据了解，2020 珠峰高程测量实施以来，自然资源部第一大地测量队在珠峰及周边地区开展了水准测量、绝对重力测量、重力加密测量、GNSS 测量和天文测量等工作，自然资源部中国地质调查局航空物探遥感中心还开展了航空重力测量。登顶测量和交会测量的成功完成，为本次珠峰测量任务的外业测量工作画下了圆满句号。峰顶测量完成后，将对观测数据进行联合处理，才能获得珠峰高程最终数据。

本次登顶测量一波三折，但测量登山队顶住压力，展现了为国测绘、为国攀登、不屈不挠的精神。2020 年 4 月 30 日下午，2020 珠峰高程测量正式启动。2020 年 5 月 6 日，测量登山队第一次出征冲顶，但由于北坳冰壁有流雪风险而下撤；2020 年 5 月 16 日，测量登山队第二次向顶峰发起突击，但受气旋风暴"安攀"的影响，7790 米以上区域积雪过深，不得不再次下撤。2020 年 5 月 24 日，测量登山队再次从 6500 米营地出发，第三次向顶峰发起突击，克服了大风、降雪等障碍，一举取得成功。2020 年 5 月 26 日，2020 珠峰高程测量登山队 8 名攻顶队员从海拔 7790 米的 C2 营地出发，顺利抵达海拔 8300 米的突击营地。

据介绍，本次珠峰高程测量工作重点在以下五方面实现技术创新和突破：一是依托北斗卫星导航系统，开展测量工作；二是国产测绘仪器装备全面担纲本次测量任务；三是应用航空重力技术，提升测量精度；四是利用实景三维技术，直观展示珠峰自然资源状况；五是登顶观测，获取可靠测量数据。

1960 年，中国登山队首次登顶珠峰的过程中，面对海拔 8700 米的"第二台阶"，队员王福洲、贡布、屈银华、刘连满群策群力，采用"搭人梯"的方式艰难渡过了这段曾被国外登山者誉为"不可逾越的天险"，践行了"哪怕珠峰比天高，定叫红旗顶峰飘"的凌云壮志。1975 年，中国登山队为了测量珠峰高程，再度努力攀登。抱着能前进绝不后退，不能前进也要创造条件前进的决心，九名登山队员再度登顶珠峰，架设觇标并完成测量，确认珠峰顶端冰面高度是 8848.13 米。

珠峰的顶端，空气稀薄，含氧量只有海平面的 1/3，2008 年北京奥运会前夕，中国登山健儿再度努力攀登，将奥运火炬送上珠峰顶端，圆满完成了奥运火炬接力传递，在峰顶喊出了中国声音"同一个世界，同一个梦想"，圆了中国人的百年奥运梦。

珠峰测量老照片

2020 年 5 月 27 日，面对多变的气象条件，身为队长的次落带领 2020 珠峰测量登山队攻顶组队员顺利登顶珠峰并完成了顶峰测量任务。队员们在世界之巅展开鲜艳党旗的时候，登山精神也随再次登顶的好消息传遍祖国大地。再次成功登顶珠峰不仅是中国登山精神的又一次体现，中国也借此向世界展示了民族复兴的伟大力量。在攀登测量过程中，一批新型国产装备在世界屋脊经受历练，圆满完成了既定的测量任务，也展现了当代中国制造的勃勃生机。

闪耀珠峰冲顶测量

珠峰高程测量队成功登顶地球之巅

300 多年，人类珠峰测量史

时刻准备只为成功冲顶！这是珠峰测量登山队的日常

这是时隔 15 年后，我国再次测量世界最高峰高度，因此备受关注。

2020 年中国珠峰登顶复测告捷

本次珠峰高程测量工作重点在以下五方面实现技术创新和突破：

一是依托北斗卫星导航系统，开展测量工作；二是国产测绘仪器装备全面担纲本次测量任务；三是应用航空重力技术，提升测量精度；四是利用实景三维技术，直观展示珠峰自然资源状况；五是登顶观测，获取可靠测量数据。

值得注意的是，登顶成功后并不会马上公布珠峰新的"身高"。科学家需要通过复杂的计算消除误差，得到精确的珠峰高程。这是一个系统工程，大概需要 2～3 个月时间。

中国已对珠峰进行过 6 次大规模的测绘和科考工作，并先后于 1975 年和 2005 年两次成功测定并公布珠峰高程。其中，2005 年珠峰高程复测，获得珠穆朗玛峰峰顶岩石面海拔高程 8844.43 米。

凌晨开始冲顶，上午登顶

4 月 30 日下午，2020 珠峰高程测量正式启动。5 月 6 日珠峰测量登山队一行 35 名队员，由珠峰大本营第一次尝试向顶进发。

5 月 25 日，队员从海拔 7028 米的 C1 营地出发，行进至海拔 7500 米的大风口时风力变大。大风迫使队员们无法正常攀登，只能趴在路线上慢慢前进。5 月 26 日，2020 珠峰高程测量登山队 8 名"最新"攻顶队员次落、袁复栋、李富庆、普布顿珠、次仁多吉、次仁平措、次仁罗布、洛桑顿珠从海拔 7790 米的 C2 营地出发，顺利抵达海拔 8300 米的突击营地。

历经磨难，凌晨 2：10 队员们开始正式冲顶，并最终在 11 时成功登顶。

登山队员为什么会选择凌晨开始冲顶？

中国测绘科学研究院研究员、2020 珠峰高程测量技术协调组组长党亚民介绍，选择凌晨登山，它和珠峰的气候条件是有关系的。一般来说中午 11 时之前就必须下撤，因为下午以后，峰顶上风特别大，特别危险。登珠峰，到了一点钟不管你登到什么位置，你都必须返回。

这一次珠峰测量，还要在峰顶进行测量工作，还要留下时间，所以一般来说（早上）七八点之前，尽量就登上珠峰的顶端，所以要在凌晨一两点出发。

选择凌晨还有一个很重要的原因：凌晨雪不粘脚。登山运动员穿的爬山的靴子有四斤多重，如果雪再粘在上面其实也是蛮危险的。在凌晨的时候雪是不粘的，所以它反而更好一些，另外登山运动员都有一个头灯，可以照十几米的距离，所以不存在说看不见的问题，应该是很安全的。

党亚民介绍，登山队员登到峰顶以后，这一次，大概会待一个多小时。以往他们在峰顶上待的时间都比较短，这次待一个半小时已经是极限了。主要（考虑到）大家带的氧气，就是还有一个人在峰顶的承受能力，风也非常大，气温也比较低，不能待时间太长了。

登山队员登顶后要把觇标立起来，让在（海拔）5000 米到 6000 米的一些测绘队员可以瞄准觇标进行交汇测量，这是第一个。第二个还要做的就是卫星导航定位技术，就是卫星定位接收机测量峰顶的位置和高层。第三个还要测一下雪深，用雪深雷达在山顶，把山顶雪深进行一些测量。

党亚民还表示，以往珠峰测量，所有的观测数据都要靠登山队员和测量队员把它拿回来。这一次珠峰测量，咱们国家的 5G 架到 6000 多米了，可以实时地把数据传下来，传到数据中心。同时，也可以在第一时间对这些数据进行分析，看它的数据的质量怎么样。

还有一个是测完了以后，测量仪器可以在山上再多停留一会儿，我们可以多观测一些数据，通过登山队员把一部分，把前面几十分钟的数据拿回来了，后面还会继续通过 5G 往下传数据，这样我们在峰顶的观测时间会长一些，精度也就会高一些。

攀登珠峰是具有风险的任务，高程测量为什么不能通过测绘技术和高科技设备，必须要靠人来完成？相关测绘专家表示，目前的技术手段尚无法确保测量型无人机或机器人在峰顶作业。

自然资源部第一大地测量队（国测一大队）副队长张庆涛说，早期的珠峰测绘多在无人登顶的情况下进行，传统的交会测量和三角高程测量有可能出现偏差。

队员们在山上待多长时间

张庆涛说，珠峰峰顶并不是一个点，而是一个 20 多平方米的平面。从山脚下的各观测点瞄准峰顶测量，目标点难以一致。因此，

"必须由人将觇标带上峰顶。有了觇标，我们在山脚下布设的观测点就能更精确地照准峰顶的测量目标，从而测得精确的角度和距离。"他说。

党亚民也表示，卫星遥感影像，目前主要用于地表的监测，它可以获得地表的一些信息。但就目前来说它的精度还是不够，大概能得到的高程方面的精度是两米，另外就是它测的也是雪面的高度，因为没有人工到峰顶上去，它就没有雪深的测量，用卫星遥感影像来珠峰测量精度是不够的。

另外，在珠峰顶上作业对直升机的要求是非常高的，要把测量队员放下来，把测量设备、测量仪器从飞机上卸下来。珠峰顶上的地方非常小，飞机是不能降落的，而且在运动过程中，飞机的螺旋所引起的风有可能会引起冰雪的崩塌。

登顶成功后就能公布测量结果吗

是否登顶成功后就能迅速公布测量结果，了解珠峰"身高"变化？专家表示否定。因为登顶测量成功只意味着取得了一手的测量数据，但并没有得到珠峰的精确高程。

"在对数据分析、处理的基础上，还要进行理论研究、严密计算和反复验证，才能确定珠峰精确高程。"党亚民说。

此外，温度、气压、折光环境等因素都会对测量产生影响，科学家需要通过复杂的计算消除误差，得到精确的珠峰高程。这是一个系统工程，大概需要 2～3 个月时间。最后还要经过一定的审核程序，才会得出珠峰的确切"身高"。

精确测定珠峰高程为何意义重大

专家表示，珠峰高程的精确测定，可以结束国际上珠峰高程不统一的混乱局面，为世界地球科学研究做出贡献，其社会效益和科学意义是十分巨大的。

同时，随着科学技术进步，如 GPS 技术、雷达测深技术、大地水准面精化、绝对重力测量技术、气象探测技术、登山装备技术及地学理论方法的完善，也为更加精确地测量珠峰高程创造了必要的条件。

中国测绘科学研究院院长、2020 珠峰高程测量领导小组成员程鹏飞介绍，从地质的角度来说，青藏高原在近代一直都是国际上研究的热点。因为这个地带它是属于地质活跃的一个地方，它属于印度洋板块和欧亚板块冲击对撞造成的。

珠峰高程精确测量在地学研究中具有重要的理论价值。我们可以根据珠峰及邻近地区地壳水平和垂直运动速率变化，揭示印度洋板块与欧亚板块相互作用力存在着不均匀强弱的变化，而这种强弱变化是引起我国大陆周期性地震活动的源动力。这些研究成果将对我国今后地震预报和减灾、防灾具有重要的实际意义。

程鹏飞表示，因为现在随着人类活动在青藏高原地区增多，还有全球变暖这些温室效应等等，使得这个地区缺陷逐渐在消退，越来越高，冰川也在消融。（珠峰测量）我们就可以了解生态状况，对于研究珠峰地区生态环境有重要意义。

国测一大队队长李国鹏表示，新中国成立以来，我国珠峰高程测量经历了从传统大地测量技术到综合现代大地测量技术的转变。每次珠峰测量，都体现了我国测绘技术的不断进步，彰显了我国测绘技术的最高水平。

第7章

地形图测绘与应用

【学习目标】

学习本章，要求掌握地形图的基本知识；掌握大比例尺地形图测绘的基本方法；了解地形图的拼接、检查、整饰的工作的主要内容；掌握数字化测图的基本原理和方法；同时了解地形图应用的基本内容与方法。

【课程思政育人目标】

深入贯彻测绘法，提升学生的国家安全意识和法制意识，维护国家地理信息数据安全。培养学生高尚的爱国主义情操。增强学生的国家版图意识，"规范使用地图，一点都不能错"。

7.1 地形图的基本知识

7.1.1 地图的概念及其分类

地图是根据特定的数学法则，将地球上的自然、社会和经济现象，通过制图综合，按照某种比例尺缩小并以符号和注记缩绘在平面上的图形。测量工作主要是研究地形图，它是地球表面实际情况的客观反映，各项工程建设都需要首先在地形图上进行规划、设计。

地面上的道路、河流等自然物体或房屋、桥梁等人工建筑物（构筑物）称为地物；地球表面的山峰、丘陵、平原、盆地、沟壑、峡谷等高低起伏的形态称为地貌；地物和地貌总称为地形。地形图就是将地表一定区域内的地物、地貌按照某种数学法则投影到水平面上，按照规定的符号和比例尺，经过综合取舍绘制而成的图形。仅反映地物的平面位置，不反映地貌形态的图，称为平面图。

10 地形图的
基本知识

地图按照其载体不同可分为纸质地图和电子地图。传统的纸质地图是以纸张为载体，是三维地形在二维平面上的模拟；电子地图（数字地图）是以数字形式存储在计算机里。

地图按照表达方式不同可分为线划图和影像图。用各种线划符号和注记说明表示的为线划图；在航拍相片的基础上加工而成并保留有地面影像的为影像图。

地图按照其表达的内容，又可以分为专题地图和全要素地图。专题地图是指以某一类或几类特定要素为重点描述对象的地图，如行政区划图、交通地图、旅游地图等。而全要素地图是指包含各类地图信息的综合性地图。

7.1.2　地形图的比例尺及其比例尺精度

7.1.2.1　地形图比例尺概念及其分类

地形图比例尺是指图上线段长度和实地相应长度之比。

比例尺按照表示方法的不同可分为数字比例尺和图示比例尺。

1. 数字比例尺

数字比例尺一般是以 1 作为分子的分数形式表示的，设图上某一直线长度为 d，相应地面线段的水平距离为 D，则图的比例尺为：$d/D = 1/M = 1/(D/d)$，式中 M 为比例尺分母。

在国家基本比例尺地形图系列中，通常将 1∶500、1∶1000、1∶2000、1∶5000、1∶10000 称为大比例尺地形图，将 1∶2.5 万、1∶5 万、1∶10 万称为中比例尺地形图，将 1∶20 万、1∶50 万、1∶100 万称为小比例尺地形图。

数字比例尺分数值越大，即分母越小，则比例尺越大，它在图上表示的地物、地貌也越详细。数字比例尺通常标注在图廓下方正中央处。

2. 图示比例尺

直线比例尺又称图式比例尺，为了直接而方便地进行图上与实地相应的水平距离化算和减少图纸伸缩误差，常在图廓下方绘一直线比例尺。绘制时先在图上绘两条平行线，再把它分成若干相等的线段，称为比例尺的基本单位，一般为 2cm，将左端的一段基本单位又分成 10 等份，如图 7.1 所示。

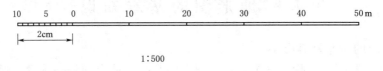

1∶500

图 7.1　图示比例尺

7.1.2.2　地形图比例尺精度

通常认为人的肉眼在图纸上的分辨率为 0.1mm，所以规定图上 0.1mm 所对应的实地距离叫作比例尺精度，用 δ 表示，则 $\delta = 0.1\text{mm} \times M$。例如 1∶2000 地形图的精度为 0.2m。几种常见比例尺地形图的比例尺精度如表 7.1 所示。

表 7.1　　　　　　　　几种常见比例尺地形图的比例尺精度

比　例　尺	1∶500	1∶1000	1∶2000	1∶5000	1∶10000
比例尺精度/m	0.05	0.1	0.2	0.5	1.0

根据比例尺的精度，可以确定测图时距离量取的精度，如测绘 1∶2000 比例尺地形图时，其比例尺的精度为 0.2m，故测图时量距的精度只需 0.2m，小于 0.2m 在图上表示不出来。相反，当设计规定在图上能量出的实地最短长度时，根据比例尺的精度，可以反算，从而确定测图比例尺。例如，欲表示实地最短线段长度为 0.5m，则测图比例尺不得小于 1∶5000。

比例尺越大，表示的实地地物和地貌情况越详细、精度越高。但是对于同一测区，测绘大比例尺地形图通常要增加测绘工作量和经费，因此采用何种比例尺测图，应从工程实际需要的精度出发，而不应盲目追求更大比例尺的地形图。

7.1.3　地形图的要素

7.1.3.1　数学要素

地形图的数学要素主要包括控制点、坐标系统、高程系统、等高距、测图比例尺、图幅编号等。坐标网分为地理坐标网和直角坐标网，它们是地图投影的具体表现形式。在绘制大比例尺地形图时，先要建立方格网，以 10cm×10cm 绘制，当比例尺为中比例尺或小比例尺时，则绘制 2cm×2cm 网格，这时称为公里网。

7.1.3.2　地理要素

地理要素是地图的主体，普通地图上的地理要素是地球表面最基本的自然和人文要素，分为独立地物、居民地、交通网、水系、地貌、土质和植被、境界线等。

7.1.3.3　整饰要素

整饰要素是一组为方便使用而附加的文字和工具性资料，常包括外图廓、图名、图号、接图表、图例、指北针、测图时间、图式版本号、测图单位、测量员、绘图员、检查员和保密等级等。

7.2　地物和地貌的表示方法

为了便于测图和用图，规定在地形图上使用许多不同的符号来表示地物和地貌的形状和大小，这些符号总称为《地形图图式》。《地形图图式》是测绘地形图的基本依据之一，是正确识读和应用地形图的重要工具。表 7.2 是常见的地物符号。

表 7.2　　　　　　　常 见 的 地 物 符 号

编号	符号名称	图　例	编号	符号名称	图　例
1	坚固房屋 4-房屋层数	坚4　　1.5 ▨	5	花圃	1.5 ✶ ✶ 1.5　10.0 ✶　✶ 10.0
2	普通房屋 2-房屋层数	2　　1.5 ▨	6	草地	1.5 ‖　ᴜ 0.8　10.0 ‖　ᴜ 10.0
3	窑洞 1. 住人的 2. 不住人的 3. 地面下的	1 ⋔ 2.5 2 ∩ 2.0 3 ⊓	7	经济作物地	0.8 ⌐ 3.0 ⌐ 蔗　10.0 10.0
4	台阶	0.5 0.5　0.5	8	水生经济作物地	⌣　⌣　⌣ 3.0 藕 0.5 ⌣　⌣

编号	符号名称	图　例	编号	符号名称	图　例
9	水稻田	0.2　2.0　10.0　10.0	14	低压线	4.0
10	旱地	1.0　2.0　10.0	15	电杆	1.0
11	灌木林	0.5　1.0	16	电线架	
12	菜地	2.0　2.0　10.0　10.0	17	砖、石及混凝土围墙	10.0　0.5　0.3　10.0
			18	土围墙	10.0　0.5
13	高压线	4.0	19	栅栏、栏杆	1.0　10.0
			20	篱笆	1.0　10.0

7.2.1　地物符号

地形图上表示各种地物的形状大小和它们的位置的符号，叫地物符号。如测量控制点、居民地、独立地物、管线、道路、水系、植被等。根据地物的形状大小和描绘方法的不同，地物符号可以分为以下几种。

7.2.1.1　依比例尺符号

地物的平面轮廓，依地形图比例尺缩绘到图上的符号，称为依比例尺符号，如房屋、湖泊、农田等。依比例尺符号不仅能反映出地物的平面位置，而且能反映出地物的形状和大小。大部分的面状地物都属于依比例尺符号，这类符号表示出地物的轮廓特征。

7.2.1.2　不依比例尺符号

有些重要地物其轮廓较小，按测图比例尺缩小在图纸上无法表示出来，而用规定的符号表示，称为不依比例符号，如控制点、独立树、电杆、水塔、路灯。不依比例尺符号只表示物体的中心或中线的位置，不表示物体的形状和大小。大部分的点状地物都属于不依比例尺符号。

7.2.1.3　半依比例尺符号

对于一些狭长地物，如管线、围墙、通信线等，其长度依测图比例尺表示，宽度不依比例尺表示，称为半依比例尺符号。大部分的线状地物都属于半依比例尺符号。

注意：这几种符号的使用并不是固定不变的，同一地物，在大比例尺图上采用依比例尺符号，而在中小比例尺图上可能采用不依比例尺符号或半依比例尺符号。

7.2.1.4 注记符号

有些地物用相应的符号无法表达清楚，则对其相应的特性、名称等用文字或数字加以注记。地形图上用文字、数字或特定符号对地物的性质、名称、高程等加以说明，称为地物注记。如地名、控制点名、水准点高程、房屋层数、机关名称、河流流向、道路等级、道路名称等。

7.2.2 地貌符号

地形图上表示地貌的方法很多，普通地貌（如山头、山脊、山谷、山坡、鞍部等）通常用等高线表示，典型地貌（如陡坎、斜坡、冲沟、悬崖、绝壁、梯田等）通常用特殊符号表示。用等高线表示地貌不仅能表示出地面的起伏形态，而且能根据它求得地面的坡度和高程等，所以等高线是目前大比例尺地形图表示地貌的主要方法。

7.2.2.1 等高线

地面上高程相等的各相邻点所连成的闭合曲线称为等高线，如图 7.2 所示。设想以若干高度（图 7.2 中的 100m、95m、80m 等）的平面与某山头相交，再将所有交线依次投影到水平面上，得到一组闭合曲线。显然每条闭合曲线上高程相等，所以称为等高线。

7.2.2.2 等高距

地形图上相邻两条等高线的高差称为等高距，用 h 表示。同一幅地形图上等高距通常都是相同的。等高距的大小是依据地形图的比例尺、地面起伏状况、精度要求及用图目的决定的。

7.2.2.3 等高线平距

相邻两等高线间的水平距离称为等高线平距，用 d 表示。同一幅图中等高距相同，所以等高线平距 d 的大小和地形陡缓程度有关。地面坡度越大，d 越小；反之 d 越大；若地面坡度均匀，则等高线平距相等。

7.2.2.4 等高线的分类

为了更加清晰地表示地貌特征，同时方便用图，通常规定地形图上采用如下四种等高线，如图 7.3 所示。

1. 首曲线

按规定基本等高距测定的等高线称为首曲线，也称基本等高线。

2. 计曲线

为计算方便，每隔 4 条首曲线加粗描绘的等高线称为计曲线，也称加粗等高线。

3. 间曲线

当首曲线不足以显示局部地貌特征时，按 1/2 基本等高距绘制的等高线称为间曲线，也称半距等高线，常以长虚线表示，描绘时可不闭合。

4. 助曲线

在地形较为平坦的区域，为了能够更准确地利用地形图设计工程建筑物，有时在

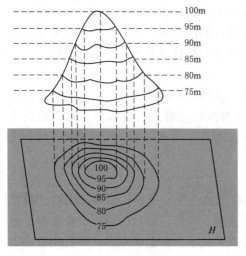

图 7.2　等高线示意图

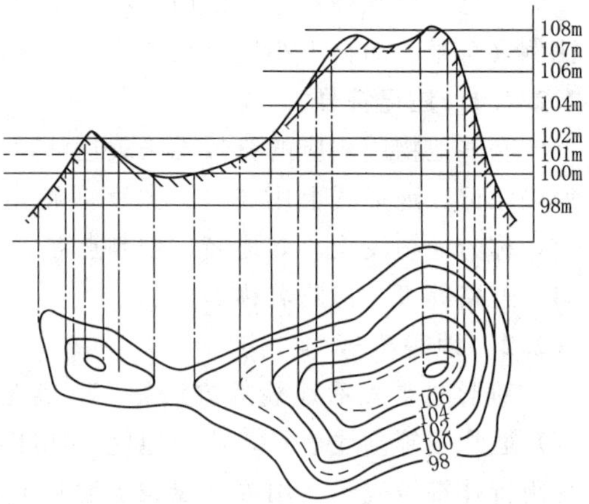

图 7.3　首曲线、计曲线、间曲线示意图

间曲线的基础上还绘制出高差为 1/4 等高距的等高线，通常把这一等高线称为 1/4 等高线，也称助曲线。

7.2.2.5　几种典型地貌的等高线

几种典型地貌的等高线如图 7.4 所示。

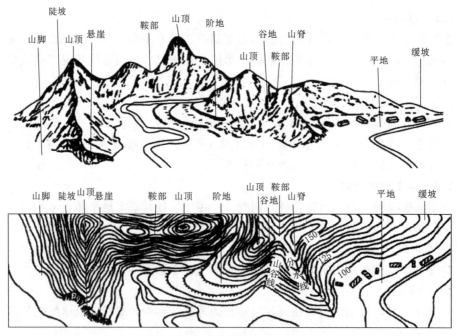

图 7.4　几种典型地貌的等高线

1. 山头与洼地的等高线

山地是指中间突起而高程高于四周的高地。高大的山地称为山岭，矮小的称为山丘。山的最高处称为山顶。地表中间部分的高程低于四周的低地称为洼地，大的洼地

叫作盆地。

　　山头和洼地的等高线形状相似，都是一组闭合的曲线，区分方法是根据等高线上注记的高程判断，如果从里向外，高程依次增大则为洼地；反之为山头，如图7.5和图7.6所示。

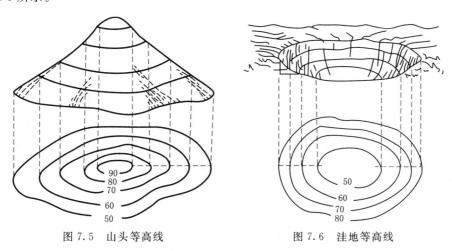

图7.5　山头等高线

图7.6　洼地等高线

　　如果等高线上无高程注记，则在等高线的斜坡下降方向绘一短线，来表示坡度降低方向，这些短线称为示坡线。

　　2. 山脊与山谷的等高线

　　从山顶向山脚延伸并突起的部分称为山脊，其等高线是一组凸向低处的等高线。山脊上相邻最高点的连线称为山脊线或分水线，如图7.7所示。

　　两个山脊之间向一个方向延伸的低凹部分称为山谷，其等高线是一组凸向高处的等高线。山谷中相邻最低点的连线称为山谷线或合水线，如图7.8所示。

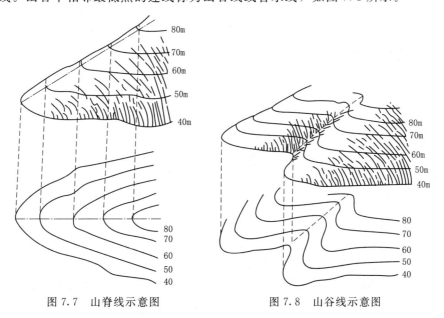

图7.7　山脊线示意图

图7.8　山谷线示意图

　　山脊线和山谷线是表示地貌特征的线，又称地性线。地性线是构成地貌的骨架，测图时应尽可能地在地性线上多采集点，软件成图时应将地性线放到一个图层中，构建三角网时应考虑地性线，并避免三角网的边线跨越地性线，以防止地形失真。

3. 鞍部的等高线

　　相邻两个山头之间的低洼部分形状如同马鞍，故称为鞍部，其等高线是两组闭合曲线的组合，如图 7.9 所示。

4. 峭壁、悬崖的等高线

　　接近垂直的陡壁称为峭壁，如果用等高线表示峭壁大部分将重合，导致非常密集，所以采用特殊符号来表示，如图 7.10 所示。

　　上部向外突出、中间凹进的地形叫作悬崖，其上部等高线与下部等高线的投影将相交，所以下部凹进的等高线用虚线表示，如图 7.10 所示。

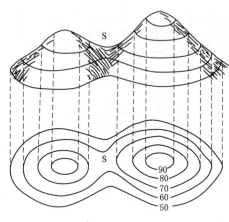

图 7.9　鞍部等高线示意图

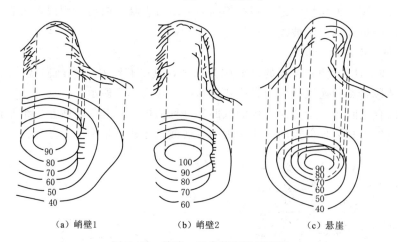

（a）峭壁1　　　　　　　（b）峭壁2　　　　　　　（c）悬崖

图 7.10　峭壁、悬崖等高线示意图

5. 等高线的特性

按上述等高线的表示方法，可以总结出下列等高线的特征。

（1）同一等高线上各点高程必相等。

（2）等高线为一闭合曲线，如不在本幅图内闭合，则在相邻的其他图幅内闭合。等高线不能在图幅内中断。

（3）除悬崖峭壁外，不同高程的等高线不能闭合。

（4）山脊与山谷的等高线与山脊线和山谷线正交。

（5）在同一图幅内，等高线平距大，表示地面坡度小；反之则坡度大。平距相等则坡度相等。倾斜平面上的等高线是间距相等的平行直线。

7.3　地形图的分幅与编号

为了不遗漏、不重复地测绘各地区的地形图，以及科学地管理、使用大量的各种比例尺地形图，必须将不同比例尺的地形图按照国家统一规定进行分幅和编号。

所谓地形图分幅和编号，就是以经纬线（或坐标格网线）按规定的方法，将地球表面划分成整齐的、大小一致的、一系列梯形（矩形或正方形）的图块，每一图块叫作一个图幅，并给以统一的编号。地形图的分幅分为两类：一类是按经纬线分幅的梯形分幅法，也称国际分幅法；另一类是按坐标格网分幅的矩形分幅法。前者用于中、小比例尺的国家基本图分幅，后者用于城市大比例尺图的分幅。

7.3.1　梯形图幅的分幅与编号

地形图的梯形分幅由国际统一规定的经线为图的东西边界，统一规定的纬线为南北边界。由于各条经线（子午线）向南、北极收敛，所以整个图形略呈梯形。其划分方法和编号，随比例尺的不同而不同。为了便于计算机检索和管理，1992年国家技术监督局发布了国家标准《国家基本比例尺地形图分幅和编号》（GB/T 13989—92），自1993年7月1日起实施。

7.3.1.1　1∶100万地形图的分幅与编号

1∶100万地形图的分幅与编号是国际统一的，是其他比例尺地形图分幅和编号的基础，如图7.11所示。1∶100万地形图采用正轴等角圆锥投影编绘方法成图。分幅、编号采用国际1∶100万地图分幅标准，从赤道开始，纬度每4°为一列，依次用拉丁字母A、B、C、…、V表示，列号前冠以N或S，以区别北半球和南半球（我国地处北半球，图号前的N全部省略）；从180°经线算起，自西向东6°为一纵行，将全球分为60纵行，依次用1、2、3、…、60表示，每一幅图的编号由其所在的行号和列号组成。如：沈阳某地纬度为北纬41°50′43″，经度为东经123°24′37″，则其所在1∶100万比例尺地形图的图号为K51；北京某处的地理坐标为北纬39°56′23″、东经116°22′53″，则所在的1∶100万比例尺地形图的图号为J50。

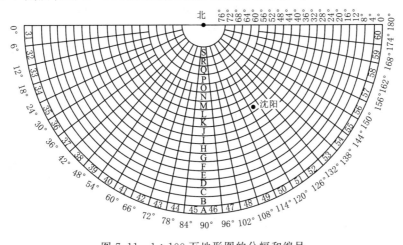

图7.11　1∶100万地形图的分幅和编号

7.3.1.2 1∶50 万～1∶5000 比例尺地形图的分幅与编号

大于 100 万比例尺的地形图分幅与编号都是在 1∶100 万地形图图幅的基础上，分别以不同的经差和纬差将 1∶100 万图幅划分为若干行和列，所得行数、列数及各个比例尺地形图的经差、纬差、比例尺代号等如表 7.3 所示。每一图幅的编号如图 7.12 所示。

表 7.3 各种比例尺地形图梯形分幅

比例尺	图幅大小		比例尺代号	1∶100 万图幅包含该比例尺地形图的图幅数（行数×列数）	某地图图号
	经差	纬差			
1∶500000	3°	2°	B	2×2=4 幅	K51 B 002002
1∶250000	1°30′	1°	C	4×4=16 幅	K51 C 004004
1∶100000	30′	20′	D	12×12=144 幅	K51 D 012010
1∶50000	15′	10′	E	24×24=576 幅	K51 E 020020
1∶25000	7.5′	5′	F	48×48=2304 幅	K51 F 047039
1∶10000	3′45″	2′30″	G	96×96=9216 幅	K51 G 094079
1∶5000	1′52.5″	1′15″	H	192×192=36864 幅	K51 H 187157

图 7.12 1∶50 万～1∶5000 比例尺地形图图号的数码构成

例如：某地经度为 123°24′，纬度为北纬 41°50′，求其所在的 1∶10000 比例尺的地形图的编号。

由表 7.3 可知，此地在 1∶100 万地形图上的图号为 K51，其西侧经线经度为 120°，南侧纬线纬度为 40°，因为 1∶10000 图是由 1∶100 万图划分成 96×96 而组成，其每列经差、每行纬差分别为 3′45″和 2′30″，由该地距 1∶100 万图的西、南图边线的经、纬差除以相应每列、行的经、纬差，就可计算得到此地所在 1∶10000 图的行号和列号。计算如下：

$$123°24′-120°=3°24′ \qquad 3°24′/3′45″=54.4 \qquad 即列号为 055$$
$$41°50′-40°=1°50′ \qquad 1°50′/2′30″=44$$

因为北半球纬度由南往北增加，所以求得的 44 是指倒数第 44 行，即正数行号为 053。所以，此地所在 1∶1000 地形图的图幅编号为 K51G053055。

7.3.2 正方形或矩形图幅的分幅与编号

为满足规划设计、工程施工等需要而测绘的大比例尺地形图，大多数采用正方形或矩形分幅法，它是按统一的坐标格网线整齐行列分幅。几种大比例尺图的图幅大小如表 7.4 所示。

表 7.4 几种大比例尺图的图幅大小

比例尺	正方形分幅		矩形分幅	
	图幅大小/cm²	实地面积/km²	图幅大小/cm²	实地面积/km²
1∶5000	40×40 或 50×50	4 或 6.25	50×40	5
1∶2000	50×50	1	50×40	0.8
1∶1000	50×50	0.25	50×40	0.2

常见的图幅大小为 $50\text{cm} \times 50\text{cm}$、$50\text{cm} \times 40\text{cm}$ 或 $40\text{cm} \times 40\text{cm}$，每幅图中以 $10\text{cm} \times 10\text{cm}$ 为基本方格。一般规定，对 1∶5000 比例尺的地形图的图幅，采用纵、横各 40cm 的图幅，即实地为 $2\text{km} \times 2\text{km} = 4\text{km}^2$ 的面积；对 1∶2000、1∶1000 和 1∶500 比例尺的图幅，采用纵、横各 50cm 的图幅，即实地为 1km^2、0.25km^2、0.0625km^2 的面积。以上均为正方形分幅，也可采用纵距为 40cm、横距为 50cm 的分幅，总称为矩形分幅。图幅编号与测区的坐标值联系在一起，便于按坐标查找图幅。地形图按矩形分幅时，常用的编号方法有以下两种。

7.3.2.1　坐标公里数编号法

坐标公里数编号法即采用图幅西南角坐标公里数，x 坐标在前，y 坐标在后。其中 1∶1000、1∶2000 比例尺图幅坐标取至 0.1km（如 247.0-112.5），而 1∶500 图则取至 0.01km（如 12.80-27.45）。以每幅图的图幅西南角坐标值 x、y 的公里数作为该图幅的编号，图 7.13 所示为 1∶1000 比例尺的地形图，按图幅西南角坐标公里数编号法编号。其中画阴影线的两幅图的编号分别为 2.5-1.5 和 3.0-2.5。

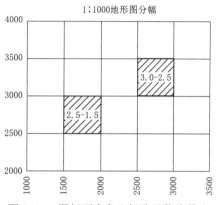

图 7.13　图幅西南角坐标公里数编号法

7.3.2.2　基本图幅编号法

将坐标原点置于城市中心，用 X、Y 坐标轴将城市分成 Ⅰ、Ⅱ、Ⅲ、Ⅳ 四个象限，如图 7.14（a）所示。以城市地形图最大比例尺 1∶500 图幅为基本图幅，图幅大小为 $50\text{cm} \times 40\text{cm}$，实地范围为东西 250m、南北 200m。行号按坐标的绝对值 $x=0 \sim 200\text{m}$ 编号为 1，$x=200 \sim 400\text{m}$ 编号为 2……；列号按坐标的绝对值 $y=0 \sim 250\text{m}$ 编号为 1，$y=250 \sim 500\text{m}$ 编号为 2……；依次类推。x，y 编号中间以斜杠（/）分割，成为图幅号。

图 7.14（b）所示为 1∶500 比例尺图幅在第Ⅰ象限中的编号；每 4 幅 1∶500 比例尺的图构成 1 幅 1∶1000 比例尺的图，因此同一地区 1∶1000 比例尺的图幅的编号如图 7.14（c）所示。每 16 幅 1∶500 比例尺的图构成一幅 1∶2000 比例尺的图，因此同一地区 1∶2000 比例尺的图幅的编号如图 7.14（d）所示。

这种编号方法的优点是：看到编号就可知道图的比例尺，其图幅的坐标值范围也很容易计算出来。例如有一幅图编号为 Ⅱ39—40/53—54，知道为一幅 1∶1000 比例尺的图，位于第Ⅱ象限（城市的东南区），其坐标值的范围是：

x：$200\text{m} \times (39-1) \sim 200\text{m} \times 40 = 7600 \sim 8000\text{m}$

y：$-250\text{m} \times (53-1) \sim -250\text{m} \times 54 = -13000 \sim -13500\text{m}$

另外已知某点坐标，即可推算出其在某比例尺的图幅编号。如某点坐标为 $(7650，-4378)$，可知其在第Ⅳ象限，由其所在的 1∶1000 比例尺地形图图幅的编号可以算出：

$\text{N1} = [\text{int}(\text{abs}(7650))/400] \times 2 + 1 = 39$

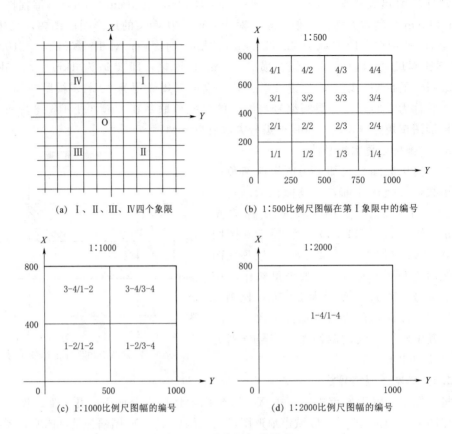

图 7.14　基本图幅编号法

$M1=[int(abs(-4378))/500]×2+1=17$

所以其在 1∶1000 比例尺图上的编号为 Ⅳ 39—40/17—18。

例如，某测区测绘 1∶1000 地形图，测区最西边的 Y 坐标线为 74.8km，最南边的 X 坐标线为 59.5km，采用 50cm×50cm 的正方形图幅，则实地 500m×500m，于是该测区的分幅坐标线为：由南往北是 X 值为 59.5km、60.0km、60.5km、…的坐标线，由西往东 Y 值为 77.3km、77.8km、76.3km、…的坐标线。所以，正方形分幅划分图幅的坐标线须依据比例尺大小和图幅尺寸来定。

7.3.2.3　其他图幅编号方法

如果测区面积较大，则正方形分幅一般采用图廓西南角坐标公里编号法，而面积较小的测区则可选用流水编号法或行列编号法。

（1）流水编号法。此即从左到右、从上到下以阿拉伯数字 1、2、3、…编号，如图 7.15 中第 13 图可以编号为：××-13（××为测区名称）。

（2）行列编号法。一般以代号（如 A、B、C、…）为行号，从上到下排列；以阿拉伯数字 1、2、3、…作为列代号，从左到右排列。图幅编号为：行号-列号，如图 7.16 所示的 B-5。

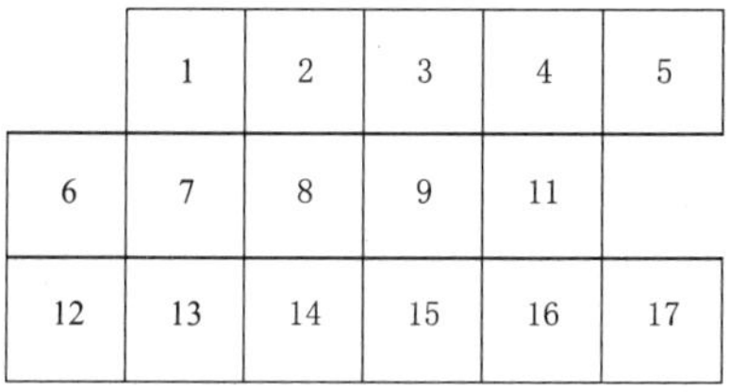

1	2	3	4	5
6	7	8	9	11
12	13	14	15	16	17

A-1	A-2	A-3	A-4	A-5	A-6
	B-2	B-3	B-4	B-5	B-6
C-1	C-2	C-3	C-4	C-5	

图 7.15　流水编号法 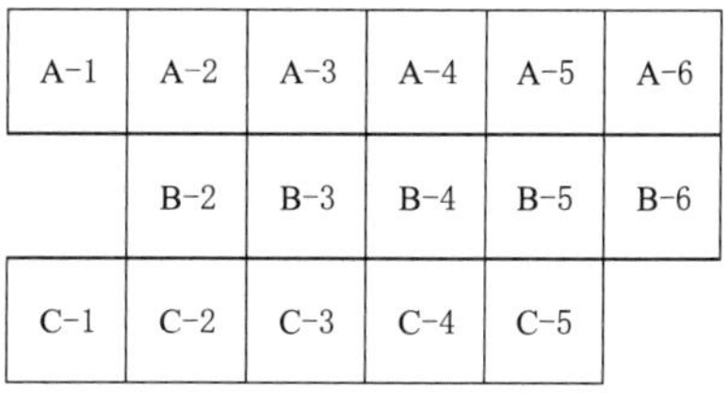　　　　　　　　图 7.16　行列编号法

7.4　经纬仪直角坐标法测图

地形图测绘是以测量控制点为依据，以一定的步骤和方法将地物和地貌测定在图上，并用规定的比例尺和符号绘制成图。大比例尺地形图的测绘，是在图根控制测量的基础上，采用适当的测量方法，逐个测量测站周围的地形特征点的平面位置和高程，并以此为依据将所测地物、地貌绘制于图纸上。

大比例尺测图的发展经历了平板仪测图法、平板仪与经纬仪联合测图法、经纬仪极坐标测图法、经纬仪直角坐标测图法、光电测距仪测绘法、全站仪数字测图法等阶段，本节主要讲述经纬仪直角坐标测图法。

7.4.1　测图前的准备工作

测图前，除做好仪器、工具及资料的准备工作外，还应着重做好测图板的准备工作。它包括图纸准备、绘制坐标格网及展绘控制点等工作。

7.4.1.1　图纸准备

为了保证测图的质量，应选用质地较好的图纸。目前大多采用聚酯薄膜，其厚度为 $0.07 \sim 0.1$mm，表面经打毛后，便可用来测图。聚酯薄膜具有透明度好、伸缩性小、不怕潮湿、牢固耐用等优点。如果表面不清洁，还可用水洗涤，并可直接在底图上着墨复晒蓝图。但聚酯薄膜有易燃、易折和易老化等缺点，故在使用过程中应注意防火防折。

7.4.1.2　绘制坐标格网

为了准确地将图根控制点展绘在图纸上，首先要在图纸上精确地绘制 10cm×10cm 的直角坐标格网，如图 7.17 所示。绘制坐标格网可用坐标仪或坐标格网尺等专用仪器工具。

7.4.1.3　展绘控制点

展点前要按图的分幅位置，将坐标格网线的坐标值注在西、南两侧格网边线的外侧，如图 7.18 所示。展点时先要根据控制点的坐标，确定所在的方格。将图幅内所有控制点展绘在图纸上，并在点的右侧以分数形式注明点号及高程。最后用比例尺量出各相邻控制点之间的距离，与相应的实地距离比较，其差值不应超过图上 0.3mm。

7.4.2　碎部测量

碎部测量就是测定碎部点的平面位置和高程。下面分别介绍碎部点的选择和碎部测量的方法。

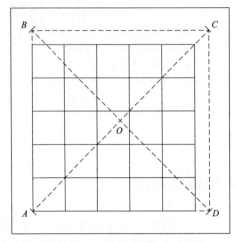

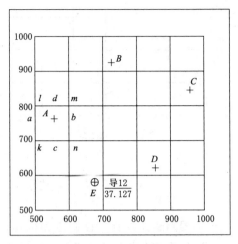

图 7.17　对角线法绘制方格网　　　　图 7.18　控制点的展绘

7.4.2.1　碎部点的选择

前已述及碎部点应选地物、地貌的特征点。对于地物，碎部点应选在地物轮廓线的方向变化处，如房角点、道路转折点、交叉点、河岸线转弯点及独立地物的中心点等。连接这些特征点，便得到与实地相似的地物形状。由于地物形状极不规则，一般规定主要地物凸凹部分在图上大于 0.4mm 均应表示出来，小于 0.4mm 时，可用直线连接。对于地貌来说，碎部点应选在最能反映地貌特征的山脊线、山谷线等地性线上。如山顶、鞍部、山脊、山谷、山坡、山脚等坡度变化及方向变化处。根据这些特征点的高程勾绘等高线，即可将地貌在图上表示出来。

7.4.2.2　经纬仪直角坐标测图法

经纬仪直角坐标测图法的实质是按直角坐标定点进行测图，观测时先将经纬仪安置在测站上，绘图板安置于测站旁，用经纬仪测定碎部点的方向与已知方向之间的夹角、测站点至碎部点的距离和碎部点的高程。然后根据测定数据计算碎部点的坐标和高程，将碎部点的位置展绘在图纸上，并在点的右侧注明其高程，再对照实地描绘地形。此法操作简单灵活，适用于各类地区的地形图测绘。其操作步骤如下。

1. 安置仪器

在测站点 A 上安置经纬仪，对中整平，量取仪器高 i 并填入手簿。

2. 后视定向

用经纬仪瞄准另一个控制点 B 上的目标，将水平度盘读数配置为 AB 方向的坐标方位角 α_{AB}。

3. 定向检查

照准另一个控制点 C，此时水平度盘读数理论上应为 α_{AC}，其差值一般不大于 $4'$ 即可。

4. 碎部观测

立尺员依次将水准尺立在各个地物、地貌特征点上。碎部测量开始前立尺员应弄清楚实测范围和地物、地貌种类，选定立尺点，并与观测员、绘图员共同计划好跑尺路线。观测员转动照准部，瞄准标尺，读取视距（上下丝读数）和中丝读数、竖盘读数及水平度盘读数。

5. 记录计算

记录员将测得的视距、中丝读数、竖盘读数及水平度盘读数依次填入手簿。对于有特殊作用的碎部点，如房角、山头、鞍部等，应在备注中加以说明。计算出测站点到碎部点的坐标增量和高差，进而计算碎部点的坐标和高程。

6. 展点绘图

绘图员根据计算的待测点的坐标将碎部点展绘到图纸上，并在点位右侧注上高程；然后按照地物形状连接各地物点并按照实际地形勾绘等高线，如图 7.19 所示。

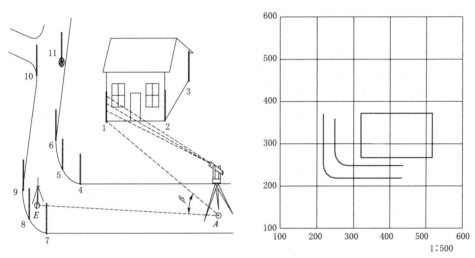

图 7.19 碎步测量示意图

同以上方法，测出其余各碎部点的平面位置与高程，绘于图上，并随测随绘等高线和地物。为了检查测图质量，仪器搬到下一测站时，应先观测前站所测的某些明显碎部点，以检查由两个测站测得该点平面位置和高程是否相同，如相差较大，则应查明原因，纠正错误，再继续进行测绘。若测区面积较大，可分成若干图幅，分别测绘，最后拼接成全区地形图。为了相邻图幅的拼接，每幅图应测出图廓外 5mm。

7.4.2.3 碎部坐标与高程计算

1. 碎部点坐标计算

水平距离：$$D = KL\sin 2Z$$

坐标增量：$$\Delta x = D\cos\alpha, \quad \Delta y = D\sin\alpha$$

碎部点坐标：$$x_{碎} = x_{站} + \Delta x, \quad y_{碎} = y_{站} + \Delta y$$

式中：Z 为竖盘天顶距，α 为测站点至碎部点方向的方位角，即水平度盘读数。

2. 碎部点高程计算

高差：$$h = D/\mathrm{tg}Z + i - v \qquad 高程：H_{碎} = H_{站} + h$$

式中：i 为仪器高；v 为中丝读数；Z 为天顶距；D 为平距。

7.4.2.4 碎部测量常用几种方法

1. 任意法

望远镜十字丝纵丝照准尺面，高度使三丝均能读数即可。

读取上丝读数、下丝读数、中丝读数 v、竖盘读数 Z，分别记入手簿。

计算公式：　　　　水平距离 $D＝KL\sin 2Z$　　　高差 $h＝D/\mathrm{tg}Z＋i－v$

2. 等仪器高法

望远镜照准尺面时，使水平中丝读数等于仪器高，即 $v＝i$。

读取上丝读数、下丝读数、竖盘读数 L，分别记入手簿。

计算公式：　　　　水平距离 $D＝KL\sin 2Z$　　　高差 $h＝D/\mathrm{tg}Z$

3. 平截法

调整望远镜使竖盘读数等于 $90°$，固定望远镜，照准碎部点上的水准尺。

读取上丝读数、下丝读数、中丝读数 v，分别记入手簿。

计算公式：　　　　水平距离 $D＝KL$　　　高差 $＝i－v$

7.4.2.5　碎部测量注意事项

（1）观测人员在读取竖盘读数时，要注意检查竖盘指标水准管气泡是否居中；每观测 $20\sim30$ 个碎部点后，应重新瞄准起始方向检查其变化情况。经纬仪测绘法起始方向度盘读数偏差不得超过 $4'$，小平板仪测绘时起始方向偏差在图上不得大于 $0.3\mathrm{mm}$。

（2）立尺人员应将水准尺竖直，并随时观察立尺点周围情况，弄清碎部点之间的关系，地形复杂时还需绘出草图，以方便绘图人员做好绘图工作。

（3）绘图人员要注意图面正确整洁、注记清晰，并做到随测点、随展绘、随检查。

（4）当每站工作结束后，应进行检查，在确认地物、地貌无测错或漏测时，方可迁站。

7.4.2.6　碎部测量记录计算实例

碎部测量记录手簿如表 7.5 所示。

表 7.5　　　　　　　　　　碎部测量记录手簿

测站点：A　　　　测站点高程：62.52m　　　　仪器高：1.45m　　　　观测者：张三
定向点：E　　　　定向边方位：0°30′30″　　　检查点：B　　　　记录者：李四

点号	上丝	下丝	视距读数/m	中丝/m	竖盘读数	高差/m	水平度盘读数	坐标增量/m		坐标/m		高程/m
								Δx	Δy	X	Y	
A										500.00	500.00	
1	1.681	1.251	43.0	1.46	89°43′	0.20	30°35′	37.02	21.88	537.02	521.88	62.72
2	1.692	1.265	42.7	1.27	88°40′	1.17	68°42′	17.51	39.78	517.51	539.78	63.69

7.5　全站仪数字化测图

大比例尺地形图的测绘，是在图根控制测量的基础上，采用适当的测量方法，逐个测量测站周围的地形特征点的平面位置和高程，并以此为依据将所测地物、地貌绘制于图纸上。

7.5.1　全站仪外业数据采集方法

1. 安置仪器

在测站点上安置仪器，包括对中和整平。对中误差控制在 $3\mathrm{mm}$ 之内。

2. 建立或选择工作文件

工作文件是存储当前测量数据的文件，文件名要简洁、易懂、便于区分不同时间或地点的数据，一般可用测量时的日期作为工作文件的文件名。

3. 测站设置

如果仪器中有测站点坐标，可从文件中选择测站点点号来设置测站。如果仪器中没有测站点坐标，则需手工输入测站点坐标来设置测站。

4. 后视定向

从仪器中调入或手工输入后视点坐标，也可直接输入后视方位角，然后照准后视点，按确认键进行定向。

5. 定向检查

定向检查是碎部点采集之前重要的工作，特别是对于初学者。在定向工作完成之后，再找一个控制点上立棱镜，将测出来的坐标和已知坐标比较，一般 X、Y 坐标差都应该在 1cm 之内。通常要求每一测站开始观测和结束观测时都做定向检查，确保数据无误。

6. 碎部测量

定向检查结束之后，就可进行碎部测量。采集碎部点前先输入点号，碎部测量可用草图法和编码法两种方法。草图法需要外业绘制草图，内业按照草图成图。编码法需要将各个碎部点输入编码，内业通过简码识别自动成图。

7.5.2　全站仪数据传输方法

全站仪数据传输通常有两种方法，即全站仪专用传输软件传输和专业成图软件传输。

全站仪专用传输软件大部分可以免费下载使用。但通常情况下都使用绘图软件的数据传输功能。下面以 CASS 软件为例说明如下。

（1）用传输电缆连接全站仪和计算机（正确选择接口），打开全站仪，设置通信参数。

（2）进入全站仪数据传输界面，选择需要传输的数据文件。

（3）在 CASS 中选择 ［数据］-［读取全站仪数据］，打开图 7.20 所示的数据传输界面。

（4）在计算机上设置通信参数，要求和全站仪中的各项参数完全对应。主要包括如下参数：仪器类型、通信口、波特率（传输速率）、数据位、停止位、奇偶性检验。

（5）确定数据文件的存储位置，并命名数据文件。

（6）计算机上按回车键，全站仪上按回车键，数据就被传输到指定的路径下面。

7.5.3　使用 CASS 软件绘制地形图

草图法工作方式要求外业工作时，除了测量

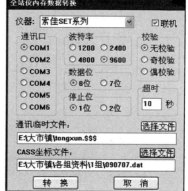

图 7.20　全站仪数据传输界面示意图

员和跑尺员外，还安排一名绘草图的人员，在跑尺员跑尺时，绘图员要标注出所测的是什么地物（属性信息）及记下所测点的点号（位置信息），在测量过程中要和测量员及时联系，使草图上标注的某点点号和全站仪里记录的点号一致，而在测量每一个碎部点时不用在电子手簿或全站仪里输入地物编码，故又称为"无码方式"。草图法在内业工作时，根据作业方式的不同，分为点号定位、坐标定位等几种方法。其具体步骤如下。

1. 定显示区

选择"绘图处理"下的"定显示区"菜单，出现图 7.21 所示的对话框，选择对

图 7.21　选择测点点号定位成图法的对话框

应的坐标数据文件名"CASS2008/DEMO/YMSJ.DAT"。

2. 展野外测点点号

选择"绘图处理"下的"展野外测点点号"菜单，再次出现图 7.21 所示的对话框，选择对应的坐标数据文件名"CASS2008/DEMO/YMSJ.DAT"后，命令区提示：读点完成！共读入 60 点，如图 7.22 所示。

图 7.22　展点点号图

3. 选择绘图方式

草图法绘图过程中，可采用坐标定位和点号定位两种方式。在 CASS 界面右侧屏幕最上方可进行选择。若选择"坐标定位"，用鼠标点取每一个测点，捕捉方式选择为捕捉"节点"；若选择"点号定位"，则在命令行中依次输入测点点号。在绘图过程中可以进行两种方式的切换。

4. 绘制平面图

根据野外作业时绘制的草图，移动鼠标至屏幕右侧菜单区选择相应的地形图图式符号，然后在屏幕中将所有的地物绘制出来。如图 7.23 所示，由 37、38、41 号点连成一间普通房屋。因为所有表示房屋的符号都放在"居民地"这一层，这时便可选择右侧菜单"居民地"，系统便弹出图 7.24 所示的对话框。再选择"四点房屋"的图标，图标变亮表示该图标已被选中，这时命令区提示：输入绘图比例尺 1∶1000，按回车键；1. 已知三点/2. 已知两点及宽度/3. 已知四点<1>：输入 1，回车（或直接回车默认选 1）。

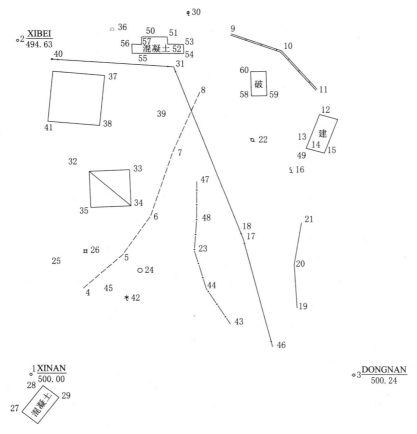

图 7.23 外业作业草图

说明：已知三点是指测矩形房子时测了 3 个点；已知两点及宽度则是指测矩形房子时测了 2 个点及房子的 1 条边；已知四点则是测了房子的 4 个角点。

依次用鼠标点取 33、34、35 三点并按回车键，则此三点连成一间普通房屋。重复上述操作，将 33、34、35 号点绘成四点棚房；60、58、59 号点绘成四点破坏房

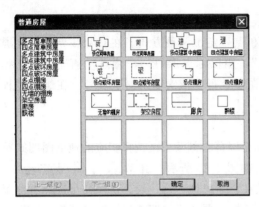

图 7.24   选择"居民地普通房屋"的对话框

屋；12、14、15 号点绘成四点建筑中房屋；50、52、51、53、54、55、56、57 号点绘成多点简单房屋；27、28、29 号点绘成四点简单房屋。同样在"居民地/垣栅"层找到"依比例围墙"的图标，将 9、10、11 号点绘成依比例围墙的符号；在"居民地/垣栅"层找到"篱笆"的图标，将 47、48、23、44、43 号点绘成篱笆的符号等。这样，重复上述的操作便可以将所有测点用地图图式符号绘制出来。在操作的过程中，可以嵌用 CAD 的透明命令，如放大显示、移动图纸、删除、文字注记等。

5．绘制等高线

（1）展点号及高程。在绘制三角网和等高线之前确保展点号和高程点正确展入。

（2）连接地性线。地貌主要是靠等高线描述的，而等高线能否准确地表达实际地貌形态，地性线采点是否准确和地性线上是否有足够多的点是最重要的因素。依据外业草图，首先将山脊线、山谷线等地性线连成多义线。

（3）构建三角网。选择"等高线"菜单下的"建立 DTM"子菜单，系统弹出图 7.25 所示的对话框，可以选择"由坐标数据文件生成"或"由图面高程点生成"，选择坐标数据文件或直接在图面上框选高程点，在构建三角网的过程中，系统可以提供三种建网结果：显示建三角网结果、显示建三角网过程和不显示三角网。

（4）修改三角网。其主要包括删除三角形（如果在某局部范围内无等高线通过，则可将其局部内相关三角形删除）、过滤三角形（可根据用户需要输入符合三角形中最小角的度数或三角形中最大边长最多大于最小边长的倍数等条件的三角形）、增加三角形（如果要增加三角形，在要增加三角形的地方用鼠标点取，如果点取的地方没有高程点，系统会提示输入高程）、三角形内插点（选择此命令后，可根据提示输入要插入的点，通过此功能可将此点与相邻的三角形顶点相连构成三角形，同时原三角形会自动被删除）、删三角形顶点（用此功能可将所有由该点生成的三角形删除）、重组三角形（指定两相邻三角形的公共边，系统自动将两三角形删除，并将两三角形的另两点连接起来构成两个新的三角形，这样做可以改变不合理的三角形连接）、删三角网（生成等高线后就不再需要三角网了，这时要对等高线进行处理）、修改结果存盘（通过以上命令修改三角网后，选择"等高线"菜单中的"修改结果存盘"项，把修改后的三角网存盘）。

（5）勾绘等高线。选择"等高线"菜单的"绘制等高线"项，显示图 7.26 所示对话框。对话框中会显示参加生成 DTM 的高程点的最小高程和最大高程。如果只生成单条等高线，那么就在单条等高线高程中输入此条等高线的高程；如果生成多条等高线，则在等高距框中输入相邻两条等高线之间的等高距。最后选择等高线的拟合方式。总共有四种拟合方式：不拟合（折线）、张力样条拟合、三次 B 样条拟合和 SPLINE 拟合。观察等高线效果时，可输入较大等高距并选择不光滑，以加快速度。

如选拟合方法 2，则拟合步距以 2m 为宜，但这时生成的等高线数据量比较大，速度会稍慢。测点较密或等高线较密时，最好选择光滑方法 3，也可选择不光滑，过后再用"批量拟合"功能对等高线进行拟合。选择方法 4 则用标准 SPLINE 样条曲线来绘制等高线，提示请输入样条曲线容差，容差是曲线偏离理论点的允许差值，可直接按回车键。SPLINE 线的优点在于即使其被断开后仍然是样条曲线，可以进行后续编辑修改，缺点是较选项 3 容易发生线条交叉现象。

图 7.25　建立 DTM

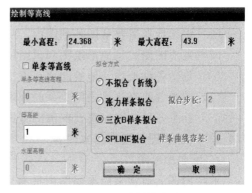

图 7.26　绘制等高线

（6）修饰等高线。其主要包括：注记等高线（等高线上需要注记高程，可以选择"单个高程注记"或"沿直线高程注记"，通常情况下在大范围内通常都使用"沿直线高程注记"，在局部地方使用"单个高程注记"）、等高线修剪（如图 7.27 所示，首先选择是消隐还是修剪等高线，然后选择是整图处理还是手工选择需要修剪的等高线，最后选择地物和注记符号，单击"确定"按钮后会根据输入的条件修剪等高线）、切除指定二线间等高线（如果想切除某两条线之间的等高线，如一条公路通过山坡，则公路两侧的等高线应以公路边断开，此时可使用此命令）、切除指定区域内等高线（如果有一个面状地物位于大片等高线中间，如山上有个院落，则院墙线以内的等高线应切除）、等值线滤波（一般的等高线都是用样条拟合的，这时虽然从图上看出来的节点数很少，但实际上每条等高线上有很多密布的夹持点，如图 7.28 所示，使绘完等高线后图形容量变得很大，可以利用此功能使图形容量变小）。

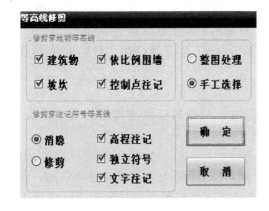

图 7.27　等高线修剪

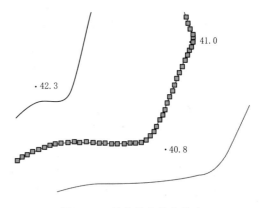

图 7.28　等高线上的夹持点

7.6 地形图的识读与应用

各种工程建设都需要在图上进行规划和设计，地形图是全面、客观地反映地面情况的可靠资料，所以正确、熟练地识读和应用地形图是工程技术人员必备的素质。

7.6.1 地形图的识读

7.6.1.1 地形图识读的基本原则

(1) 识读地形图要从图外到图内，从整体到局部，逐步深入要了解的内容。

(2) 地形图图式是地形绘图和识图的依据。

(3) 熟悉各种地物、地貌的表示方法。

(4) 熟悉各要素符号之间关系的处理原则。

(5) 熟悉各种注记配置及图廓的整饰要求。

7.6.1.2 地形图识读的基本内容

1. 图名、图式

地形图图名通常采用本幅图内最有代表性的地名来表示，标注于图幅上方中央。地形图图式是地形图上表示各种地物和地貌要素的符号、注记和颜色的规则与标准，是测绘和出版地形图必须遵守的基本依据之一，是由国家统一颁布执行的标准。

统一标准的图式能够科学地反映实际场地的形态和特征，是人们识别和使用地形图的重要工具。

2. 比例尺

比例尺是测图者和使用者沟通的语言。以前颁布实施的国家地形图图式标准有1∶500、1∶1000、1∶2000地形图图式等。不同比例尺地形图所规定的图式有所不同；有些专业部门还根据具体情况补充规定了一些特殊的图式符号。使用地形图时，必须熟悉相应各种比例尺地形图图式。

通常在地形图的南图廓外正中位置注记地形图的数字比例尺，中、小比例尺图上还绘有一直线比例尺，以方便用图者测定图上两点间的实地距离。

3. 坐标系统和高程系统

我国大比例尺地形图一般采用国家统一规定的高斯平面直角坐标系统。城市地形测图一般采用该城市的坐标系统。工程建设也有采用工矿企业独立坐标系的。

高程系统最初使用的是"1956黄海高程系"，1987年开始使用"1985国家高程基准"，使用时应注意两者之间的换算。

4. 图的分幅与编号

测区较大时，地形图是分幅测绘的，使用时应根据拼接示意图了解每幅图上、下、左、右的相邻图幅的编号，以便拼接使用。

5. 地物的识读

地形图上所有地物都是按照地形图图式上规定的地物符号和注记符号表示的，首先要熟悉图式上的一些常用符号，在此基础上进一步了解图上符号和注记的确切含义，根据这些来了解地物的种类、特征、分布状态等，如公路铁路等级、河流分布及流向、地面植被的分布及范围等。

6. 地貌的识读

普通地貌在图上是用等高线表示的，典型地貌是用专用符号表示的，因此在正确理解等高线特征和典型地貌符号特征的基础上，结合示坡线、高程点和等高线注记等，根据图上等高线判读出山头、山脊、山谷、山坡、鞍部等普通地貌，以及陡坎、斜坡、冲沟、悬崖、绝壁、梯田等典型地貌。同时根据等高距、等高线平距和坡度的关系，分析地面坡度变化及地形走势，从而了解地貌特征。

7.6.2 地形图的应用

7.6.2.1 选用地形图的若干问题

1. 建筑工程建设各阶段的用图

对地形图的使用，首先是对图的选取。应根据工程规划设计对图纸上平面位置和高程精度的要求，结合不同地形图的精度进行分析、比较，来选取适当比例尺和等高距的地形图。

2. 点位精度要求决定用图比例尺

地物点平面位置的精度与地形图比例尺的大小有关。设计对象的位置有一定的精度要求，若比例尺不当，就会影响设计质量。所以，设计人员应根据实际需要的平面位置精度来选用适当比例尺的地形图。

3. 根据点的高程精度要求确定等高距

在规划设计时，由地形图确定点的高程，是根据相邻两条等高线按比例内插求得的。因而点的高程误差主要受两项误差的影响：一是等高线高程中误差，二是图解点的平面位置时产生的误差所引起的高程误差。

4. 按点位和高程的精度要求选用地形图

某些工程在选用地形图时，既要从点的平面位置精度来考虑，又要从高程精度来考虑。

7.6.2.2 地形图应用的基本内容

1. 在地形图上确定某点的坐标和高程

图上一点的位置，通常采用量取坐标的方法来确定。大比例尺地形图上，都绘有纵、横坐标方格网（或在交点处绘一十字线），图框边线上的数字就是坐标格网的坐标值，它们是量取坐标的依据。

欲求图 7.29 中 AB 线两端点 A 和 B 的坐标，可过 A 点作平行于 x 轴和 y 轴的直线 ef 和 gh，用比例尺 $1:10000$ 分别量出 $ag=739$m，$ae=300$m，则

$$xA = xa + ag = 6000 + 739 = 6739\text{m}$$

$$yA = ya + ae = 4000 + 300 = 4300\text{m}$$

还应量出 gb 和 ed 的距离，作为校核。

数字地形图中量测点的坐标非常方便，能够获得精确的坐标值。应用 CAD 中的 id（Identify）命令即可量测得到点的三维坐标。量测是需要用鼠标捕捉点位，捕捉方式用 snap 命令进行设置。

地形图上某点的高程可以根据等高线来确定。等高线上的点，其高程均等于等高

线所注的高程。当某点位于两等高线之间时，可用内插法求得。

如图 7.30 所示，从图上量出 mn 及 mB 的距离，根据等高距 h，可求得 B 点高程：$HB = Hm + (mB/mn)h$。

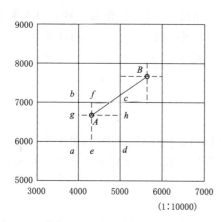

图 7.29　点的坐标量测示意图

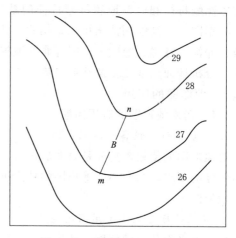

图 7.30　点的高程量测示意图

2. 在地形图上确定某条线段的长度和方向

（1）直接量取法。当所量线段较短且精度要求不高时，可用比例尺或直尺直接在图上量得实际距离，而方位角则用量角器量取。

（2）坐标反算法。当所量线段很长，甚至跨越图幅或要求精度较高时，可图解得到端点坐标再进行反算距离和方位角。

对于数字地形图，使用 CAD 的 dist 命令即可量测指定两点间的三维坐标增量（若为平面图则只有二维坐标增量）、水平距离和坐标方位角值。在量测距离和方位角时，也要使用鼠标捕捉功能捕捉线段的两断点。此外由于长度和角度单位涉及表示类型和精度问题，所以量测前，使用 units 命令设置好有关的单位和表示类型。

3. 在地形图上确定一直线的坡度

设斜坡上两点水平距离为 d，高差为 h，则两点连线坡度为

$$i = \tan\alpha = h/(d \cdot m)$$

式中：α 为直线的倾斜角，i 为以百分数或千分数表示的坡度；m 为地形图的比例尺分母。

如果是数字地形图，在屏幕上量测两点间的水平距离时，也得到两点间的三维坐标差，因此可按下式计算两点间的地面坡度和倾角。

$$i = \tan\alpha = \Delta Z/D \quad \alpha = \arctan(\Delta Z/D)$$

7.6.2.3　地形图在工程建设中的应用

1. 在地形图上按设计坡度选择最短线

在山地或丘陵地区进行道路、管线、渠道等工程设计时，都要求在不超过某一坡度 i 的条件下，选择一条最短路线或等坡度线。

如图 7.31 所示，A、B 为一段线路的两端点，要求从 A 点按 5‰ 的坡度选两条路线到达 B，以便进行分析、比较，从中选择一条便于施工、费用低的最短路线。

首先按限定坡度 i、等高距 h、图比例尺分母 M，求得该路线通过图上相邻等高线之间的平距 d，即 $d = h/(i \cdot M)$，设等高距为 2m，比例尺为 1:5000，则 $d = 2/(0.05 \times 5000) = 0.008$m。然后，以 A 为圆心，d 为半径画弧，交 48m 等高线于点 1，再以点 1 为圆心，d 为半径画弧，交 50m 等高线于 2，依次直到终点 B。连接 A、1、2、$\cdots$、B，便在图上得到符合限定坡度的路线。同法，还可得另一条同坡度线 A、$1'$、$2'$、$\cdots$、B。

2. 绘制指定方向的断面图

在各种线路工程设计中，为了进行填挖方量的概算，以及合理地确定线路的纵坡，需要了解沿线路方向的地面起伏情况，所以常需利用地形图绘制沿指定方向的纵断面图。

如图 7.32 所示，欲在 AB 方向绘制断面图，先标出直线 AB 与图上各条等高线的交点 b、c、$\cdots$。绘断面图时，以横坐标 AQ 代表水平距离，纵坐标 AH 代表高程。然后沿 AB 方向量取 b、c、$\cdots$、p、B 各点至 A 点的水平距离；将这些距离按比例尺展绘在横坐标轴 AQ 线上，得 A、b、c、$\cdots$、p、B 各点；通过这些点作 AQ 的垂线，并按高程比例尺分别截取 A、b、c、$\cdots$、p、B 各点高程。将各垂线上的高程点连接起来，就得到直线 AB 方向上的断面图。

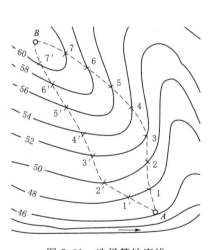

图 7.31 选择等坡度线

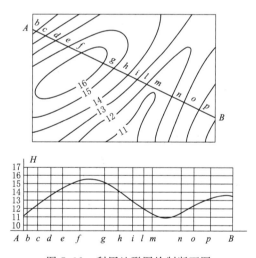

图 7.32 利用地形图绘制断面图

3. 水平场地平整及土石方量的计算

在工程建设中经常会涉及土地平整工作及其土石方工程量的计算，可使用地形图概算填挖土石方量。土石方量的计算方法有多种，方格法是应用最广泛的一种。

如图 7.33 所示，要求将该场地按土方量填挖平衡的原则平整成水平面，具体步骤如下。

（1）在地形图上拟建场地内绘制方格网。方格网的大小取决于地形复杂程度、地形图比例尺大小以及土方概算的精度要求。例如在设计阶段采用 1∶500 的地形图时，根据地形复杂情况，一般边长为 10m 或 20m。方格网绘制完后，根据地形图上的等高线，用内插法求出每一方格顶点的地面高程，并注记在相应方格顶点的右上方，如图 7.33 所示。

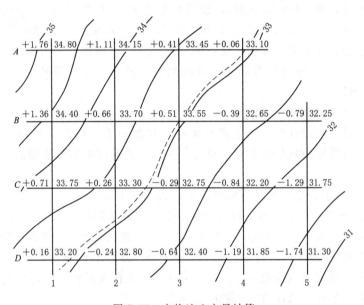

图 7.33 方格法土方量计算

（2）计算设计高程。先将每一方格顶点的高程加起来除以 4，得到各方格的平均高程，再把每个方格的平均高程相加除以方格总数，就得到设计高程 H_0。

$$H_0 = (H_1 + H_2 + \cdots + H_n)/n$$

式中：H_i 为每一方格的平均高程，$i = 1, 2, \cdots, n$；n 为方格总数。

从设计高程 H_0 的计算方法和图 7.33 可以看出：方格网的角点 A_1、A_4、B_5、D_1、D_5 的高程只用了一次，边点 A_2、A_3、B_1、C_1、D_2、D_3、$\cdots$ 的高程用了两次，拐点 B_4 的高程用了三次，而中间点 B_2、B_3、C_2、C_3、$\cdots$ 的高程都用了四次，因此，设计高程的计算公式也可写为

$$H_0 = (\sum H_角 + 2\sum H_边 + 3\sum H_拐 + 4H_中)/4n$$

将方格顶点的高程代入上式，即可计算出设计高程为 33.04m。在图上内插出 33.04m 等高线（图中虚线），称为填挖边界线。

（3）计算挖、填高度。根据设计高程和方格顶点的高程，可以计算出每一方格顶点的挖、填高度：填、挖高度＝地面高程－设计高程。将图中各方格顶点的挖填高度写于相应方格顶点的左上方。"＋"号为挖深，"－"号为填高。

（4）计算挖、填土方量。挖、填土方量可按角点、边点、拐点和中点分别按下式计算。

角点：挖（填）高×1/4 方格面积

边点：挖（填）高×1/2 方格面积

拐点：挖（填）高×3/4 方格面积

中点：挖（填）高×1 方格面积

如图 7.34 所示，设每一方格面积为 400m，计算的设计高程是 25.2m，每一方格的挖深或填高数据已分别计算出，并已注记在方格顶点的左上方，并列表 7.6 分别计算出挖方量和填方量。从计算结果可以看出，挖方量和填方量是相等的，满足"挖、填平衡"的要求。

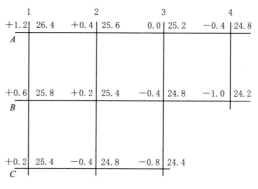

图 7.34　土方填、挖计算

表 7.6　　　　　挖 、 填 土 方 计 算 表

点号	挖深/m	填高/m	所占面积/m²	挖方量/m³	填方量/m³
A_1	+1.2		100	120	
A_2	+0.4		200	80	
A_3	0.0		200	0	
A_4		−0.4	100		40
B_1	+0.6		200	120	
B_2	+0.2		400	80	
B_3		−0.4	300		120
B_4		−1.0	100		100
C_1	+0.2		100	20	
C_2		−0.4	200		80
C_3		−0.8	100		80
				Σ：420	Σ：420

4. 倾斜场地平整及土石方量的计算

将原地形改造成某一坡度的倾斜面，一般可根据填、挖平衡的原则，绘出设计倾斜面的等高线。但有时要求所设计的倾斜面必须包含不能改动的某些高程点（称为设计斜面的控制高程点），如已有道路的中线高程点、永久性建筑物或大型建筑物的外墙地坪高程等。如图 7.35 所示，设 a、b、c 三点为控制高程点，其地面高程分别为 54.6m，51.3m 和 53.7m。要求将原地形改造成通过 a、b、c 三点的斜面，其步骤如下。

（1）确定设计等高线的平距。过 a、b 二点作直线，用比例内插法在 ab 曲线上求出高程为 54、53、52、…各点的位置，也就是设计等高线应经过 ab 线上的相应位置，如 d、e、f、g 等点。

（2）确定设计等高线的方向。在 ab 直线上求出一点 k，使其高程等于 c 点的高程

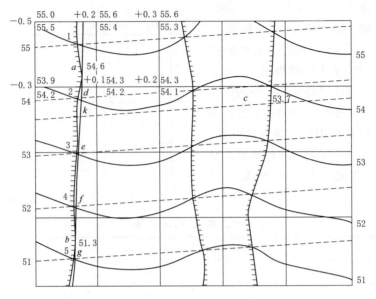

图 7.35　倾斜面土方量计算

53.7m。过 kc 连一线，则 kc 方向就是设计等高线的方向。

　　（3）插绘设计倾斜面的等高线。过 d、e、f、g、…各点作 kc 的平行线（图 7.35 中的虚线），即为设计倾斜面的等高线。过设计等高线和原同高程的等高线交点的连线，如图中连接 1、2、3、4、5 等点，就可得到挖、填边界线。图中绘有短线的一侧为填土区，另一侧为挖土区。

　　（4）计算挖、填土方量。与前一方法相同，首先在图上绘方格网，并确定各方格顶点的挖深和填高量。不同之处是各方格顶点的设计高程是根据设计等高线内插求得的，并注记在方格顶点的右下方。其填高和挖深量仍记在各顶点的左上方。挖方量和填方量的计算和前一方法相同。

【本章小结】

　　（1）测绘大比例尺地形图及识读地形图的基本知识：地形图的分幅、编号与图廓，地形图的坐标系，高程系统，地形图的比例尺和方位，地形图图式，等高线等。经纬仪测图及全站仪数字化测图的基本方法。

　　（2）对用图人员来说，只有掌握评定地形图精度的方法才能正确选用合乎要求的地形图。选择地形图既要考虑点位和高程的精度，又要考虑设计的对象等因素。

　　（3）地形图应用的基本内容包括：在地形图上确定图上某点的坐标和高程；在地形图上确定某条线段的长度和方向；在地形图上确定某点的高程；在地形图上确定一直线的坡度。

　　（4）地形图在工程建设设计中的应用内容包括：按限制坡度在图上选择并绘制最短路线；绘制指定方向上的断面图；水平场地平整及土石方量的计算；倾斜场地平整及土石方量的计算。掌握方格网法估算场地平整的土石方量的方法。

【知识检验】

1. 名词解释

比例尺、比例尺精度、依比例尺符号、半依比例尺符号、不依比例尺符号、等高线、等高距、等高线平距、首曲线、计曲线、间曲线、助曲线、山谷线、山脊线、地性线。

2. 单选题

（1）1∶5000 地形图的比例尺精度为（　　　）。

A. 0.1m　　　　　　B. 0.5m　　　　　　C. 1m　　　　　　D. 5m

（2）以下等高线的特征不正确的是（　　　）。

A. 除了悬崖峭壁等特殊地形外等高线通常不相交

B. 一幅图中的等高线必须闭合

C. 等高线的疏密反映了实际地形的陡缓程度

D. 同一条等高线上各点高程相等

（3）以下说法不正确的是（　　　）。

A. 点状地物通常用非比例符号表示

B. 线状地物通常用半依比例尺符号表示

C. 面状地物通常用依比例尺符号表示

D. 同一地物在不同比例尺图上表示方式一定相同

3. 判断题

（1）等高距就是两条相邻等高线之间的距离。（　　　　）

（2）等高线平距越大，表示地形越陡峭。（　　　　）

（3）比例尺越大，则对地物地貌的描述越详细。（　　　　）

（4）地性线通常与等高线在该点处的切线垂直。（　　　　）

（5）等高线一定互不相交。（　　　　）

4. 简答题

（1）地形图识读有哪些基本内容？

（2）比例尺和等高距与地形图精度的关系是什么？

（3）等高线的基本特征有哪些？

（4）简述山谷、山脊、鞍部、山头、洼地、悬崖、绝壁等地貌的等高线特征。

（5）如何在数字地图上得到以下要素：某点的坐标，某条线的方位角和长度，某两点之间的高差和坡度，某个区域的面积，某两点的可通视线性。

课程思政案例 7：一张地图的诞生

地图作为国际三大通用语言之一，是人们认识世界、改造世界、从事社会活动的重要工具，是社会文化现象的一部分。可以说，人们日常的出行、工作、旅游、学习都离不开各式各样的地图产品。

地图通过丰富的线条、颜色、符号和文字等信息，描绘出地表的整体风貌，可是

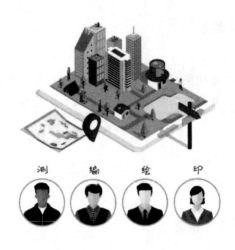

测　编　绘　印

测绘地图的四个步骤

你知道它是怎么制作的吗？

早在 1700 多年前，我国古代制图学家裴秀就提出了"制图六体"理论，通过分率（比例尺）、望准（方位）、道里（距离）、高下（地势起伏）、方邪（倾斜角度）和迂直（河流、道路的曲直）等理论总结了地图制作的经验和方法。裴秀的"制图六体"对后世制图的影响十分深远，直到明末西方的地图投影方法传入中国，中国的制图学才迎来再次革新。

如今，一张纸质地图的制作需要通过测、编、绘、印四个步骤。

第一步：测

地图制作的主要目的是获得地物的位置信息。由于地球并不是一个正圆体，其表面高低起伏变化大，确定地面点的位置，需要建立统一的坐标系，确定它的水平和高程的零点，也就是起算点（X，Y，Z）的（0，0，0）点。其中，大地原点是经纬度的起算点和基准点，水准原点是高程的起算点和基准点。在我国地图测量的起算点中，大地原点在陕西省永乐镇，水准原点在青岛。

我国当前使用的最新国家大地坐标系是 2000 国家大地坐标系，其原点为包括海洋和大气的整个地球的质量中心，是测制国家基本比例尺地图的基础。

确定坐标系统之后，利用各种测量仪器、传感器以及集成系统，对自然地理要素或者地表人工设施的形状、大小、空间位置及其属性等进行测定、采集，并且通过关联各类型地物要素（如地貌、水系、植被和土壤等自然地理要素，居民地、道路网、通信设备、工农业设施、经济文化和行政标志等社会经济要素），形成基础地形图或基础地理信息数据库。

第二步：编

通过测量获得各类数据和信息后，如何在此基础上制作成各类用途的地图呢？这就需要为地图的绘制设计规则，并且遵循相关地图编制行业规范。

编制中，根据实际工作需要，首先要确定地图制图区域和尺寸大小。

制图区域关系着地图内容的范围大小和制图核心，一般有全国、省、市域、县域和城区范围，有时还会因工作需要定制特定区域范围的地图。

最后是确定地图表达方式。地图的表达方式主要包括数学基础、地图符号、图例和图面视觉效果设计四个方面。地图符号设计是专题地图中最重要的部分，具有科学性、准确性、实用性、艺术性。图例是地图上使用符号的归纳和地图内容的必要说明，便于读图和理解地图内容。图面视觉层次主要体现在专题要素突出、有层次差别。地图构图要保证地图主题得以充分表现，图名、图例、比例尺、文字说明、图片、图表、附图等共同组成一个和谐的整体。

外业测量

航空遥感测量

街景采集

无人机航拍

三维激光扫描

其他方式

测量仪器

第三步：绘

依照设计好的规则利用数据成果绘制成地图。在传统制图时代，制图者使用专业绘图工具以手工绘制的方式制作地图，制作一张地图往往需要大半年时间。不过，到了数字化制图时代，依靠地理信息数据库进行数据提取、综合取舍、分层符号转化、图外整饰，可以更加便捷地实现地图数字化绘制。

打开中国地图，祖国辽阔的疆域、神圣的主权，在我们面前有形地展现。

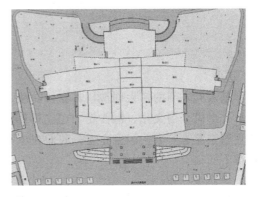

基础地形图

国家版图是国家主权和领土的象征，地图则是国家版图最常用、最主要的表现形式。

中国地图

中国地图

地图是人类文明的伟大创举，具有科学性、艺术性和普适性等突出的特点，甚至可以传承一个民族的文化。但首先，它应具备政治性、法理性和民族性，在绘制时应充分体现国家意志、表明国家立场。我们在绘制和使用地图时一定要"规范使用地图，一点都不能错"。

第四步：印

地图绘制好之后，在印刷出版前，需要按照相关法律法规通过自然资源部门的地图审核，审核通过的地图，就可进行制版印刷了。

通过以上四个步骤，我们才能看到一张精美的地图。所以，一张地图的诞生并不

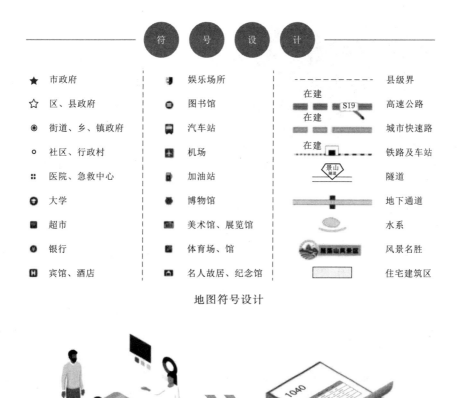

符 号 设 计

★	市政府			县级界
☆	区、县政府	图书馆	S19	高速公路
◉	街道、乡、镇政府	汽车站		城市快速路
○	社区、行政村	机场		铁路及车站
	医院、急救中心	加油站	景山 隧道	隧道
	大学	博物馆		地下通道
	超市	美术馆、展览馆		水系
	银行	体育场、馆		风景名胜
	宾馆、酒店	名人故居、纪念馆		住宅建筑区

地图符号设计

地图审核　　　　　　　　　获得审图号

地图审核

简单，它的背后凝聚着测绘专业人士的汗水和智慧。随着科学技术的发展，地图的内容、形式、载体也在不断变化，除了传统纸质地图，目前还有电子地图、手机地图、互联网地图等各类地图产品，它们以各自独特的方式服务于城市建设和人民生活。

课程思政案例 8：四渡赤水——地形图在战争中的重要作用

四渡赤水河，是中央红军创建川黔边根据地、川滇黔边根据地中在赤水河流域进行的运动战战役，是毛泽东在遵义会议进入党中央领导核心后帮助周恩来、朱德指挥和在苟坝会议进入党中央最高军事领导、指挥核心后亲自指挥的。

一渡、二渡赤水河的过程是毛泽东构思把"滇军调出来"战略计划的基础；苟坝会议成立毛泽东、周恩来、王稼祥三人团，代表政治局全权指挥军事，为毛泽东实施把"滇军调出来"战略计划提供了坚强的组织保证。四渡赤水广义上指一渡、二渡、三渡、四渡，狭义上特指三渡、四渡。

1935 年 3 月 18 日，中央红军从茅台镇第三次渡过赤水河，进入川南，摆出北渡

长江的态势。不出毛泽东所料，当红军主力从茅台渡过赤水河，再次出现在川南的时候，蒋介石随即再次把注意力集中到川南，调动大军堵截追杀。不料想毛泽东冷不防杀个"回马枪"，于 3 月 20 日至 22 日率领红军，秘密且迅速地从四川古蔺太平渡、二郎滩和贵州习水九溪口，第四次渡过赤水河回师黔北，令蒋介石望洋兴叹。

四渡赤水战役历时三个多月。这次战役，红军实行高度灵活机动的运动战方针，纵横驰骋于川、黔、滇边境广大地区，迂回穿插于敌人数十万重兵之间，积极寻求战机，有效地歼灭敌人。从而摆脱了敌人的围追堵截，粉碎了敌人妄图围歼红军于川、黔、滇边境的计划，使中央红军在长征的危急关头，从被动走向主动，从失败走向胜利。

四渡赤水战役，是毛泽东根据情况的变化，吸取前几次战斗的教训，指挥中央红军巧妙地穿插于国民党军重兵集团之间，灵活地变换作战方向，为红军赢得了时机，创造战机，在运动中歼灭了大量国民党军，牢牢地掌握战场的主动权，取得了战略转移中具有决定意义的胜利，这是中国工农红军战争史上以少胜多、变被动为主动的光辉战例。毛泽东曾说，四渡赤水是他一生中的"得意之笔"。而美国作家哈里森·索尔兹伯里在所著的《长征——前所未闻的故事》中写道：长征是独一无二的，长征是无与伦比的。而四渡赤水又是"长征史上最光彩神奇的篇章"。

从地理环境来说，长征之路有两段路是最难走的——云贵高原和川西地区。四渡赤水就是在云贵高原，而雪山草地就是在川西地区。

三渡赤水是公开的，意在调动国民党军进入川南；而四渡赤水则是秘密的，意在跳出国民党军的包围圈，在广阔的空间中寻求机动。蒋介石和其部属压根没有想到毛泽东会挥兵重入黔北，依旧做着在川南聚歼红军的部署。在中央红军已经全部东渡赤水后，中央军薛岳还在军情通报中称"共匪大部尚在镇龙山、铁厂"，而云南军阀龙云则在训令各部"聚歼该匪于叙（永）、（古）蔺以南，赤水以西，毕节、仁怀以北地区"。直到 3 月 25 日，龙云还在命令各部将红军歼灭于"铁厂、镇龙山、石宝寨、大村间地区"，而此时，中央红军已东渡赤水三四日了。

遵义会议后，毛泽东重新回到红军指挥岗位，红军的行动不仅令蒋介石晕头转向，也让红军的许多高级指挥员迷惑难解。在行军的途中，毛泽东来到了红一军团第 2 师宿营地。当红 2 师师长刘亚楼等人提出自己的疑惑时，毛泽东微笑不语，拿过一张军用地图，用红色铅笔在图上画出了一道醒目的红线，由贵州向东南、向西、向西南，入云南，逼昆明，再折转直指金沙江，构成了一条令人难以置信的大迂回行进路线。这条路线的终点是千里之外的川滇交界的金沙江，而起点竟是蒋介石的行营所在地贵阳。这是一招石破天惊的妙棋，让蒋介石在惊慌失措之中方寸大乱。

第 8 章

测设的基本方法

【学习目标】

掌握测设的三项基本工作内容，即已知水平距离、已知水平角和已知高程的具体方法和步骤；掌握测设点的平面位置的方法和步骤；能使用水准仪和经纬仪等进行上述基本内容的测设；理解已知坡度线和圆曲线的测设方法和步骤。

【课程思政育人目标】

培养学生吃苦耐劳、热爱本职工作的高尚情操。培养学生对待工作认真负责、钻研技术精益求精的工匠精神。培养学生积极动脑、务实创新、严格自律、追求卓越的精神。

各种工程建设都应遵循一定的建设程序，都要经过勘测规划设计、施工和运行管理等几个阶段，各个阶段对测量工作的任务要求不同。在施工阶段，要求将拟建建筑物体的位置和大小按设计图纸的要求用一定的测量仪器和测量方法在施工现场标定出来，作为施工的依据，这种标定工作称为施工放样（也称测设）。而实际施工放样时是先把图纸上设计的建（构）筑物的一些特征点位置在地面上标定出来，作为施工的依据。可见，施工放样的根本任务是点位的测设。

8.1 测设的基本工作

在测设之前，首先应根据已知的特征点、控制点、地物点的数据，确定特征点与控制点或地物点之间的角度、距离和高程之间的位置关系，这些位置关系被称为测设数据。然后利用测量仪器，依据测设数据，将特征点在地面上标定出来。所以，测设已知水平距离、已知水平角和已知高程是测设的三项基本工作内容。

实际工程中常用的方法有一般测设法和精确测设法。一般测设法是指仅包含测设距离、角度、高程所需要的因素而无多余观测的一种简便而直接的测设方法。精确测设法是指为了提高测设精度，先测设一个点作为过渡点，并埋设临时桩，接着运用一定的方法测量该过渡点与已知点之间的关系（如边长、夹角、高差等），把推算的值与设计值比较得差数，最后在过渡点的基础上修正这一差数，把测设点改正到更精确的位置上去，并在精确的点位处埋设永久性标石。一般两种方法同时应用，即一般测设法常作为测设过渡点用，然后用精确测设法改正，使测设精度符合要求。

8.1.1 已知水平距离的测设

根据给定的直线起点和水平长度，沿已知方向确定直线另一端点的测量工作，称为已知水平距离的测设。

测设水平距离的工作，按使用仪器工具不同，有使用钢尺测设和使用光电测距仪或全站仪测设；按测设精度划分，有一般测设法和精确测设法。这里主要介绍钢尺测设方法。

1. 钢尺一般测设法

按一般方法进行测设时，可由给定的起点，沿给出的方向直接用钢尺量取所测设的距离，从而确定直线的另一端点。如测设的长度超过钢尺长度，则应进行往返丈量，丈量误差若在容许范围之内，则取平均值作为最后结果。

2. 钢尺精确测设法

当测设精度要求较高时，应按精确法进行测设。此时应对所测设的距离进行尺长改正、温度改正和倾斜改正。

测设时，可先根据设计水平距离 D，按一般方法在地面概略地定出 B' 点，如图 8.1 所示，然后按照第 4 章介绍的方法，精密丈量 AB' 的水平距离，并加入尺长、温度及倾斜改正数（注意：三项

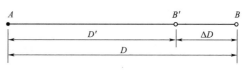

图 8.1　钢尺测设方法

改正数的符号与量距时相反）。设求出 AB' 的水平距离为 D'。若 D' 不等于 D，则按式（8.1）计算改正数 ΔD：

$$\Delta D = D - D' \tag{8.1}$$

沿 AB 直线方向，对 B' 点进行改正，即可确定出 B 点的正确位置。如 ΔD 为正，应向外改正；ΔD 为负，则向内改正。

8.1.2 已知水平角的测设

已知水平角的测设，是根据某一已知方向和已知水平角的数值，把该角的另一方向在地面上标定出来。如已知地面上 OA 方向，从 OA 向右测设水平角 β，定出 OB 方向。

由于对精度的要求不同，水平角测设的方法有如下两种。

1. 一般方法

如图 8.2 所示，一般方法的步骤如下。

（1）在 O 点安置经纬仪，以盘左位置瞄准 A 点，并使水平度盘读数配置为 L（L 稍大于 $0°0'0''$）。

（2）松开水平制动螺旋，顺时针方向旋转照准部，使度盘读数为 $L+\beta$ 角值，在此方向上定出 B' 点。

（3）倒镜成盘右位置，以同样方法定出 B'' 点。

（4）取 B'、B'' 的连线中点 B，则 $\angle AOB$ 就是要测设的角度。

2. 精确方法

如图 8.3 所示，当测设精度要求较高时，可按如下步骤进行。

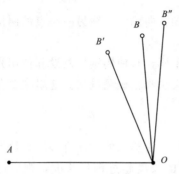 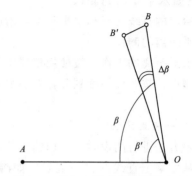

图 8.2　已知水平角简单测设方法　　　图 8.3　已知水平角精确测设方法

（1）按一般方法测设出 B' 点。

（2）用测回法对 $\angle AOB'$ 观测若干个测回（测回数根据要求的精度而定），求出其平均值 β'，并计算出 $\Delta\beta = \beta - \beta'$。

（3）计算改正距离。

$$B'B = OB'\tan\Delta\beta \approx OB'\frac{\Delta\beta}{\rho} \tag{8.2}$$

式中：$\rho = 206265''$。

（4）自 B' 点沿 OB' 的垂直方向量出距离 $B'B$，定出 B 点，则 $\angle AOB$ 就是要测设的角度。

量取改正距离时，如 $\Delta\beta$ 为正，则沿 OB' 的垂直方向向外量取；如 $\Delta\beta$ 为负，则沿垂直方向向内量取。

8.1.3　已知高程的测设

已知高程的测设，根据已知高程的水准点将设计高程在实地标定出来。下面用实例说明测设方法。

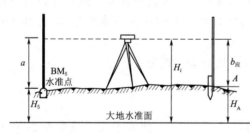

图 8.4　已知高程的测设

如图 8.4 所示，BM_5 为水准点，其高程 $H_5 = 7.327\text{m}$，今欲将设计高程 $H_{A设} = 6.513\text{m}$ 测设到木桩 A 上。其测设步骤如下。

（1）在水准点 BM_5 和 A 点之间安置水准仪，后视 BM_5 得读数 $a = 0.874\text{m}$。则视线高程为：

$$H_i = H_5 + a = 7.327 + 0.874 = 8.201\text{m}$$

（2）计算 A 点水准尺尺底恰好位于设计高程时的前视读数 $b_应$。

$$b_应 = H_i - H_{A设} = 8.201 - 6.513 = 1.688\text{m}$$

（3）上、下移动竖立在木桩 A 侧面的水准尺，使尺上读数为 1.688m。此时紧靠尺底在桩上画一水平线，其高程即为 6.513m。

当待放样的高程 HB 高于仪器视线时（如放样隧洞顶标高时），可以把尺底向上，即用"倒尺"法放样，如图 8.5 所示，$b = HB - (HA + a)$。

当放样点的高程比水准点高程低很多，如向深基坑传递高程时，可以用悬挂钢尺代替水准点，以放样设计高程。悬挂钢尺时，零刻划端朝下，并在下端挂一个重量相当于钢尺鉴定时拉力的重锤，在地面和坑内各放一把水准仪，如图 8.6 所示。设地面放仪器时对 A 点尺上的读数为 a_1，对钢尺的读数为 b_1；在坑内放仪器时对钢尺读数为 a_2，则对 B 点尺上的应有读数为 b_2。

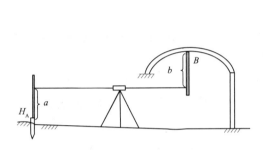

图 8.5　倒尺法放样

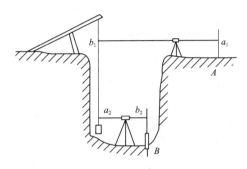

图 8.6　深基坑大高差水准测量方法示意

由 $H_B - H_A = h_{AB} = (a_1 - b_1) + (a_2 - b_2)$，得 $b_2 = a_1 - b_1 + a_2 - h_{AB}$。

用逐渐打入木桩或在木桩上画线的方法，使立在 B 点的水准尺上读数为 b_2，这样，就可以使 B 点的高程符合设计要求。

当放样点的高程比水准点高程高很多，如以地面上的水准点进行高层建筑物的高程放样时，也可按以上方法进行，但应向上传递高程，注意数据要计算正确，如图 8.7 所示，为了在楼层面上测设出设计高程 H_B，可在楼层上架设吊杆，杆顶吊一根零点向下的钢尺，尺子下端挂一重约 10kg 的重锤。在地面和楼层面上各安置一台水准仪，设地面水准仪在已知水准点 A 点尺上读数为 a_1，在钢尺上读数为 b_1；楼层上安置的水准仪在钢尺上读数为 a_2，则 B 点尺上应有读数 $b_2 = H_A + a_1 - b_1 + a_2 - H_B$。由 b_2 即可标出设计高程 H_B。

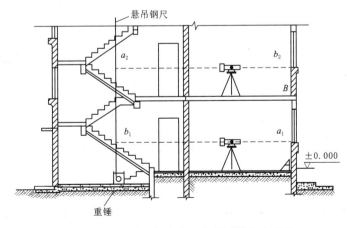

图 8.7　高层建筑物大高差水准测量方法示意

8.2 测设点位的基本方法

如上所述，建（构）筑物的测设，实质上是将建（构）筑物的一些特征点的平面位置和高程标定于施工现场。测设点的平面位置的基本方法有直角坐标法、极坐标法、角度交会法和距离交会法。测设时，应根据施工现场控制点的分布情况、建筑物的大小、测设精度及施工现场情况来选择方法。

8.2.1 直角坐标法

直角坐标法是根据直角坐标原理进行点位放样的。若施工场地的平面控制网为建筑基线或建筑方格网，使用此方法较为方便。

如图 8.8 所示，1、2、3、4 为建筑方格网点，R、S 为建筑物主轴线端点，其坐标分别为（x_R，y_R）、（x_S，y_S），RS 与方格网线平行，今欲以直角坐标法测设 R、S 点的平面位置。

测设时，首先计算 R 点与 1 点的纵、横坐标差：$\Delta x_{1R} = x_R - x_1$，$\Delta y_{1R} = y_R - y_1$。然后在 1 点安置经纬仪，瞄准 2 点，从 1 点开始沿此方向测设距离 Δy_{1R}，定出 a 点；再将经纬仪搬至 a 点，仍瞄准 2 点，逆时针方向测设出 90°角，沿此方向测设距离 Δx_{1R}，即得到 R 点位置。按同样方法测设出 S 点。最后应丈量 RS 的距离以作为检核。

8.2.2 极坐标法

如测量控制点离放样点较近，且便于量距，可采用极坐标法测设点的平面位置。

如图 8.9 所示，设 F、G 为施工现场的平面控制点，其坐标值为：（$x_F = 356.812$m，$y_F = 235.500$m）、（$x_G = 368.430$m，$y_G = 315.610$m）。

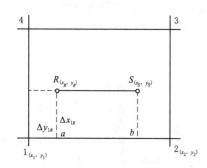

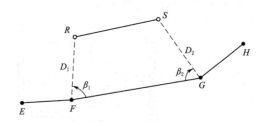

图 8.8 直角坐标法   图 8.9 极坐标法

R、S 为建筑物主轴线端点，其设计坐标值为：（$x_R = 380.000$m，$y_R = 245.361$m）、（$x_S = 386.000$m，$y_S = 295.000$m）。

用极坐标法测设 R、S 点平面位置的方法和步骤如下。

（1）根据控制点 F、G 的坐标和 R、S 的设计坐标值，计算测设所需的数据 β_1、β_2 及 D_1、D_2。

首先计算 FG、FR、GS 的坐标方位角：

$$\alpha_{FG} = \text{arctg} \frac{y_G - y_F}{x_G - x_F} = \text{arctg} \frac{+80.110}{+11.618} = 81°44'53''$$

$$\alpha_{FR} = \text{arctg} \frac{y_R - y_F}{x_R - x_F} = \text{arctg} \frac{+9.861}{+23.188} = 23°02'18''$$

$$\alpha_{GS} = \text{arctg} \frac{y_S - y_G}{x_S - x_G} = \text{arctg} \frac{-20.610}{+17.570} = 310°26'51''$$

计算 β_1、β_2 的角值：

$$\beta_1 = \alpha_{FG} - \alpha_{FR} = 81°44'53'' - 23°02'18'' = 58°42'35''$$

$$\beta_2 = \alpha_{GS} - \alpha_{GF} = 310°26'51'' - 261°44'53'' = 48°41'58''$$

计算距离 D_1、D_2 值：

$$D_1 = \sqrt{(x_R - x_F)^2 + (y_R - y_F)^2} = \sqrt{(23.188)^2 + (9.861)^2} = 25.198\text{m}$$

$$D_2 = \sqrt{(x_S - x_G)^2 + (y_S - y_G)^2} = \sqrt{(17.570)^2 + (20.610)^2} = 27.083\text{m}$$

（2）测设时，如图 8.10 所示，将经纬仪安置于 F 点，瞄准 G 点，按逆时针方向测设 β_1 角，得到 FR 方向；再沿此方向测设水平距离 D_1，即得到 R 点的平面位置。用同样方法测设出 S 点。然后丈量 RS 之间的距离，并与设计长度相比较，其差值应在容许范围内。

8.2.3　角度交会法

当要测设的点位距离已知控制点较远或不方便量距时，可采用角度交会法。当使用角度交会法测设点位时，为了进行检核，应尽可能根据三个方向进行交会。

如图 8.11 所示，E、F、G、H 为已知坐标的平面控制点，R、S 为给定设计坐标的待测设点。

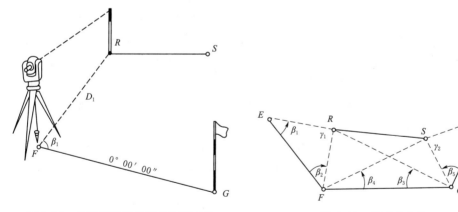

图 8.10　经纬仪按极坐标法测设点位　　　　图 8.11　角度交会法

测设前根据已知控制点和待测设点的坐标，分别计算出角值 β_1、β_2、β_3、β_4、β_5、β_6，并检验交会角 γ_1、γ_2 是否满足不小于 30°或不大于 120°的要求。测设时，可先在 E、F 点上安置经纬仪，测设 β_1、β_2，获得 ER、FR 两条方向线；在两观测员共同指挥下，在方向线交点处打下大木桩；然后再将两条方向线投到桩顶上。接着在 G 点安置经纬仪，测设 β_3 角，将方向线 GR 投到桩顶上，三方向线的交点即为 R 点的点位。若三条方向线不交于一点，而形成一误差三角形，当误差三角形的各边边长均不超过 10mm 时，取其内切圆的圆心作为 R 点的位置。按同样方法测设出 S 点。最后用钢尺丈量 RS 之水平距离与设计长度比较，其误差在容许范围之内，则稍微改正 R 点或 S 点位置，使符合设计要求。如果仅用两个方向进行交会，则应重复交会，以此检核。

8.2.4 距离交会法

距离交会法是通过测设已知距离定出点的平面位置的一种方法。此法适用于场地平整、便于量距，且控制点到待测设点的距离不超过一整尺的地方。

如图 8.12 所示，R、S 为待测设点，1、2、3、4、5 为已知坐标的平面控制点。

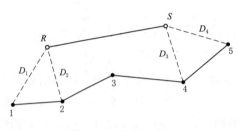

图 8.12　距离交会法

测设前，根据 R 点的设计坐标和 1、2 点的已知坐标，计算出测设距离 D_1、D_2。测设时分别用两把钢尺的零点对准 1、2 点，同时拉紧、拉平钢尺，以 D_1 和 D_2 为半径，在地面上画弧，两弧交点即为待测 R 的点位。同法可测设出 S 点的位置。测设完毕，应检测 RS 的距离是否与其设计值相符，以此检核。

8.3　坡度线的测设

已知坡度线的测设就是在目标区域内测定出一条直线，使其坡度值等于设计坡度。在交通线路建设、城市管线敷设等工作中经常涉及该问题。

测设坡度线通常有两种方法，即水平视线法和倾斜视线法。当设计坡度不大时，可采用水准仪水平视线法；当设计坡度较大时，可采用经纬仪或全站仪倾斜视线法。

坡度 i_{AB} 是直线段 AB 两端点的高差 h_{AB} 与其水平距离 d_{AB} 之比，即 $i_{AB} = h_{AB}/d_{AB}$。由于高差有正有负，所以坡度也有正负，坡度上升时 i_{AB} 为正；反之为负。常以百分率或千分率表示坡度，如 $i_{AB} = +2\%$（升坡），$i_{AB} = -2‰$（降坡）。

8.3.1 水平视线法

如图 8.13 所示，A、B 分别为设计坡度线的起始点和终点，其设计高程分别为 H_A 和 H_B，A、B 间的距离设为 D。沿 AB 方向测设坡度为 i_{AB} 的坡度线的方法和步骤如下。

（1）首先在 A、B 间按一定的间隔在地面上标定出中间点 1、2、3 的位置，分别量取每相邻两桩间的距离为 d_1、d_2、d_3、d_4，A、B 间距离 D 即为 d_1、d_2、d_3、d_4 的和。

（2）计算每一个桩点的设计高程，公式为 $H_设 = H_A + i_{AB} \times d_i$（$d_i$ 即为 A 点和桩点间的距离，如计算 2 点的设计高程时，公式中的 d_i 即为 d_1 与 d_2 的和）。

（3）安置水准仪，读取 A 点水准尺后视读数 a，则水准仪的视线高程 $H_视 = H_A + a$，再算出每一个桩点水准尺的应读前视读数 b，方法是用视线高程减去该点的设计高

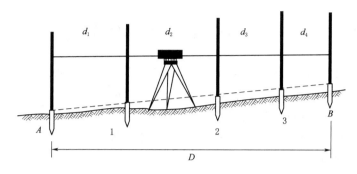

图 8.13　水平视线法测设坡度线

程，公式为 $b = H_视 - H_设$。

（4）按测设高程的方法，指挥测量立尺人员，分别使水准仪的水平视线在水准尺读数刚好等于各桩点的应读前视读数 b 时作出标记，则桩标记连线即为设计坡度线。

8.3.2　倾斜视线法

倾斜视线法是根据视线与设计坡度线平行时，其两线之间的铅垂距离处处相等的原理，来确定设计坡度上的各点高程位置。

如图 8.14 所示，A、B 分别为设计坡度线的起始点和终点，A 点的设计高程为 H_A，A、B 间的距离设为 D。沿 AB 方向测设坡度为 i_{AB} 的坡度线的方法和步骤如下。

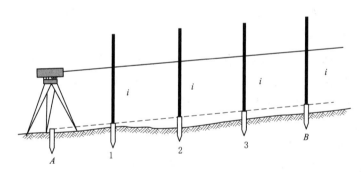

图 8.14　倾斜视线法测设坡度线

（1）根据 A 点的高程、坡度 i_{AB} 和 A、B 两点间的水平距离 D，计算出 B 点的设计高程：$H_B = H_A + i_{AB} \times D$。

（2）根据设计坡度和 A，B 两点的设计高程，用已知高程的测设方法在 A、B 点上测设出设计高程 H_A 和 H_B 的所在位置。

（3）将经纬仪安置在 A 点上，量取仪器高度 i，用望远镜瞄准 AB 方向，转动在 AB 方向上的竖直微倾螺旋，使十字丝中丝对准 B 点水准尺上等于仪器高 i 的读数，此时，仪器的视线与设计坡度线平行。

（4）在 AB 方向线上测设中间点，分别在 1、2、3、…处打下木桩，依次在木桩上立尺，使各木桩上水准尺的读数均为仪器高 i，在木桩侧面沿标尺底部标注红线，即为设计坡度线的所在位置。

8.4　圆曲线的测设

曲线测设的形式有多种，如圆曲线、缓和曲线、综合曲线和回头曲线等。其中圆曲线是最常用的一种平面曲线，又称单曲线。圆曲线的测设工作一般分两步进行，先定出圆曲线的主点，即曲线的起点（ZY）、中点（QZ）和终点（YZ）。然后以主点为基础进行加密，定出曲线上其他各点，称为详细测设。

8.4.1　曲线主点的测设

1. 主点测设元素的计算

圆曲线的曲线半径为 R，线路转折角为 α、切线长为 T、曲线长为 L 和外矢距是测设曲线的主要元素。如图 8.15 所示，若 α、R 已知，则曲线元素的计算公式为

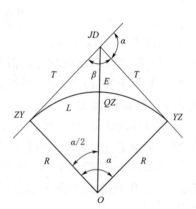

$$T = R \times \tan \frac{\alpha}{2} \qquad (8.3)$$

$$L = R\alpha \times \frac{\pi}{180°} \qquad (8.4)$$

$$E = R \times \left(\sec \frac{\alpha}{2} - 1 \right) \qquad (8.5)$$

$$D = 2T - L \qquad (8.6)$$

图 8.15　圆曲线主点的测设

2. 主点里程的计算

圆曲线主点的里程是根据交点里程推算出来的，由图 8.15 可知：ZY 里程＝JD 里程－T；QZ 里程＝ZY 里程＋$L/2$；YZ 里程＝QZ 里程＋$L/2$。

桩号计算还可用切曲差来检核，其公式为：JD 里程＝YZ 里程－T＋D。

3. 主点的测设

如图 8.15 所示，圆曲线主点的测设方法如下。

（1）在交点 JD 安置经纬仪，瞄准线路前进方向后方向的交点或转点，自测站起沿此方向量切线长 T，得曲线起点 ZY，并丈量 ZY 点至最近一个直线桩的距离，如果两桩里程之差在容许范围内可钉桩定位。

（2）测设曲线终点 YZ，经纬仪瞄准线路前进方向的交点或转点，自测站起沿此方向量切线长 T，定曲线终点 YZ 桩。

（3）测设曲线中点 QZ，安置水平度盘，记录初始读数，经纬仪瞄准 YZ 点，松开照准部，顺时针转动望远镜，使度盘读数对准 β 的平分角值 $\beta/2$，视线即指圆心方向。自测站点起沿此方向量取 E 值，定出曲线中点 QZ，并打一木桩。

主点位置的正确与否将直接影响整个圆曲线的放样质量。因此，在主点测设后，应迁仪器至 ZY（或 YZ）点，测定 JD、QZ 及 YZ 间的夹角，以便检核。

8.4.2　圆曲线的详细测设

一般情况下，当曲线长度小于 40m 时，测设曲线的 3 个主点已能满足道路施工

要求。如果曲线较长或地形变化较大，这时应根据地形变化和设计、施工要求，在曲线上每隔一定距离 L，测设曲线细部点和计算里程，以满足线路和工程施工需要。这项工作称为圆曲线的详细测设。一般规定：$R\geqslant100$m 时，$L=20$m；50m$<R<100$m 时，$L=10$m；$R\leqslant50$m 时，$L=5$m。圆曲线的详细测设方法很多，下面介绍两种常用的测设方法。

1. 偏角法

偏角法放样的基本原理是，应用曲线起点（或终点）至曲线上任意点 i 的弦线与切线 T 之间的弦切角（又称偏角）δ 及弦长 c，来确定 i 点位置。

根据几何学原理，弦切角（偏角）δ 等于该弦所对应的圆心角 ϕ 的一半：$\delta_i=\phi_i/2$，而 $\phi_i=(180°/\pi)\times(l_i/R)$，推出公式：

$$\delta_i=\phi_i/2=(l_i\times180°)/(2\pi R) \tag{8.7}$$

弦长 c 可由式（8.8）计算：

$$c_i=2R\sin(\phi_i/2) \tag{8.8}$$

实际工作中偏角法一般采用规定弧长 L_0 的方法，因此除了起点和终点处会出现小于规定 L_0 的弧长，其余弧长均相等，这样可给计算放样及施工带来方便。

如图 8.16 所示，测设 1 点时，将经纬仪安置在曲线起点（ZY）上，以交点（JD）定向，使度盘读数为零，顺时针拨使度盘读数等于 1 点偏角值，由 ZY 点沿视线量第一段弦长 c_1 得桩点 1。继续转照准部，使度盘读数为 2 点偏角值，由 1 点量 c_0 与视线相交得 2 点，依次类推可测设至 YZ 点上。

2. 切线支距法

切线支距法又称直角坐标法，适用于地势较为开阔平坦、便于量距的地区。它是以曲线起点或终点为坐标原点，以该点切线为 x 轴，过原点的曲线半径为 y 轴建立坐标系，利用曲线上各点坐标 x，y 来测设各曲线点。

（1）计算测设数据。从图 8.17 中可以看出，圆曲线上任一点的坐标为：$\phi_i=(180°/\pi)\times(l_i/R)$，则 $x_i=R\sin\phi_i$，$y_i=R(1-\cos\phi_i)$。

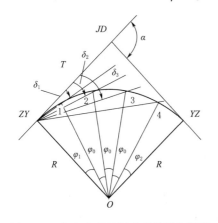
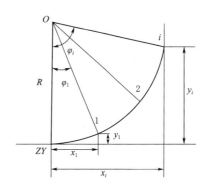

图 8.16　偏角法进行圆曲线的详细测设　　图 8.17　切线支距法进行圆曲线的详细测设

（2）测设方法。测设时以 ZY（或 YZ）点为起点，沿切线方向量取 i 点的横坐标

x_i，桩钉该点，然后在该桩点安置经纬仪拨直角方向，量取 y_i，由此得到曲线上该点的位置。

一般情况由 ZY 点放样至圆弧一半处，再由 YZ 点开始测设剩余点位。

该方法各曲线点的测设是相互独立的，不会产生误差积累，但不能自行闭合，即缺少检核条件。因此放样后要丈量各相邻两点间距离，以作检核。

【本章小结】

在施工阶段，要求将拟建建筑物体的位置和大小按设计图纸的要求用一定的测量仪器和测量方法在施工现场标定出来，作为施工的依据，这种标定工作称为施工放样（也称测设）。施工放样的根本任务是点位的测设。本章主要介绍点位测设的基本内容和方法。

测设已知水平距离、已知水平角和已知高程是测设的三项基本工作内容。实际工程中常用的方法有一般测设法和精确测设法。一般测设已知水平距离时，要结合实际情况进行尺长、温度、倾斜改正；测设已知水平角时，采用盘左、盘右测设取其平均位置；测设已知高程时，主要采用水准测量的方法，根据已知点的高程和放样点的设计高程，利用水准仪在已知点尺上的读数求放样点的水准尺上的读数。

测设点的平面位置可用直角坐标法、极坐标法、角度交会法和距离交会法。根据具体情况确定测设方法。各种方法都必须先根据已知控制点坐标和待放样点的坐标，算出测设数据，再进行实地测设。

已知坡度线的测设就是在目标区域内测定出一条直线，使其坡度值等于设计坡度。通常用水平视线法或倾斜视线法进行测设。圆曲线又称单曲线，是最常用的一种平面曲线。其测设工作一般分两步进行，先定出圆曲线的主点，即曲线的起点（ZY），中点（QZ）和终点（YZ）。然后进行详细测设，即以主点为基础进行加密，定出曲线上其他各点。

【知识检验】

1. 问答题

（1）什么是测设？测设前需做哪些准备工作？

（2）测设的根据任务是什么？基本工作内容是什么？

（3）测设点的平面位置有哪些基本方法？各适用于何种情况？

（4）用精确方法进行水平角测设的步骤有哪些？

（5）已知坡度线和圆曲线测设的方法与步骤有哪些？

2. 计算题

（1）若想测设一段 28.000m 的水平距离 CD。所用钢尺的尺长方程为

$$l_t = 30.000 - 0.0070 + 1.2 \times 10^{-5} \times 30(t - 20℃)\text{m}$$

测设时温度为 15℃，所施于钢尺的拉力与检定时拉力相同，经概量后测得 CD 高差为 0.580m，试计算测设时在地面上应量出的长度。

（2）如图 8.18 所示，若想测设 $\angle AOB=90°00'00''$。用一般方法测设后，又精确地测得其角值为 $90°00'40''$。设 $OB=120.00\text{m}$，请对 B 点进行改正。

（3）某建筑场地上水准点 M 的高程为 $HM=30.000\text{m}$，欲在待建建筑物附近的墙壁上测设出 ±0.000 标高（其设计高程为 30.600m）作为施工过程中检测各项标高用。使用水准仪进行测设时，在水准点 M 上所立水准尺的读数为 1.968m，试进行测设数据计算，并说明测设方法。

（4）如图 8.19 所示，已知水准点 BM_A 的高程为 18.500m，若要测设设计高程为 12.000m 的水平控制桩 B，在基坑的边缘设置转点 C。水准仪安置在坑底时，B、C 点处的水准尺均需倒立，试按图中所给水准尺读数，计算 B 尺上读数为多少时，B 尺尺底高程恰好为 12.000m。

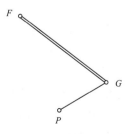

图 8.18　计算题（2）图

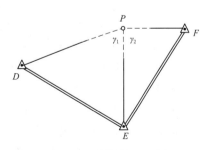

图 8.19　计算题（4）图

（5）如图 8.20 所示，F、G 为建筑场地已有控制点，其坐标为（$x_F=866.812\text{m}$，$y_F=635.500\text{m}$）、（$x_G=838.430\text{m}$，$y_G=675.610\text{m}$）。P 为放样点，其设计坐标为：（$x_P=816.762\text{m}$，$y_P=645.780\text{m}$），试计算用极坐标法从 G 点测设 P 点点位所需的数据。

（6）如图 8.21 所示，D、E、F 为已知控制点，其坐标为：（$x_D=560.670\text{m}$，$y_D=620.578\text{m}$）、（$x_E=485.537\text{m}$，$y_E=832.860\text{m}$）、（$x_F=633.537\text{m}$，$y_F=973.860\text{m}$）。P 为放样点，其设计坐标为：（$x_P=683.537\text{m}$，$y_P=824.862\text{m}$）。现拟用角度交会法将 P 点测设于施工现场，试计算所需测设数据。

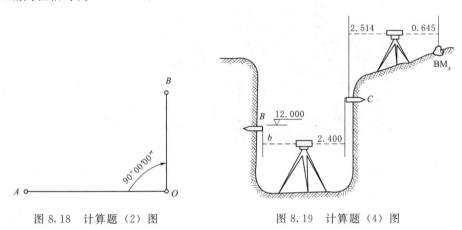

图 8.20　计算题（5）图　　　　　图 8.21　计算题（6）图

课程思政案例 9：淡泊名利 匠心报国

　　刘先林，1939 年 4 月出生，现任中国测绘科学研究院名誉院长，中国工程院首批院士。测绘是把地球"搬回家""画成图"，刘先林就是为测量地球做量尺的人。50多年来，他始终从事测绘仪器的研发，用百折不挠、精益求精的工匠精神把"量尺"做到了极致，将中国测绘仪器的水平推进到国际领先地位。

　　作为从事航测仪器研制的测绘人，结合生产搞装备研发是他的原则，他所有的创新成果没有一个躺在文件柜，全部在实际中得到了应用，转化为现实生产力。

　　测绘仪器涉及光、机、电、测绘、计算机等多种学科，刚开始的时候刘先林也并非样样精通。几十年来，不管是不是他的专业，是不是他的本职工作，只要科研需要，他都认真去学。成为院士后，他也不断去补充新鲜血液，完善知识结构。从电路板的焊接、程序的编制、系统的联调、现场的试验、用户问题的解答，他都亲力亲为，积累第一手数据，力争每个细节做到完美。他可以历经上百次失败而不气馁，可以加班加点写程序直到深夜，可以在实验室里连干几天。他的实验室被称为"车间"，他被大家亲切地称为"工人师傅"。从 20 世纪 80 年代开始的正射投影仪到 90 年代的解析测图仪，从 1998 年的数字摄影测量工作站到 2007 年的数字航空摄影仪，再到目前世界最先进的移动激光建模测量系统，刘先林一路披荆斩棘，把"量尺"更新升级换代了一批又一批。

　　刘先林牵头的几个重大项目，从开始到成功每次都历时 10 年左右，经过无数次的起起落落。1968 年，为了解决空中测量程序的一个难点问题，他三天三夜在机房度过。1987 年，为了推广应用 JX-3 解析测图仪，他把单板机上面的驱动软件，一个个移植到系统机里面。春节期间，助手们回家探亲，他拉着 10 岁的儿子帮忙，爷儿俩整个春节期间在实验室连续苦干，一共焊接了几百个焊点，累得几乎直不起腰来。就在这一年，JX-3 解析测图仪实现了批量生产，并出口国际市场。2003 年，他又开始构想移动激光建模测量系统，针对当时国际上地面测量设备存在的技术缺陷以及高端传感器对我国禁用的现状，面向高精度全息地面测量的需求，立足关键设备全部国产化，开启了我国自主高精度地面移动测量设备研发的先河。作为全新的技术，在大家都不知从何处下手的时候，刘先林从系统构建思路、关键装备研制、现场试验等，都全程参与。特别是在全自动后处理软件的研发中，在所有科研人员都对全自动处理方法的实现缺乏信心的时候，刘先林始终坚持要做到 100％ 自动提取数据，并多次亲自开车到马路上观察路边物体情况，历经千百次的修改完善和改进，使得自动提取比例从 30％、到 50％、再到 80％ 稳步提高。目前，该系统后期处理的绝对精度可达 5 厘米，1 公里数据的处理时间只需要 5 分钟，可以提取多达 50 种城市地物要素分类，而国外同类产品即便只提取一种地物要素，也需要半个小时，技术水平在世界同类产品中，处于绝对领先地位。

刘先林连续两次获得国家科技进步一等奖，第一次把计算机技术用在了航空测量领域，成为第一个把测量方法写入《航空摄影测量作业规范》的中国人。

第9章

建 筑 施 工 测 量

【学习目标】

了解民用建筑和工业建筑施工测量的特点、原则和基本要求；掌握民用建筑和工业建筑施工测量的主要内容和基本方法。

【课程思政育人目标】

培养学生精益求精的工匠精神。

9.1 建 筑 施 工 测 量 概 述

建筑施工测量主要是指民用建筑和工业建筑施工测量，例如住宅、办公楼、商场、医院、宾馆、学校等民用建筑和工业企业的仓库、厂房、车间等的施工测量，通常又称工业与民用建筑施工测量。

建筑的施工测量贯穿于施工的整个过程，主要内容包括：施工前建立与工程相适应的施工控制网；建（构）筑物的放样及构件与设备的安装测量；施工质量的检查和验收；建（构）筑物的变形观测等。

9.1.1 施工测量的特点

与测图工作相比，施工测量具有如下特点。

（1）目的不同。测图工作是将地面上的地物、地貌测绘到图纸上，而施工测量是将图纸上设计的建筑物或构筑物测设到实地。

（2）精度要求不同。施工测量的精度要求取决于工程的性质、规模、材料、施工方法等因素。一般高层建筑物的施工测量精度要求高于低层建筑物的施工测量精度，钢结构施工测量精度要求高于钢筋混凝土结构的施工测量精度，装配式建筑物的施工测量精度要求高于非装配式建筑物的施工测量精度。此外，由于建筑物、构筑物的各部位相对位置关系的精度要求较高，因而工程的细部放样精度要求往往高于整体放样精度。

（3）施工测量工序与工程施工工序密切相关，某项工序还没有开工，就不能进行该项的施工测量。测量人员必须了解设计的内容、性质及其对测量工作的精度要求，熟悉图纸上的设计数据，了解施工的全过程，并掌握施工现场的变动情况，使施工测量工作能够与施工密切配合。

（4）受施工干扰。施工场地上工种多、交叉作业频繁，并要填、挖大量土石方，地面变动很大，又有车辆等机械振动，因此各种测量标志必须埋设稳固且在不易破坏的位置。其解决办法是采用二级布设方式，即设置基准网和定线网。基准网远离现场，定线网布设于现场，当定线网密度不够或者现场受到破坏时，可用基准网增设或恢复之。定线网的密度应尽可能满足一次安置仪器就可测设的要求。

9.1.2　施工测量的原则

为了保证施工满足设计要求，施工测量也应遵循"由整体到局部，先控制后细部"的原则，即先在施工现场建立统一的施工控制网，然后以此为基础，测设出各个建筑物和构筑物的细部位置。这样可以减少误差累积，保证测设精度，免除因建筑物众多而引起测设工作的紊乱。

此外，施工测量责任重大，稍有差错，就会酿成工程事故，造成重大损失。因此，必须加强外业和内业的检核工作。检核是测量工作的灵魂。

9.1.3　施工测量的基本要求

9.1.3.1　施工测量的主要技术要求

1. 建筑物施工放样应符合的要求

（1）建筑物施工放样、轴线投测和标高传递的偏差，不应超过表 9.1 的规定。

表 9.1　　　　建筑物施工放样、轴线投设和标高传递的允许偏差

项　目	内　容		允许偏差/mm
基础桩位放样	单排桩或群桩中的边桩		±10
	群桩		±20
各施工层上放线	外廓主轴线长度 L/m	$L \leqslant 30$	±5
		$30 < L \leqslant 60$	±10
		$60 < L \leqslant 90$	±15
		$90 < L$	±20
	细部轴线		±2
	承重墙、梁、柱边线		±3
	非承重墙边线		±3
	门窗洞口线		±3
轴线竖向投测	每层		3
	总高 H/m	$H \leqslant 30$	5
		$30 < H \leqslant 60$	10
		$60 < H \leqslant 90$	15
		$90 < H \leqslant 120$	20
		$120 < H \leqslant 150$	25
		$150 < H$	30

续表

项　目	内　　容		允许偏差/mm
标高竖向传递	每层		±3
	总高 H/m	$H \leqslant 30$	±5
		$30 < H \leqslant 60$	±10
		$60 < H \leqslant 90$	±15
		$90 < H \leqslant 120$	±20
		$120 < H \leqslant 150$	±25
		$150 < H$	±30

（2）施工层标高的传递，宜采用悬挂钢尺代替水准尺的水准测量方法进行，并应对钢尺读数进行温度、尺长和拉力改正。传递点的数目，应根据建筑物的大小和高度确定。规模较小的工业建筑或多层民用建筑，宜从两处分别向上传递，规模较大的工业建筑或高层民用建筑，宜从3处分别向上传递。传递的标高较差小于3mm时，可取其平均值作为施工层的标高基准，否则，应重新传递。

（3）施工层的轴线投测，宜使用2″级激光经纬仪或激光铅直仪进行。控制轴线投测至施工层后，应在结构层平面上按闭合图形对投测轴线进行校核。合格后，才能进行本施工层上的其他测设工作。否则，应重新进行投测。

（4）施工的垂直度测量精度，应根据建筑物的高度、施工的精度要求、现场的观测条件和垂直度测量设备等综合分析确定，但不应低于轴线竖向投测的精度要求。

（5）大型设备基础浇注过程中，应及时监测。当发现位置及标高与施工要求不符时，应立即通知施工人员，及时处理。

2．结构安装测量的精度应满足的要求

（1）柱子、桁架和梁安装测量的偏差，不应超过表9.2的规定。

表 9.2　　　　　　　　柱子、桁架和梁安装测量的允许偏差

测　量　内　容		允许偏差/mm
钢柱垫板标高		±2
钢柱±0 标高检查		±2
混凝土柱（预制）±0 标高检查		±3
柱子垂直度检查	钢柱牛腿	5
	柱高 10m 以内	10
	柱高 10m 以上	$H/1000$，且 $\leqslant 20$
桁架和腹梁、桁架和钢架的支承结点间相邻高差的偏差		±5
梁间距		±3
梁面垫板标高		±2

注　H 为柱子高度，mm。

（2）构件预装测量的偏差，不应超过表9.3的规定。

表 9.3 构件预装测量的允许偏差

测 量 内 容	测量的允许偏差/mm
平台面抄平	±1
纵横中心线的正交度	$±0.8\sqrt{L}$
预装过程中的抄平工作	±2

注 L 为自交点起算的横向中心线长度的米数，长度不足5m时，以5m计。

（3）附属构筑物安装测量的偏差，不应超过表9.4的规定。

表 9.4 附属构筑物安装测量的允许偏差

测 量 项 目	测量的允许偏差/mm
栈桥和斜桥中心线的投点	±2
轨面的标高	±2
轨道跨距的丈量	±2
管道构件中心线的定位	±5
管道标高的测量	±5
管道垂直度的测量	$H/100$

注 H 为管道垂直部分的长度，mm。

3. 设备安装测量的主要技术要求

（1）设备基础竣工中心线必须进行复测，两次测量的较差不应大于5mm。

（2）对于埋设有中心标板的重要设备基础，其中心线应由竣工中心线引测，同一标中心标点的偏差不应超过±1mm。纵横中心线应进行正交度的检查，并调整横向中心线。同一设备基准中心线的平行偏差或同一生产系统的中心线的直线度应在±1mm以内。

（3）每组设备基础，均应设立临时标高控制点。标高控制点的精度，对于一般设备基础，其标高偏差应在±2mm以内；对于与传动装置有联系的设备基础，其相邻两标高控制点的标高偏差应在±1mm以内。

9.1.3.2 测量记录的基本要求

（1）应在规定的表格上记录。记录应将表头所列各项填好，并熟悉表中栏目各项内容和相应的填写位置。

（2）记录应当场及时填写清楚，不允许先写在草稿纸上后转抄誊清，以免转抄错误；记错或弄错的数字，应将错数画一斜线，将正确数字写在错数字的上方，以保持记录的"原始性"。

（3）字迹要工整、清楚，相应的数字及小数点应上下左右对齐。记录中数字的位数应反映观测精度，如水准读数读至毫米，即1.330m，不应记作1.33m。

（4）记录过程中的简单计算，如取平均值等，应在现场及时进行，并做校核。草图、点之记等，应当场绘制，其方向、有关数据和地名等应标注清楚。

（5）记录人员应根据现场实况以目估法随时校核所测数据，以便及时发现观测中的明显错误。

（6）测量记录应妥善保管，工作结束后，应及时上交有关部门保存。

9.1.3.3 计算工作的基本要求

计算工作的基本要求是：依据正确，方法科学，严谨有序，步步校核，结果正确。

（1）图纸上的数据和外业观测结果是计算工作的依据。计算前，应认真仔细逐项审阅与校核，以保证计算依据的正确性。

（2）计算一般均应在规定的表格上进行。按图纸和外业记录在计算表中填写原始数据时，严防转抄错误。填好后，应换他人校对，这项校核十分重要。

（3）计算中，必须做到步步有校核。每项计算在前者数据经校核无误后，才能进行。校核方法以可靠、简单为原则，常用的计算校核方法有：①复算或对算校核；②变换计算方法校核；③总和校核；④几何条件校核。

（4）计算中所用数字的位数应与观测精度相适应，取位宜保留到有效数字后一位，应遵循"四舍六入、五凑偶"的原则（即单进、双舍），如1.6675和27.6645保留三位，则为1.668和27.664。

12 建筑施工测量前准备工作

9.2 建筑施工测量前准备工作

建筑物的施工，如施工准备，场地控制网的测设，建（构）筑物放样定位，结构施工中的标高与竖向的控制以及竣工测量和变形观测等均离不开测量工作。为了做好施工测量，必须了解设计意图，掌握现场情况，了解施工方案和进度安排，熟悉和校核设计图纸，发现问题及时解决，施工前要全面核对测量已知数据的准确性，施工测量时要保证正确的施工测量方法并保证观测精度，及时发现和改正错误，保证施工的需要。总的来讲，建（构）筑物施工前要做好以下几项工作。

9.2.1 熟悉图纸

设计图纸是施工测量的依据，在测设前应熟悉建筑物的设计图纸，了解施工的建筑物和相邻地物间的关系，以及建筑物的尺寸和施工要求等。测设时必须具备下列图纸资料。

1. 建筑总平面图

如图9.1所示，建筑总平面图给出了建筑场地上所有建筑物和道路的平面位置及其主要点的坐标，标出了相邻建筑物之间的尺寸关系，注明了各栋建筑物室内地坪高程，是测设建筑物总体位置和高程的重要依据。

2. 建筑平面图

如图9.2所示，建筑平面图标明了建筑物首层、标准层等各楼层的总尺寸，以及楼层内部各轴线之间的尺寸关系，它是测设建筑物细部轴线的依据。

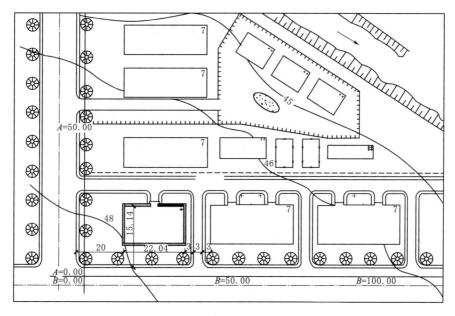

图 9.1　建筑物总平面图

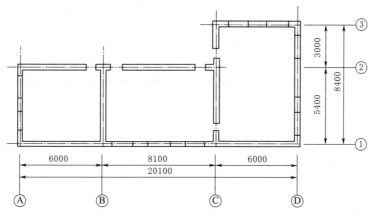

图 9.2　建筑平面图

3. 基础平面图

如图 9.3 所示，基础平面图标明了基础形式、基础平面布置、基础中心或中线的位置、基础边线与定位轴线之间的尺寸关系、基础横断面的形状和大小以及基础不同部位的设计标高等，它是测设基槽（坑）开挖边线和开挖深度的依据，也是基础定位及细部放样的依据。基础详图给出基础的设计宽度、形式以及基础边线和轴线尺寸关系。

4. 立面图和剖面图

如图 9.4 所示，立面图和剖面图标明了室内地坪、门窗、楼梯平台、楼板、屋面及屋架等的设计高程，这些高程通常是以 ±0.000 标高为起算点的相对高程，它是测设建筑物各部位高程的依据。

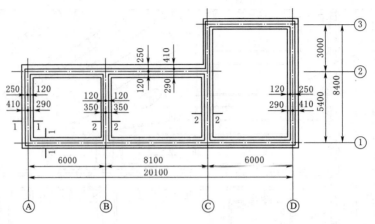

图 9.3　基础平面图

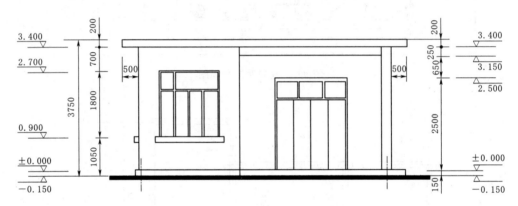

图 9.4　建筑物立面图

9.2.2　现场踏勘

为了解施工现场上地物、地貌以及现有测量控制点的分布情况，应进行现场踏勘，以便根据实际情况考虑测设方案。

9.2.3　检校测设仪器与工具

水准仪、经纬仪、全站仪等应根据使用情况，每隔 2～3 个月对主要轴线关系进行检验和校正。

仪器检验和校正应选在无风、无振动干扰环境中进行。各项检验、校正须按规定的程序进行。一般每项校正均需反复几次才能完成。拨动校正螺丝前，应先辨清其松紧方向。拨动时，用力要轻、稳，螺旋应松紧适度。每项校正完毕时校正螺旋应处于旋紧状态。

各类仪器如发生故障，切不可乱拆乱卸，应送厂家或厂家委托的专业修理部门修理。

9.2.4　校核原有平面控制点和水准点

定位测量前，应由甲方提供至少 3 个相互关联的坐标控制点和两个高程控制点，作为场区控制依据点。以坐标控制点为起始点，首先要对起始依据进行校核。根据红线桩及图纸上的建筑物角点坐标，反算出它们之间的相对关系，并进行角度、距离校测。校测允许误差：角度为 $\pm 12''$；距离相对精度不低于为 1/15000。对起始高程点应用附合水准测量进行校核，高程校测闭合差不大于 $\pm 10\text{mm}\sqrt{n}$（n 为测站数）。对业主提供的首级测量控制网点，办理正式的书面移交手续，实地踏勘点位并做出标记说明。对一级控制网每个月复核一次，同时提交监理、业主。

9.2.5 确定测设方案

在熟悉设计图纸、掌握施工计划和施工进度的基础上，结合现场条件和实际情况，拟定测设方案。测设方案中，一是要说明测设方法、测设步骤、采用的仪器工具、精度要求、时间安排、人员组织等；二是要计算测设数据，并绘制测设略图。在每次现场测设之前，应根据设计图纸和测量控制点的分布情况，准备好相应的测设数据并对数据进行检核，需要时还可以绘出测设略图，把测设数据标注在略图上，使现场测设时更方便快速，并减少出错的可能。

9.2.6 整理施工场地

进行施工测量前，需要对施工场地进行必要的清理与整平，以便进行测设工作。

9.3 施 工 控 制 测 量

9.3.1 概述

测图时所建立的控制网有时未必考虑到施工的要求，控制点的分布、密度和精度，都不能满足施工测量的需要。另外施工平整场地时很多控制点可能被人为破坏了，因此在建筑施工前需重新建立专门的施工控制网。它是工程建设中各项测量工作的基础。

1. 施工控制网的分类

施工控制网分为平面控制网和高程控制网两种。

施工平面控制网的布设形式，应以经济、合理和适用为原则，根据建筑设计总平面图和施工现场的地形条件来确定。对于地形起伏较大的山区建筑场地，则可充分扩展原有的测图控制网，作为施工定位的依据。对于地形较平坦而通视较困难的建筑场地，可采用导线网。对于地形平坦而面积不大的建筑小区，常布置一条或几条建筑基线，组成简单的图形，作为施工测量的依据。对于地形平坦、建筑物多为矩形且布置比较规则的密集的大型建筑场地，通常采用建筑方格网。总之，施工平面控制网的布设形式应与建筑设计总平面的布局相一致。

施工高程控制网采用水准网。

2. 施工控制网的特点

与测图控制网相比，施工控制网具有控制范围小、控制点密度大、精度要求高及使用频率高等特点。

9.3.2 施工场地的平面控制测量

9.3.2.1 建筑坐标系与测量坐标系的坐标转换

设计人员习惯于用独立坐标系进行设计。坐标原点通常选在场地以外的西南角上，这样场地范围内点的坐标都是正值。坐标轴平行或垂直于主轴线，因此同一矩形建筑物相邻两点间的长度可以方便地由坐标差求得，用西南角和东北角两个点的坐标就可确定矩形建筑物的位置和大小。同样，建筑物的间距也可由坐标差求得。这种便于设计的坐标系称为建筑坐标系或施工坐标系。

放样要用到控制点，这些控制点或许已具有国家或城市系统的大地坐标。因建筑坐标系与测量坐标系往往不一致，为了放样就必须把待放样点的设计坐标换算成大地坐标或者把控制点的大地坐标换算为建筑坐标。总之，在施工测量过程中经常会遇到坐标换算工作。

如图 9.5 所示，设 x_P、y_P 为 P 点在测量坐标系内的坐标；A_P、B_P 为 P 点在建筑坐标系内的坐标；$x'_O y'_O$ 为建筑坐标系的原点 O' 在测量坐标系内的坐标；α 为施工坐标系的坐标纵轴 A 在测量坐标系的坐标方位角。则两个系统的坐标可按下式相互变换：

$$\left.\begin{array}{l} x_P = x'_O + A_P \cos\alpha - B_P \sin\alpha \\ y_P = y'_O + A_P \sin\alpha + B_P \cos\alpha \end{array}\right\} \tag{9.1}$$

或

$$\left.\begin{array}{l} A_P = (x_P - x'_O)\cos\alpha + (y_P - y'_O)\sin\alpha \\ B_P = -(x_P - x'_O)\sin\alpha + (y_P - y'_O)\cos\alpha \end{array}\right\} \tag{9.2}$$

式中：x'_O、y'_O 及 α 可在总平面图上查取。

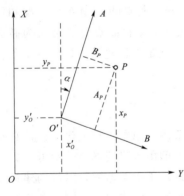

图 9.5　坐标转换关系图

9.3.2.2　建筑基线

建筑基线是建筑场地的施工控制基准线，它适用于建筑设计总平面布置比较简单的小型建筑场地。

1. 建筑基线的布置形式

建筑基线的布置形式主要根据建筑物的分布、场地的地形和原有控制点的情况而定。基线位置应临近且平行建筑物，以便采用直角坐标法进行放线；基线点应不少于 3 个，以便检核；建筑基线应尽可能与施工场地的建筑红线相对照；基线点应选在通视良好且不易被破坏的地方。

如图 9.6 所示，是常用的几种建筑基线形式：图 9.6（a）中 $W-O-E$ 是 "一"字形建筑基线；图 9.6（b）中 $N-O-E_1-E_2$ 是 "L" 形建筑基线；图 9.6（c）中 $N-O-S$ 与 $W-O-E$ 构成 "十" 字形建筑基线，图 9.6（d）中 $N_1-O_1-S_1$、$N_2-O_2-S_2$ 与 $W-O_1-O_2-E$ 构成 "艹" 形建筑基线。

2. 建筑基线的测设

根据建筑场地的不同情况，测设建筑基线的方法主要有以下两种。

（1）用建筑红线测设。在城市建设中，建筑用地的界址是由规划部门确定的，并由拨地单位在现场直接标定出用地边界点，边界点的连线通常是正交的直线，称为建筑红线。建筑红线与拟建的主要建筑物或建筑群中多数建筑物的主轴线平行。因此，

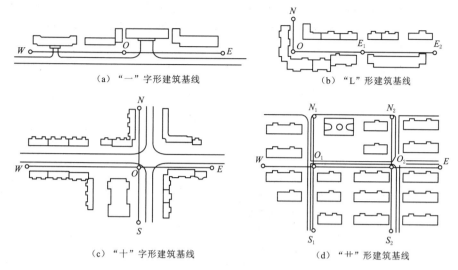

（a）"一"字形建筑基线　　　　（b）"L"形建筑基线

（c）"十"字形建筑基线　　　　（d）"卅"形建筑基线

图 9.6　建筑基线的布置形式

可根据建筑红线用平行线推移法测设建筑基线。

（2）用附近的控制点测设。在非建筑区，没有建筑红线做依据时，就需要在建筑设计总平面图上，根据建筑物的设计坐标和附近已有的测图控制点来选定建筑基线的位置，并在实地采用极坐标法或角度交会法把基线点在地面上标定出来。

9.3.2.3　建筑方格网

由正方形或矩形组成的施工平面控制网，称为建筑方格网，或称矩形网。建筑方格网适用于按矩形布置的建筑群或大型建筑场地。

1. 建筑方格网的布设

建筑方格网在设计过程中，一般要考虑以下问题：①根据实际地形设计，使控制点位于测角、量距比较方便的地方，并使埋设标桩的高程与场地的设计标高不要相差很多。②控制点便于保存，尽量避免土石方的影响。③方格网的边长一般为 100～500m，亦可根据测设的对象而定；点的密度根据实际需要而定，相邻方格网点之间应通视良好。④方格网各交角应严格呈 90°。⑤当场地面积较大时，应分两级布网。首级可采用十字形、口字形或田字形，然后再加密方格网。若场地面积不大，则尽量布设成全面方格网。⑥最好将高程控制点与平面控制点埋设在同一块标石上。

2. 建筑方格网的测设

建筑方格网测设一般按主轴线点和轴线加密点分别测设的步骤进行。

当场地上有两个或多个主轴线时，可以分别建立方格网。但从测量观点看，应连成一个整体。求得两个方格网坐标系之间的换算关系，从而确保相邻方格网之间的联系。

建立方格网时，也必须考虑施工组织计划，假使工地上先修筑正式道路，则方格点宜设计在道路交叉口中央，并宜待交叉口的正式路面修成后再建立正式的精度较高的方格网。其点位用永久标石标定。若方格点设计在人行道上或绿化带内，应考虑到在该地带埋设地下管线的影响。还必须注意不要让施工用的临时建筑物、施工机械、施工材料场等盖住方格点或阻碍方格点间的通视。方格点主要是为施工建设服务的，所以应加强与施工人员的联系，把方格点位置向施工人员交代清楚，使施工人员关心并保护这些方格桩。

建筑方格网测设的主要技术要求如表9.5和表9.6所示。

表9.5　　　　　　　　　　　　　建筑方格网的主要技术要求

等级	边长/m	测角中误差/(")	边长相对中误差
一级	100～300	5	≤1/30000
二级	100～300	8	≤1/20000

表9.6　　　　　　　　　　　　　方格网的水平角观测的主要技术要求

等级	仪器精度等级	测角中误差/(")	测回数	半测回归零差/(")	一测回内2C互差/(")	各测回方向较差/(")
一级	1"级仪器	5	2	≤6	≤9	≤6
	2"级仪器	5	3	≤8	≤13	≤9
二级	2"级仪器	8	2	≤12	≤118	≤12
	6"级仪器	8	4	≤18	—	≤24

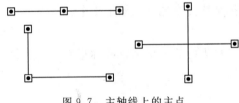

图9.7　主轴线上的主点

（1）主轴线的测设。具体步骤为：①准备放样数据。可以从地形图上量取待放样轴线点的图解坐标，再利用临近控制点的坐标计算放样数据。也可以直接从地形图上量取极坐标法放样所需的角值和距离。②利用控制点实地放样轴线点。主轴线上的主点如图9.7所示，通常应利用更高一级的控制点，采用任何一种点位测设方法来放样轴线上的点。③检测和归化。为了防止粗差，必须进行检测，一般在中心点上测角。根据实测角与理论角（90°或180°）的差数来判断放样是否正确。

（2）方格网点测设。方格网点的测设方法总的说来有两种，即直接法和归化法。

直接法测设方格网点如图9.8所示。图9.8（a）所示为已建立的十字形主轴。沿主轴精确量距，边量距边放样轴线上的方格点，如图9.8（b）所示。然后在两轴的端点上放样90°角，交会出4个角点，如图9.8（c）所示。再沿周边精确量距，同时放样周边的方格点，直至已放样的方格点形成田字形。在矩形内部的一些方格点用经纬仪按方向线交会法求得，如图9.8（d）所示。这种方法操作简单，但它要求方格网形状规整，场地上有良好的通视条件；测角量距误差积累产生闭合差时处理不方便。

用归化法放样方格点可避免上述缺点，具体做法为：①放样过渡点。过渡点位用临时桩标定，这些桩位要保存到埋好方格点的永久标石为止。②采用控制测量方法求得过渡点的精确坐标。③归化。计算归化数据，并到实地去归化点位，得到归化后的设计点位，并设置临时桩。④检测。归化后的点子应该落在设计位置上，相邻边的夹角应该等于 90°或 180°。检测可以发现工作中的差错，必须认真做好。如果发现没有错误，则检测资料也可反映方格点放样的精度。⑤埋永久性标石。求得正确点位后要埋设永久性标石。通常在埋石前在点位旁设 4 个木桩，相对两桩顶的连线应该通过点位的中心，两根十字连线可以精确地确定点位。这 4 个木桩俗称骑马桩。设好骑马桩以后，再掘土，挖掉点位上的临时标石。待永久性标石稳定以后再利用骑马桩在标石顶部精确设置标芯。

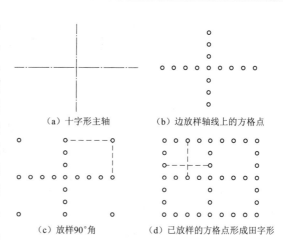

(a) 十字形主轴　　　(b) 边放样轴线上的方格点

(c) 放样90°角　　　(d) 已放样的方格点形成田字形

图 9.8　直接法测设方格网点

　　由于建筑方格网的测设工作量大，测设精度要求也高，故可委托专业测量单位进行。

9.3.3　施工场地的高程控制测量

1. 高程控制网的布设

　　建筑施工场地的高程控制测量通常采用水准测量的方法，就是在整个场区建立可靠的水准点，形成与国家高程控制系统相联系的统一水准网。为了便于检核和提高测量精度，施工场地高程控制网应布设成闭合或附合路线。水准点的密度应满足尽可能安置一次仪器即可测设出所需的高程点。场区水准网一般布置设成两级，即首级网和加密网。首级网作为整个场地的高程基本控制，一般情况下按四等水准测量的方法确定水准点高程，并埋设永久性标志。若因设备安装或下水管道铺设等某些部位测量精度要求较高，可在局部范围用三等水准测量，设置三等水准点。加密水准网以首级水准网为基础，可根据不同的测设要求按四等水准或图根水准的要求进行布设。建筑方格网点及建筑基线点，也可兼做高程控制点，只要在平面控制点桩面上中心点旁边设置一个突出的半球状标志即可。

2. 水准点

　　（1）基本水准点。首级网所布设的水准点称为基本水准点。应布设在土质坚实、不受施工影响、无振动和便于实测的地方，并埋设永久性标志。一般情况下，按四等水准测量的方法测定其高程，而对于为连续性生产车间或地下管道测设所建立的基本水准点，则需按三等水准测量的方法测定其高程。

　　（2）施工水准点。加密网所布设的水准点称为施工水准点。它是用来直接测设建筑物高程的。为了测设方便并减小误差，施工水准点应靠近建筑物。另外，由于设计建筑物常以底层室内地坪高±0.000 标高为高程起算面，为了施工引测设方便，常在建筑物内部或附近测设±0.000 水准点，一般选在稳定的建筑物墙、柱的侧面，用红漆绘成顶为水平线的"▼"形，其顶端表示±0.000 位置。

9.4 民用建筑施工测量

民用建筑物通常是指住宅、商场、学校、办公楼、宾馆、医院、俱乐部、影剧院等。按建筑物的层数和高度，对于居住建筑物，其分为低层（1～3层）、多层（4～6层）、中高层（7～9层）、高层（10层以上）；对于公共建筑及综合性建筑，总高度不大于24m的为单层建筑和多层建筑，超过24m时为高层。从承重结构的材料和建筑结构的承重方式看，民用建筑中采用砖混结构建筑和钢筋混凝土的框架结构建筑较多。钢筋混凝土框架结构建筑按其施工方法又分为现浇钢筋混凝土框架结构和预制装配式钢筋混凝土框架结构。

施工测量的任务是按设计要求将建筑物的平面位置和高程测设到地面上，为建筑物施工提供直接依据，并在施工过程中进行检测，保证施工质量符合要求。其具体内容介绍如下。

9.4.1 建筑物的定位与放线

建筑物的定位测量就是根据设计要求将建筑物边框主要轴线的交点测设到地面上，作为基础放线和细部轴线放线的依据。

9.4.1.1 建筑物的定位测量

1. 建筑物定位测量的常用方法

根据设计条件和现场条件不同，建筑物的定位方法也有所不同，常用的定位方法有三种。

（1）如果待定建筑物附近有高级控制点可供利用，且建筑物的定位点设计坐标已知，可根据实际情况选用极坐标法、角度交会法或距离交会等方法来测设定位点。在这三种方法中，极坐标法是常用的一种定位方法。

（2）根据建筑方格网和建筑基线定位。如果建筑场地已经测设建筑方格网或建筑基线，且待定位建筑物的定位点设计坐标已知，可利用直角坐标法测设定位点。

（3）根据与原有建筑物、道路等地物的关系定位，如图 9.9 所示。如果设计图上只给出待建建筑物与附近原有建筑物或道路的相互关系，而没有提供建筑物定位点的坐标，周围又没有测量控制点、建筑方格网和建筑基线可供利用，可根据原有建筑物的边线或道路中心线将新建筑物的定位点测设出来。

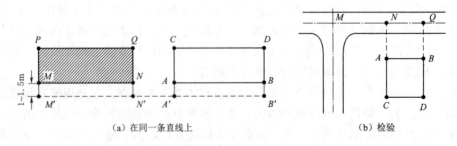

（a）在同一条直线上　　　　　　（b）检验

图 9.9　根据与原有建筑物的关系定位

2. 建筑物定位测量的施测过程

建筑物定位测量的具体测设方法随实际情况的不同而不同，但基本过程是一致的。如图 9.9（a）所示，拟建建筑物的外墙边线与原有建筑物的外墙边线在同一条直线上，两栋建筑物的间距为 15m，拟建建筑物四周长轴为 30m，短轴为 15m，可按下述方法测设其 4 个轴线的交点。

（1）沿原有建筑物的两侧外墙拉线，用钢尺顺线从墙角往外量一段较短的距离（如 1.5m），在地面上定出 M' 和 N' 两个点，M' 和 N' 的连线即为原有建筑物的平行线。

（2）在 M' 点安置经纬仪，照准 N' 点，用钢尺从 N' 点沿视线方向量取 15m，在地面上定出 A' 点，再从 A' 点沿视线方向量取 30m，在地面上定出 B' 点，A' 和 B' 的连线即为拟建建筑物的平行线，其长度等于长轴尺寸。

（3）在 A' 点安置经纬仪，照准 B' 点，逆时针测设 $90°$，在视线方向上量取 1.5m，在地面上定出 A 点，再从 A 点沿视线方向量取 15m，在地面上定出 C 点。同理，在 B' 点安置经纬仪，照准 A' 点，顺时针测设 $90°$，在视线方向上量取 1.5m，在地面上定出 B 点，再从 B 点沿视线方向量取 15m，在地面上定出 D 点。则 A、B、C 和 D 点即为拟建建筑物的 4 个定位轴线点。

（4）在 A、B、C 和 D 点上安置经纬仪，检核 4 个大角是否为 $90°$，用钢尺丈量 4 条轴线的长度，检核长轴是否为 30m，短轴是否为 15m，如图 9.9（b）所示。

3. 建筑物定位测量的注意事项

（1）施测前要认真做好各项准备工作，绘制观测示意图，把各测量数据标在示意图上。

（2）施测过程中的每个环节都应规范操作、精心核对，保证测量精度。各环节测完后及时请有关人员检查验收。

（3）基础施工中最容易将中线、轴线、边线搞混用错。因此，凡轴线与中线不重合或同一点附近有几个控制桩时，应在控制桩上标明轴线编号，分清是轴线还是中线，防止用错。

（4）控制桩要做出明显标记，以便引起人们注意，桩的四周要钉木桩拉铁线加以保护，防止碰撞破坏。如发现桩位有变化，要进行复查后再使用。

（5）设在冻胀性土质的桩要采取防冻措施。

4. 建筑物定位测量的记录格式

工程测量记录表如表 9.7 所示。

表 9.7　　　　　　　　　**工 程 测 量 记 录 表**

工程测量记录			编号	
工程名称		施工单位		
图纸编号		施测日期		
平面坐标依据		复测日期		
高程依据		使用仪器		

续表

工程测量记录			编号	
允许误差		仪器校验日期		

定位抄测示意图

复测结果

签字栏	建设（监理）单位	施工测量单位		测量人员 岗位证书号	
		专业技术负责人	测量负责人	复测人	施测人

9.4.1.2 建筑物的放线

建筑物的放线是指根据现场已测设好的建筑物定位点，详细测设其他各轴线交点的位置，并将其延长到安全的地方做好标志。然后以细部轴线为依据，按要求用白灰撒出基础开挖边线。放样方法如下。

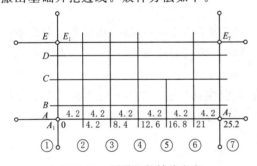

图 9.10 测设细部轴线交点

1. 测设细部轴线交点

A 轴、E 轴、①轴和⑦轴是 4 条建筑物的外墙主轴线，其轴线交点 A_1、A_7、E_1 和 E_7 是建筑物的定位点，这些定位点已在地面上测设完毕，各主次轴线间隔如图 9.10 所示，现要测设次要轴线与主轴线的交点。

在 A_1 点安置经纬仪，照准 A_7 点，把钢尺的零端对准 A_1 点，沿视线方向拉钢尺，在钢尺上读数等于①轴和②轴间距（4.2m）的地方打下木桩，打的过程中要经常用仪器检查桩顶是否偏离视线方向，钢尺读数是否还在桩顶上，如有偏移要及时调整。打好桩后，用经纬仪视线指挥在桩顶上画一条纵线，再拉好钢尺，在读数等于轴间距处画一条横线，两线交点即 A 轴与②轴的交点 A_2。

在测设 A 轴与③轴的交点 A_3 时，方法同上，注意仍然要将钢尺的零端对准 A_1 点，并沿视线方向拉钢尺，而钢尺读数应为①轴和③轴间距（8.4m），这种做法可以减小钢尺对点误差，避免轴线总长度增长或减短。如此依次测设 A 轴与其他有关轴线的交点。测设完最后一个交点后，用钢尺检查各相邻轴线桩的间距是否等于设计值，误差应小于 1/3000。

测设完 A 轴上的轴线点后，用同样的方法测设 E 轴、①轴和⑦轴上的轴线点。

2. 引测轴线

在基槽或基坑开挖时，定位桩和细部轴线桩均会被挖掉，为了使开挖后各阶段施工准确地恢复各轴线位置，应把各轴线延长到开挖范围以外的地方并做好标志，这个工作称为引测轴线，具体有设置龙门板和轴线控制桩两种形式。

(1) 设置龙门板。在小型民用建筑施工中，常将各轴线引测到基槽外的水平木板上，水平木板称为龙门板，固定龙门板的木桩称为龙门桩。设置龙门板的步骤如下：①如图 9.11 所示，在建筑物四角和中间隔墙的两端，距基槽边线约 1～2m 以外，竖直钉设大木桩，称为龙门桩，并使桩的外侧面平行于基槽。②根据附近水准点，用水准仪将 ±0.000

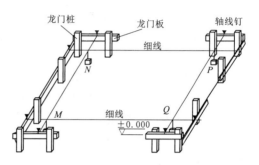

图 9.11　设置龙门板

标高测设在每个龙门桩的外侧，并画出横线标志。如果现场条件不允许，也可测设比 ±0.000 高或低一定数值的标高线。③在相邻两龙门桩上钉设木板，称为龙门板，龙门板的上沿应和龙门桩上的横线对齐，使龙门板的顶面标高在一个水平面上，并且标高为 ±0.000，龙门板顶面标高的误差应在 ±5mm 以内。④根据轴线桩，用经纬仪将各轴线投测到龙门板的顶面，并钉上小钉作为轴线标志，此小钉也称为轴线钉，投测误差应在 ±5mm 以内。⑤用钢尺沿龙门板顶面检查轴线钉的间距，其相对误差不应超过 1/3000。恢复轴线时，将经纬仪安置在一个轴线钉上方，照准相应的另一个轴线钉，其视线即为轴线方向，往下转动望远镜，便可将轴线投测到基槽或基坑内。

(2) 轴线控制桩。由于龙门板需要较多木料，而且占用场地，施工时容易被破坏，因此也可以在基槽（基坑）外各轴线的延长线上测设轴线控制桩，作为以后恢复轴线的依据。

轴线控制桩一般设在开挖边线 4m 以外的地方，并用水泥砂浆加固。最好是附近有固定建筑物和构筑物，这时应将轴线投测在这些物体上，使轴线不容易被破坏，以便今后安置经纬仪来恢复轴线。

轴线控制桩的引测主要采用经纬仪法，当引测到较远的地方时，要注意采用盘左和盘右两次投测取中数法来引测，以减少引测误差和避免错误的出现。

9.4.1.3　建筑物定位与放线的检查测量

测量复测（检查测量）是保证建筑工程质量必不可少的一项工作。复测的目的是检查建筑物（构筑物）平面位置和高程数据是否符合设计要求。以往发生的施工测量事故，大都是忽视复测工作所造成的。复测的内容主要包括以下几个方面。

1. 设计图纸的复核

施工测量人员要对设计图纸上的尺寸进行全面的校核。校对总平面上的建筑物坐标和相关数据，检查平面图和基础图的轴线位置、标高尺寸和符号等是否相符，分段长度是否等于各段长度的总和，矩形建筑物的两对边尺寸是否一致，局部尺寸变更后是否给其他尺寸带来影响。

2. 建筑物定位的复测

建筑物定位后，要根据定位控制桩或龙门桩，复测建筑物角点坐标、平面几何尺寸、标高与设计图纸上的数据是否吻合，是否满足工程精度要求，建筑物的方向是否正确，有无颠倒现象，有没有因现场运输车辆将桩碰动，造成位置偏移等现象。发现问题要及时纠正。

3. 水准点高程的复测

施工现场引进水准点后，要进行复测并往返观测两次。测设水准点时，一定要校核好图纸上每个数据。防止用错高程而造成整栋建筑物高程降低或升高的严重后果。

4. 原始观测记录的复核

对于外业实测记录，回到室内应换另外一名测量员进行全面复核。利用校对公式或采取其他方法查原始计算项目，发现错误及时纠正。

9.4.2　基础施工测量

9.4.2.1　基槽开挖边线放线

在基础开挖前，按照基础详图上的基槽宽度和上口放坡的尺寸，由中心桩向两边各量出开挖边线尺寸，并做好标记。然后在基槽两端的标记之间拉一细线，沿着细线在地面用白灰撒出基槽边线，施工时就按此灰线进行开挖。

9.4.2.2　条形基础施工测量

1. 基槽开挖的深度控制

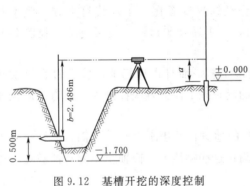

图 9.12　基槽开挖的深度控制

如图 9.12 所示，为了控制基槽开挖深度，当基槽挖到接近槽底设计高程时，应在槽壁上测设一些水平桩，使水平桩的上表面离槽底设计高程为某一整分米数（例如 5dm），用以控制挖槽深度，也可作为槽底清理和打基础垫层时掌握标高的依据。一般在基槽各拐角处、深度变化处和基槽壁上每隔 3～4m 左右测设一个水平桩，然后拉上白线，线下 0.50m 即为槽底设计高程。

测设水平桩时，以画在龙门板或周围固定地物的 ±0.000 标高线为已知高程点，用水准仪进行测设，水平桩上的高程误差应在 ±10mm 以内。

例如，设龙门板顶面标高为 ±0.000，槽底设计标高为 −1.700m，水平桩高于槽底 0.50m，即水平桩高程为 −1.2m，用水准仪后视龙门板顶面上的水准尺，读数 a = 1.286m，则水平桩上的标尺应有读数为：$0+1.286-(-1.2)=2.486$m。测设时沿槽壁上下移动水准尺，当读数为 2.486m 时沿尺底水平地将桩打进槽壁，然后检核该桩的标高，如超限便进行调整，直至误差在规定范围以内。

2. 基槽底口和垫层轴线投测

如图 9.13 所示，基槽挖至规定标高并清底后，将经纬仪安置在轴线控制桩上，瞄准轴线另一端的控制桩，即可把轴线投测到槽底，作为确定槽底边线的基准线。垫层打好后，用经纬仪或拉绳挂垂球的方法把轴线投测到垫层上，并用墨线弹出墙中线和基础边线，以便砌筑基础或安装基础模板。由于整个墙身砌筑均以此线为准，这是确定建筑物位置的关键环节，所以严格校核后方可进行砌筑施工。

3. 基础标高的控制

如图 9.14 所示，基础墙（±0.000 以下的砖墙）的标高一般是用基础皮数杆来控制的，基础皮数杆用一根木杆做成，在杆上注明 ±0.000 的位置，按照设计尺寸将砖和灰缝的厚度分皮从上往下一一画出来，此外还应注明防潮层的标高位置。

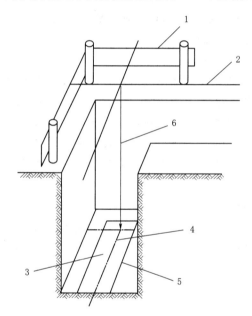

图 9.13　基槽底口和垫层轴线投测
1—龙门板；2—细线；3—垫层；
4—墙中线；5—基础边线；6—线锤

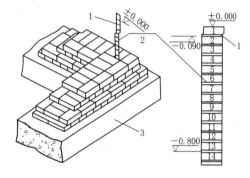

图 9.14　基础墙标高的控制
1—防潮层；2—皮数杆；3—垫层

立皮数杆时，可先在立杆处打一个木桩，用水准仪在木桩侧面测设一条高于垫层设计标高某一数值（如 100mm）的水平线，然后将皮数杆上标高相同的一条线与木桩上的水平线对齐，并用大铁钉把皮数杆和木桩钉在一起，作为砌筑基础墙的标高依据。

基础施工结束后，应检查基础面的标高是否满足设计要求（也可以检查防潮层）。可用水准仪测出基础面上的若干高程，和设计高程相比较，允许误差为 ±10mm。

9.4.2.3　桩基础施工测量

近年来，在建筑工程中桩基础已成为高层建筑物（构筑物）基础的主要形式。桩基主要由桩和承台构成。按其所用材料及受力特点也有各种类型，不论采用何种类型的桩，施工测量都是必不可少的。施工测量的主要任务是：①把设计总图上的建筑物基础桩位，按设计和施工的要求，准确地测设到拟建区地面上，为桩基础工程施工提供标志。②进行桩基础施工监测。③在桩基础施工完成后，为检验施工质量和地面建筑工程施工提供桩基础资料，需要进行桩基础竣工测量。在此主要介绍建筑物桩位轴线及承台桩位测设。

1. 桩位轴线测设

建筑物桩位轴线测设是在建筑物定位矩形网测设完成后进行的，是以建筑物定位矩形网为基础，采用内分法用经纬仪定线精密量距法进行桩位轴线引桩的测设。对复杂建筑物圆心点的测设一般采用极坐标法测设。对所测设的桩位轴线的引桩都要打入小木桩，木桩顶上要钉小铁钉作为桩位轴线引桩的中心点位。为了便于使用和保存，要求桩顶与地面齐平，并在引桩周围撒上白灰。

在桩位轴线测设完成后，应及时对桩位轴线间长度和桩位轴线的长度进行检测，要求实量距离与设计长度之差，对单排桩位不应超过±1cm，对群桩不超过±2cm。在桩位轴线检测满足设计要求后方可进行承台桩位的测设。

2. 建筑物承台桩位测设

建筑物承台桩位的测设是以桩位轴线的引桩为基础而进行的。桩基础设计有群桩和单排桩，规范规定 3～20 根桩为一组的称为群桩，1～2 根为一组的称为单排桩。测设时，可根据设计所给定的承台桩位与轴线的相互关系，选用直角坐标法、线交会法、极坐标法等进行测设。对于复杂建筑物承台桩位的测设，往往设计所提供的数据不能直接利用，而是需要经过换算后才能进行测设。在承台桩位测设后，应打入小木桩作为桩位标志，并撒上白灰，便于桩基础施工。

承台桩位测设后应及时检测，要求本承台桩位间的实量距离与设计长度之差不大于±2cm，相邻承台桩位间的实量距离与设计长度之差不大于±3cm。在桩点位经检测满足要求后，才能移交给桩基础施工单位进行桩基础施工。

9.4.3 墙体施工测量

9.4.3.1 砌体结构墙体施工测量

1. 底层墙体施工测量

（1）墙体轴线测设。基础工程结束后，应对龙门板或轴线控制桩进行检查复核，经复核无误后，利用轴线控制桩或龙门板上的轴线和墙边线标志，用经纬仪或拉细绳挂锤球的方法将轴线投测到基础面或防潮层上。然后用墨线弹出墙中线和墙边线，检查外墙轴线交角是否等于90°，最后将墙轴线延伸并画在外墙基础上，如图 9.15 所示，作为向上投测轴线的依据。同时还应把门、窗和其他洞口的边线也在基础外墙侧面上做出标志。

（2）墙体标高测设。如图 9.16 所示，墙体砌筑时，其标高用墙体"皮数杆"控制。在皮数杆上根

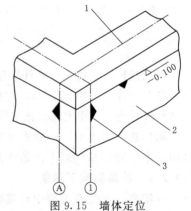

图 9.15 墙体定位

1—墙中心线；2—外墙基础；3—轴线

据设计尺寸，按砖和灰缝厚度画线，并标明门、窗、过梁、楼板等的标高位置。杆上标高注记从±0.000向上增加。

墙体皮数杆一般立在建筑物的拐角和内墙处，固定在木桩或基础墙上。为了便于施工，采用里脚手架时，皮数杆立在墙的外边；采用外脚手架时，皮数杆应立在墙里边。立皮数杆时，先用水准仪在立杆处的木桩或基础墙上测设出±0.000标高线，测量误差在±3mm以内，然后把皮数杆上的±0.000线与该线对齐，用吊锤校正并用钉钉牢，必要时可在皮数杆上加两根钉斜撑，以保证皮数杆的稳定。

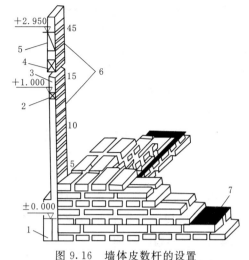

图 9.16　墙体皮数杆的设置

1—木桩；2—窗口出砖；3—窗口；4—窗口过梁；
5—二层地面楼板；6—墙体皮数杆；7—防潮层

墙体砌筑到一定高度后（1.5m左右），应在内、外墙面上测设出＋0.50m标高的水平墨线，称为"＋50线"。外墙的"＋50线"作为向上传递各楼层标高的依据，内墙的"＋50线"作为室内地面施工及室内装修的标高依据。

2. 多层建筑物的墙体轴线投测和标高引测

（1）轴线投测。每层楼面建好后，为了保证继续往上砌筑墙体时，墙体轴线均与基础轴线在同一铅垂面上，应将基础或一层墙面上的轴线投测到楼面，并在楼面重新弹出墙体的轴线，检查无误后，以此为依据弹出墙体边线，再往上砌筑。

多层建筑从下往上进行轴线投测的方法是：将较重的垂球悬挂在楼面的边缘，慢慢移动，使垂球尖对准地面上的轴线标志，或者使吊锤线下部沿垂直墙面方向与底层墙面上的轴线标志对齐，吊锤线上部在楼面边缘的位置就是墙体轴线的位置，在此画一条短线作为标志，便在楼面上得到轴线的一个端点，同法投测另一端点，两端点的连线即为墙体轴线。

建筑物的主轴线一般都要投测到楼面上来，弹出墨线后，再用钢尺检查轴线间的距离，其相对误差不得大于1/3000，符合要求之后，再以这些主轴线为依据，用钢尺内分法测设其他细部轴线。在困难的情况下至少要测设两条垂直相交的主轴线，检查交角合格后，用经纬仪和钢尺测设其他主轴线，再根据主轴线测设细部轴线。

吊锤线法受风的影响较大，因此应在风小的时候作业，投测时应等待吊锤稳定下来后再在楼面上定点。此外，每层楼面的轴线均应直接由底层投测上来，以保证建筑物的总竖直度，只要注意这些问题，用吊锤线法进行多层楼房的轴线投测的精度是有保证的。

（2）标高引测。在多层建筑施工中，要由下层向上层传递高程，以便楼板、门窗口等的标高符合设计要求。高程传递的方法包括：利用皮数杆传递高程，主要应用于一般建筑物高程的引测；利用钢尺直接丈量，主要应用于高程引测精度要求较高的建筑物；吊钢尺法，是利用悬挂钢尺代替水准尺，用水准仪读数从下向上传递高程。

9.4.3.2　现浇钢筋混凝土框架结构墙体施工测量

现浇钢筋混凝土框架结构的平面位置即各主要轴线一般均采用侧向借线法控制。各方向轴线借线时根据实际情况一律向南或向北，向东或向西借 1m 或 1.5m 或其他一个整分米数，只有最外一条轴线向里借线。施工层平面放线时，除测设出各轴线外，还要弹出柱边线，作为绑扎钢筋与支模板的依据。柱边线要注意延长出 15～20cm 的线头，方便支模后检查用。绑扎完柱筋后，应在两根对角钢筋上测设柱顶标高线，并用油漆做出明显标记，作为浇筑混凝土的依据。柱身拆模后，要用经纬仪将地面各轴线投测到柱身上，用水准仪在柱身上测设出距地面 1m 的水平线，并都要弹出墨线，作为框架梁支模及围墙结构墙体施工的依据。对于二层以上的结构施工放线，仍需以底层传递的控制线与标高为依据。

9.4.4　高层建筑的楼层轴线投测和高程传递

9.4.4.1　楼层轴线投测

高层的建筑物施工测量中的问题主要集中在控制垂直度方面，就是将建筑物的基础轴线准确地向高层引测，并保证各层相应轴线位于同一竖直面内，控制竖向偏差，使轴线向上投测的偏差值不超限。轴线向上投测时，要求竖向误差在本层内不超过 5mm，全楼累计误差值不应超过 $2H/10000$（H 为建筑物总高度），且不大于：$H \leqslant 30\text{m}$ 时，5mm；$30\text{m} < H \leqslant 60\text{m}$ 时，10mm；$60\text{m} < H \leqslant 90\text{m}$ 时，15mm；$90\text{m} < H$ 时，20mm。

下面介绍几种投测的方法。

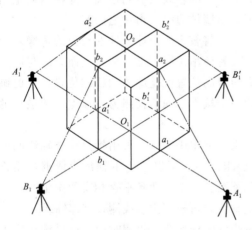

图 9.17　经纬仪轴线竖向投测

1. 经纬仪法

建筑物在不断升高过程中，要逐层将轴线向上传递，如图 9.17 所示，将经纬仪安置在中心轴线控制桩 A_1、A_1'、B_1 和 B_1' 上，严格整平仪器，用望远镜瞄准建筑物底部已标出的轴线 a_1、a_1'、b_1 和 b_1' 点，用盘左和盘右分别向上投测到每层楼板上，并取其中点作为该层中心轴线的投影点，如图 9.17 中的 a_2、a_2' 和 b_2、b_2'。

当楼房逐渐增高，而轴线控制桩距建筑物又较近时，望远镜的仰角较大，操作不便，投测精度也会降低。因此，要将原中心轴线控制桩引测到更远的安全地方，或者附近大楼的屋面。其具体做法是：将经纬仪安置在已经投测上去的较高层（如第十层）楼面轴线 $a_{10}a_{10}'$ 上，如图 9.18 所示，瞄准地面上原有的轴线控制桩 A_1 和 A_1' 点，用盘左、盘右分中投点法，将轴线延长到远处 A_2 和 A_2' 点，并用标志固定其位置，A_2、A_2' 即为新投测的 A_1A_1' 轴控制桩。更高各层的中心轴线，可将经纬仪安置在新的引桩上，按上述方法继续进行投测。

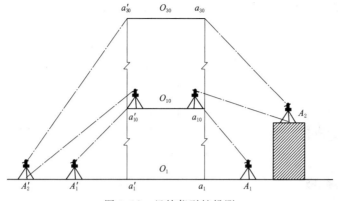

图 9.18　经纬仪引桩投测

2. 吊线坠法

当周围建筑物密集，施工场地窄小，无法在建筑物以外的轴线上安置经纬仪时，可采用此法进行竖向投测。该法与一般的吊锤线法的原理是一样的，只是线坠的质量更大，吊线（细钢丝）的强度更高。另外，为了减少风力的影响，应将吊锤线的位置放在建筑物内部。

如图 9.19 所示，首先在一层地面上埋设轴线点的固定标志，轴线点之间应构成矩形或十字形等，作为整个高层建筑的轴线控制网。各标志上方的每层楼板都预留孔洞，供吊锤线通过。投测时，在施工层楼面上的预留孔上安置挂有吊线坠的十字架，慢慢移动十字架，当吊锤尖静止地对准地面固定标志时，十字架的中心就是应投测的点，同理测设其他轴线点。

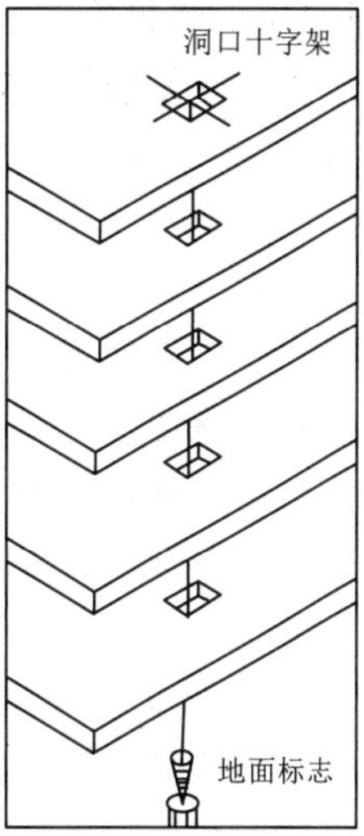

使用吊线坠法进行轴线投测，经济、简单又直观，精度也比较可靠，但投测时费时、费力。

3. 垂准仪法

（1）激光垂准仪简介。激光垂准仪是一种专用的铅直定位仪器。适用于高层建筑物、烟囱及高塔架的铅直定位测量。激光垂准仪如图 9.20 所示，主要由氦氖激光管、精密竖轴、发射望远镜、水准器、基座、激光电源及接收屏等部分组成。

激光器通过两组固定螺钉固定在套筒内。激光垂准仪的竖轴是空心筒轴，两端有螺扣，上、下两端分别与发射望远镜和氦氖激光器套筒相连接，两者位置可对调，构成向上或向下发射激光束的垂准仪。仪器上设置有两个互成 90° 的管水准器，仪器配有专用激光电源。

图 9.19　吊线坠法投测

（2）激光垂准仪投测轴线。如图 9.21 所示，其投测方法为：①在首层轴线控制点上安置激光垂准仪，利用激光器底端（全反射棱镜端）所发射的激光束进行对中，通过调节基座整平螺旋，使管水准器气泡严格居中。②在上层施工楼面预留孔处，放置接受靶。③接通激光电源，使激光器发射铅直激光束，通过发射望远镜调焦，使激光束聚成红色耀目光斑，投射到接受靶上。④移动接受靶，使靶心与红色光斑重合，然后固定接受靶，并在预留孔四周作出标记，此时，靶心位置即为轴线控制点在该楼面上的投测点。

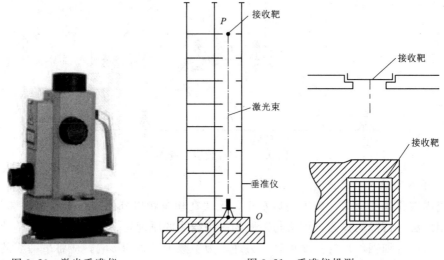

图 9.20　激光垂准仪　　　　　　图 9.21　垂准仪投测

9.4.4.2　高程传递

施工测量的另一个主要任务是高程的控制问题。高层建筑各施工层的标高是由底层 ±0.000 标高线传递上来的，下面介绍几种常用的传递方法。

1. 用钢尺直接测量

一般用钢尺沿结构外墙、边柱或楼梯间由底层 ±0.000 标高线向上竖直量取设计高差，即可得到施工层的设计标高线。用这种方法传递高程时，应至少由三处底层标高线向上传递，以便相互校核。由底层传递到上面同一施工层的几个标高点必须用水准仪进行校核，检查各标高点是否在同一水平面上，其误差应不超过 ±3mm。合格后以其平均标高为准，作为该层的地面标高。若建筑高度超过一尺段（30m 或 50m），可每隔一个尺段的高度精确测设新的起始标高线，作为继续向上传递高程的依据。

2. 利用皮数杆传递高程

在皮数杆上自 ±0.000 标高线起，门窗口、过梁、楼板等构件的标高都已注明。一层楼砌好后，则从一层皮数杆起一层一层往上接。

3. 悬吊钢尺配合水准测量法

在外墙或楼梯间悬吊一根钢尺，分别在地面和楼面上安置水准仪，将标高传递到楼面上。用于高层建筑传递高程的钢尺应经过检定，量取高差时尺身应铅直，并用规定的拉力，也应进行温度改正。

如图 9.22 所示，当一层墙体砌筑到一定标高后，用水准仪在内墙面上测设一条 +0.50m 的标高线，作为首层地面施工及室内装修的依据。以后每砌一层，就通过吊钢尺从下层的 +0.50m 标高线处向上量出设计层高，再测出上一层的 +0.50m 标高线。

在进行第二层水准测量时，根据图 9.22 中的相互位置关系可得：$(a_2 - b_2) -$

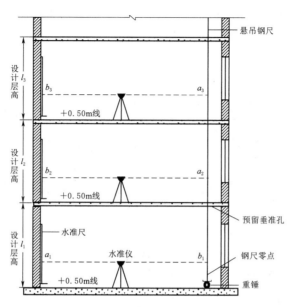

图 9.22 悬吊传递钢尺法传递高程

$(a_1 - b_1) = l_1$，据此可推得 b_2 为：$b_2 = a_2 - l_1 - (a_1 - b_1)$。上下移动水准尺，使其读数为 b_2，沿水准尺底部在墙面上划线，即可得到该层的 +0.50m 标高线。

第三层的 b_3 为：$b_3 = a_3 - (l_1 + l_2) - (a_1 - b_1)$。同法可测得第三层的 +0.50m 标高线。依次类推。

9.5 工业建筑施工测量

工业建筑是指以工业性生产为主要使用功能的建筑，如生产车间、辅助车间、仓库等。工业建筑按层数和高度分：单层（只有 1 层）、多层（2 层以上总高度不超过 24m）和高层（层数较多且总高度超过 24m）。工业建筑采用预制装配式钢筋混凝土结构建筑、钢结构建筑及钢筋混凝土墙或柱和钢屋架的钢混结构建筑较多。

施工测量的主要任务包括工业厂房的控制测设、厂房基础施工测量、厂房结构构件的安装测量，保证工业厂房的施工质量和施工进度。

9.5.1 厂房控制网的测设

大型工业企业的厂区往往较大，建筑物也很多，布置也较规则，当地势较平坦时，通常采用建筑方格网作为测区的首级平面控制，并在此基础上，建立厂房矩形控制网作为厂房的施工控制。当建筑物场地面积不大，也不很复杂时，可采用建筑基线作为施工测量的平面控制。

下面介绍根据建筑方格网采用直角坐标法测设厂房矩形控制网的方法。

如图 9.23 所示，H、I、J、K 四点是厂房的房角点，从设计图中可知 H、J 两点的坐标。S、P、Q、R 是布置在基础开挖边线以外的厂房矩形控制网的四个角点，称为厂房控制桩。厂房矩形控制网的边线到厂房轴线间的距离为 4m，厂房

控制桩 S、P、Q、R 的坐标可根据厂房角点的设计坐标加减 4m 计算求得。

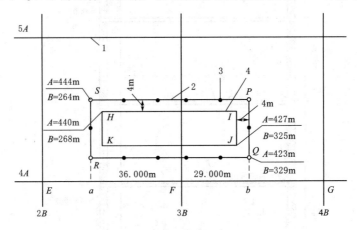

图 9.23　厂房矩形控制网的测设
1—建筑方格网；2—厂房矩形控制网；3—距离指标桩；4—厂房轴线

1. 计算测设数据

根据厂房控制桩 S、P、Q、R 的坐标，计算利用直角坐标法进行测设时所需测设数据，计算结果标注在图中。

2. 测设厂房控制点

(1) 从 F 点起沿 FE 方向量取 36m 定出 a 点，沿 FG 方向量取 29m 定出 b 点。

(2) 在 a、b 点上安置经纬仪，分别瞄准 E、F 点。顺时针方向测设 $90°$ 得两条视线方向，沿视线方向分别量取 23m 定出 R、Q 点。再向前量取 21m 定出 S、P 点。

(3) 为了便于进行细部的测设，在测设厂房矩形控制网的同时，还应沿控制网测设距离指标桩。距离指标桩的间距一般是柱子间距的整倍数。

3. 检查

(1) 检查 $\angle S$、$\angle P$ 是否等于 $90°$，其误差不应超过 $\pm 10''$。

(2) 检查 SP 是否等于设计长度，其误差不应超过 1/10000。

以上这种方法适用于中小型厂房，对于大型或设备复杂的厂房，应先测设厂房控制网的主轴线，再根据主轴线测设厂房矩形控制网。

9.5.2　厂房柱列轴线测设

如图 9.24 所示，A、B 轴线和 1、2、3、…轴线分别为厂房的纵、横柱列轴线，也称定位轴线。纵向轴线的距离表示厂房的跨度，横向轴线的距离表示厂房的柱距。

在厂房控制网建立以后，即可按柱列间距和跨距用钢尺从矩形控制网的角桩量起，沿矩形控制网各边定出各柱列轴线桩的位置，并在桩顶上钉上小钉，作为柱基放线和构件安置的依据。

9.5.3　厂房基础施工测量

9.5.3.1　钢筋混凝土杯形基础施工测量

1. 柱基测设与放线

预制钢筋混凝土柱基一般采用混凝土杯形基础。柱基的测设应以柱列轴线为基

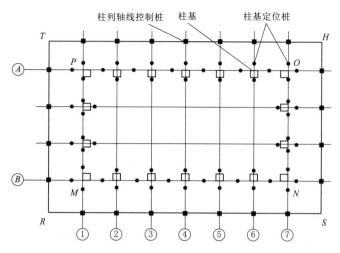

图 9.24　厂房柱列轴线和柱基测设

线，按基础施工图中基础与柱列轴线的关系尺寸进行。下面以图 9.24 中的 A 轴和 1 轴交点处的基础详图为例，说明柱基的测设方法。

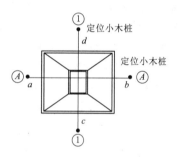

图 9.25　柱基测设

首先将两台经纬仪分别安置在 A 轴和 1 轴一端的轴线控制桩上，瞄准各自轴线另一端的轴线控制桩，交会定出轴线交点作为该基础的定位点（注意：该点不一定是基础中心点），如图 9.25 所示，沿轴线在基础开挖边线以外 1～2m 处的轴线上打入四个小木桩 a、b、c、d，并在桩上用小钉标明位置。木桩应钉在基础开挖线以外的一定位置，留一定空间以便修坑和立模。再根据基础详图的尺寸和放坡宽度，量出基坑开挖的边线，并撒上石灰线，此工作称为柱列基线的放线。

2. 基坑抄平与基础模板定位

如图 9.26 所示，当基坑挖到一定深度以后，用水准仪在坑壁四周距离坑底 0.3～0.5m 处测设几个水平桩，用作检查坑底标高和打垫层的依据。基础垫层做好后，根据基坑旁的定位小木桩，用拉线吊垂球法将基础轴线投测到垫层上。并以轴线为基准定出基础边界，弹出墨线，作为立模板的依据。

3. 杯口中线投点与抄平

在柱基拆模以后，根据矩形控制网上柱中心线端点，用经纬仪把柱中线投到杯口顶面，并绘标志标明，以备吊装柱子时使用。中线投点有两种方法：一是将仪器安置在柱中心线的一个端点，照准另一端点而将中线投到杯口上；二是将仪器置于中线上的适当位置，照准控制网上柱基中心线两端点，采用正倒镜法进行投测。

为了修平杯底，须在杯口内壁测设某一标高线，该标高线应比基础顶面略低 3～5cm。与杯底设计标高的距离为整分米数，以便根据该标高线修平杯底。

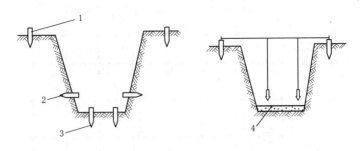

图 9.26 柱基水平桩、垫层标高桩
1—柱基定位小木桩；2—水平桩；3—垫层标高桩；4—垫层

9.5.3.2 钢柱基础施工测量

钢柱基础定位与基坑底层抄平方法均与混凝土杯形基础相同，其特点是基坑较深而且基础下面有垫层以及埋设地脚螺栓。其施测方法和步骤如下。

1. 垫层中线投点和抄平

垫层混凝土凝固后，应在垫层面上投测中线点，并根据中线点弹出墨线，绘出地脚螺栓固定架的位置，为安置固定架和立模板提供依据。投测中线时经纬仪必须安置在基坑旁（以便视线能看到坑底），然后照准矩形控制网上基础中心线的两端点，用正倒镜法，先将经纬仪中心导入中心线内，而后进行投点。螺栓固定架位置在垫层上绘出后，在固定架外框四角处测出四点高度，以便用来检查并整平垫层混凝土面，使其符合设计标高，利于固定架的安装。若基础过深，从地面上引测基础地面标高，标尺不够长时，可采取挂钢尺法施测。

2. 固定架中线投点与找平

（1）固定架安置。固定架是用钢材制作，用以固定地脚螺栓及其他埋设件的框架。根据垫层上的中心线和所画的位置将其安装在垫层上，然后根据在垫层上测定的标高点，借以找平地脚，将高的地方混凝土打上去一些，低的地方垫以小块钢板并与底层钢筋网焊牢，使符合设计标高。

（2）固定架抄平。固定架安置好后，用水准仪测出 4 根横梁的标高，以检查固定架标高是否符合设计要求，允许偏差为 -5mm，但不应高于设计标高。若满足要求，则将固定架与底层钢筋网焊牢，并加焊钢筋支撑。若是深坑固定架，在其脚下需浇灌混凝土，使其稳固。

（3）中线投点。在投点前，应对矩形边上的中心线端点进行检查，然后根据相应两端点，将中线投测于固定架横梁上，并刻绘标志。其中线投点偏差（相对于中线端点）为 ±1～±2mm。

9.5.4 厂房的预制构件安装测量

9.5.4.1 柱子安装测量

1. 钢筋混凝土柱的安装测量

（1）柱子安装应满足的基本要求。柱子安装时，要满足一些条件，如柱子中心线应与相应的柱列轴线一致，其允许偏差为 ±5mm。牛腿顶面和柱顶面的实际标高应与设计标高一致，其允许误差为±5～8mm，柱高大于5m时为±8mm。柱身垂直允许误差为当柱高小于等于5m时，为±5mm；当柱高5～10m时，为±10mm；当柱高超过10m时，则为柱高的1/1000，但不得大于20mm等等。

（2）柱子安装前的准备工作。主要有：①在柱基顶面投测柱列轴线。柱基拆模后，用经纬仪根据柱列轴线控制桩，将柱列轴线投测到杯口顶面上，如图9.27所示，并弹出墨线，用红漆画出"▶"标志，作为安装柱子时确定轴线的依据。如果柱列轴线不通过柱子的中心线，还应在杯形基础顶面上加弹柱中心线。用水准仪，在杯口内壁，测设一条一般为−0.600m的标高线（一般杯口顶面的标高为−0.500m），并画出"▼"标志，作为杯底找平的依据。②柱身弹线。柱子安装前，应将每根柱子按轴线位置进行编号。如图9.28所示，在每根柱子的三个侧面弹出柱中心线，并在每条线的上端和下端近杯口处画出"▶"标志。根据牛腿面的设计标高，从牛腿面向下用钢尺量出−0.600m的标高线，并画出"▼"标志。③杯底找平。先量出柱子的−0.600m标高线至柱底面的长度，再在相应的柱基杯口内，量出−0.600m标高线至杯底的高度，并进行比较，以确定杯底找平厚度，用水泥沙浆根据找平厚度，在杯底进行找平，使牛腿面符合设计高程。

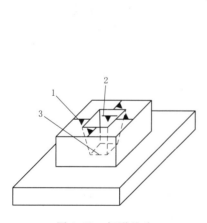

图9.27 杯形基础

1—柱中心线；2—60cm标高线；3—杯底

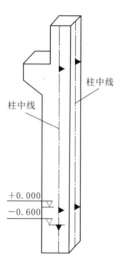

图9.28 柱身弹线

（3）柱子安装测量。目的是保证柱子平面和高程符合设计要求，使柱身铅直。其具体方法为：①将预制的钢筋混凝土柱子插入杯口，并使柱子三面的中心线与杯口中心线对齐，如图9.29（a）所示，用木楔或钢楔临时固定，使其立稳。②马上用水准仪检测柱身上的±0.000m标高线，其容许误差为±3mm。③用两台经纬仪，分别安置在柱基纵、横轴线上，离柱子的距离不小于柱高的1.5倍，先用望远镜瞄准柱底的中心线标志，固定照准部后，再缓慢抬高望远镜观察柱子偏离十字丝竖丝的方向，指挥用钢丝绳拉直柱子，直至从两台经纬仪中，观测到的柱子中心线都与十字丝竖丝重合为止。④在杯口与柱子的缝隙中浇入混凝土，以固定柱子的位置。⑤实际安装时，一般是一次把许多柱子都竖起来，然后进行垂直校正。这时，可把两台经纬仪分别安置在纵横轴线的一侧，一次可校正几根柱子，如图 9.29（b）所示，但仪器偏离轴线的角度，须在 15°以内。

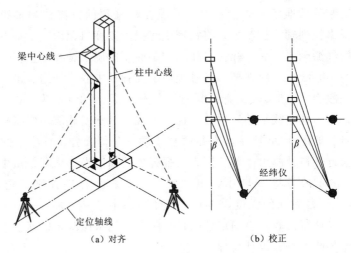

（a）对齐　　　　　　　　　　（b）校正

图 9.29　柱子垂直度校正测量

（4）柱子安装测量的注意事项。所使用的经纬仪必须严格校正，操作时，应使照准部水准管气泡严格居中。校正时，除注意柱子垂直外，还应随时检查柱子中心线是否对准杯口柱列轴线标志，以防柱子安装就位后，产生水平位移。在校正变截面的柱子时，经纬仪必须安置在柱列轴线上，以免产生差错。在日照下校正柱子的垂直度时，应考虑日照使柱顶向阴面弯曲的影响，为避免此影响，宜在早晨或阴天校正。

2. 钢柱的安装测量

当钢柱起吊后将柱身插入杯口内时，先检查柱身三面中心线是否与杯口中心线重合，并进行调整，直至两线的偏差值在柱子安装允许误差范围内，才可进入下道安装工序。等柱子立稳后，用事先安置好的水准仪检查柱身点±0.000 标高是否符合规范要求，否则予以校正，最后用钢楔子作粗略固定。

当柱子初步就位后，接着就进行柱垂直度校正。设置两台 J_2 经纬仪于离柱子约为柱高的 1.5 倍处的柱纵横中心线上，先照准柱下部的中心线点，然后仰视柱顶部中心线点，检查柱身上中下中线点是否重合，其偏差值即为柱子垂直度。当垂直度超过规范允许值时，则予以校正。由于有些主厂房为特大型钢结构工业厂房，有一半钢柱采用分节制作和吊装，因此多节钢柱的校正方法如下：第 1 节与一般柱子校正方法相同，吊装第 2 节时将该节下端中心线点对准第 1 节上端中心线点，然后以第 1 节下端中心线点为基准对第 2 节中心线进行垂直度校正。第 2 节校正焊接后再吊装第 3 节，以第 3 节中心线点对准第 2 节上端中心线点，然后仍以第 1 节下端中心线点为基准对第 3 节中心线点进行垂直度校正。

9.5.4.2　吊车梁安装测量

吊车梁安装测量的主要任务是保证吊车梁中线位置和吊车梁的标高满足设计要求。

（1）吊车梁安装前的准备工作。其主要有：①在柱面上量出吊车梁顶面标高。根据柱子上的±0.000 标高线，用钢尺沿柱面向上量出吊车梁顶面设计标高线，作为调整吊车梁面标高的依据。②在吊车梁上弹出梁的中心线。如图 9.30 所示，在吊车梁的顶面和两端面上，用墨线弹出梁的中心线，作为安装定位的依据。③在牛腿面上弹出梁的中心线。根据厂房中心线，在牛腿面上投测出吊车梁的中心线，投测方法是：如图 9.31（a）所示，依据厂房中心线 A_1A_1 和设计轨道间距，在地面上测设出吊车梁中心线（也是吊车轨道中心线）$A'A'$ 和 $B'B'$。在吊车梁中心线的一个端点 A'（或 B'）上安置经纬仪，瞄准另一个端点 A'（或 B'），固定照准部，抬

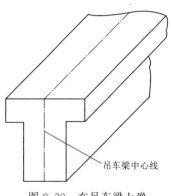

图 9.30　在吊车梁上弹出梁的中心线

高望远镜，即可将吊车梁中心线投测到每根柱子的牛腿面上，并用墨线弹出梁的中心线。

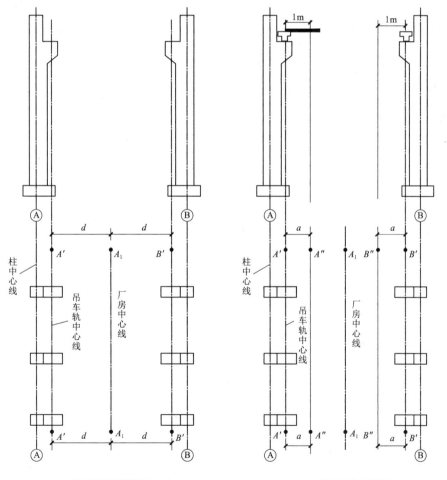

（a）吊车梁安装前的准备工作　　　　　（b）吊车梁的安装测量

图 9.31　吊车梁的安装测量

（2）吊车梁的安装测量。安装时，使吊车梁两端的梁中心线与牛腿面梁中心线重合，使吊车梁初步定位。然后用平行线法对吊车梁的中心线进行检测、校正，方法如下：①如图 9.31（b）所示，在地面上，从吊车梁中心线向厂房中心线方向量出长度 a（1m），得到平行线 $A''A$ 和 $B''B$。②在平行线一端点 A''（或 B''）上安置经纬仪，瞄准另一端点 A''（或 B''），固定照准部，抬高望远镜进行测量。③此时，安排人在梁上移动横放的木尺，当视线正对准尺上 1m 刻划线时，尺的零点应与梁面上的中心线重合。若不重合，可用撬杠移动吊车梁，使吊车梁中心线到 $A''A$（或 $B''B$）的间距等于 1m 为止。吊车梁安装就位后，先按柱面上定出的吊车梁设计标高线对吊车梁面进行调整，然后将水准仪安置在吊车梁上，每隔 3m 测一点高程，并与设计高程比较，误差应在 3mm 以内。

9.5.4.3　屋架安装测量

（1）屋架安装前的准备工作。屋架吊装前，用经纬仪或其他方法在柱顶面上，测设出屋架定位轴线。在屋架两端弹出屋架中心线，以便进行定位。

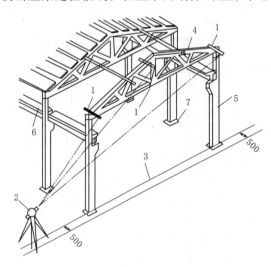

图 9.32　屋架安装测量

1—卡尺；2—经纬仪；3—定位轴线；
4—屋架；5—柱；6—吊车梁；7—柱基

（2）屋架的安装测量。屋架吊装就位时，应使屋架的中心线与柱顶面上的定位轴线对准，允许误差为 5mm。屋架的垂直度可用锤球或经纬仪进行检查。用经纬仪检校方法是：①如图 9.32 所示，在屋架上安装三把卡尺，一把卡尺安装在屋架上弦中点附近，另两把卡尺分别安装在屋架的两端。自屋架几何中心沿卡尺向外量出一定距离，一般为 500mm，作出标志。②在地面上距屋架中线同样距离处安置经纬仪，观测三把卡尺的标志是否在同一竖直面内，若屋架竖向偏差较大，则应用机具校正，校正后将屋架固定。垂直度允许偏差：薄腹梁为 5mm；桁架为屋架高的 1/250。

9.5.5　烟囱、水塔施工测量

烟囱和水塔的筒身都是圆形且高耸。有砖结构和钢混结构，钢混多采用滑模施工。其特点是基础小，主体高。施工过程基本一样，需严格控制中心位置，保证中心轴线的垂直。施工测量的主要任务是：定位与放线、基础施工测量、筒体施工测量。此处以烟囱为例说明如下。

9.5.5.1　烟囱的定位与放线

1. 烟囱的定位

烟囱的定位主要是定出基础中心的位置。定位方法是：①按设计要求，利用与施工场地已有控制点或建筑物的尺寸关系，在地面上测设出烟囱的中心位置 O（即中心桩）。②如图 9.33 所示，在 O 点安置经纬仪，任选一点 A 作后视点，并在视线方向上定出 a 点，倒转望远镜，通过盘左、盘右分中投点法定出 b 和 B；然后，顺时针测设 90°，定出 d 和 D，倒转望远镜，定出 c 和 C，得到两条互相垂直的定位轴线 AB 和 CD。③A、B、C、D 四点至 O 点的距离为烟囱高度的 1～1.5 倍。a、b、c、d 是施工定位桩，用于修坡和确定基础中心，应设置在尽量靠近烟囱而不影响桩位稳固的地方。

2. 烟囱的放线

以 O 点为圆心，以烟囱底部半径 r 加上基坑放坡宽度 s 为半径，在地面上用皮尺画圆，并撒出灰线，作为基础开挖的边线。

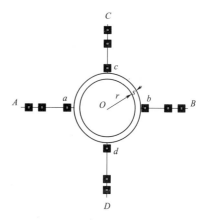

图 9.33　烟囱的定位与放线

9.5.5.2　烟囱的基础施工测量

（1）当基坑开挖接近设计标高时，在基坑内壁测设水平桩，作为检查基坑底标高和打垫层的依据。

（2）坑底夯实后，从定位桩拉两根细线，用锤球把烟囱中心投测到坑底，钉上木桩，作为垫层的中心控制点。

（3）浇灌混凝土基础时，应在基础中心埋设钢筋作为标志，根据定位轴线，用经纬仪把烟囱中心投测到标志上，并刻上"＋"字，作为施工过程中，控制筒身中心位置的依据。

9.5.5.3　烟囱的筒身施工测量

1. 引测烟囱中心线

在烟囱施工中，应随时将中心点引测到施工的作业面上，具体要求有以下几点。

（1）吊垂线法。适用于 100m 以下的烟囱。在烟囱施工中，一般每砌一步架或每升模板一次，就应采用吊垂线法引测一次中心线，以检核该施工作业面的中心与基础中心是否在同一铅垂线上。如图 9.34 所示，在施工作业面上固定一根枋子，在枋子中心处悬挂 8～12kg 的锤球，逐渐移动枋子，直到锤球对准基础中心为止。此时，枋子中心就是该作业面的中心位置。

烟囱每砌筑完 5～10m，必须用经纬仪复核一次，并以经纬仪投测中心为准。其方法是：分别在控制桩 A、B、C、D 上安置经纬仪，瞄准相应的控制点 a、b、c、d，将轴线点投测到作业面上，并做出标记。然后，按标记拉两条细绳，其交点即为烟囱的中心位置，并与锤球引测的中心位置比较，以做校核。烟囱的中心偏差一般不应超过砌筑高度的 1/1000。

（2）激光导向法。适用于 100m 以上的烟囱。对于高大的钢筋混凝土烟囱，烟囱模板每 25～30cm 滑浇灌一次混凝土，滑升前后都应采用激光铅垂仪进行一次烟囱的铅直定位。方法是：如图 9.35 所示，在烟囱底部的中心标志上，安置激光铅垂仪，在作业面中央安置接收靶。在接收靶上，显示的激光光斑中心，即为烟囱的中心位置。

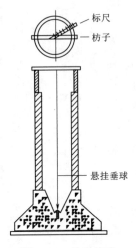

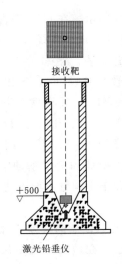

图 9.34　吊垂线法　　　　　　图 9.35　激光导向法

2. 检查烟囱壁的位置

在检查中心线的同时，以引测的中心位置为圆心，以施工作业面上烟囱的设计半径为半径，用木尺画圆，以检查烟囱壁的位置。

3. 烟囱外筒壁收坡控制

烟囱筒壁的收坡，是用靠尺板来控制的。靠尺板两侧的斜边应严格按设计的筒壁斜度制作。使用时把斜边贴靠在筒体外壁上，若锤球线恰好通过下端缺口，说明筒壁的收坡符合设计要求。

4. 烟囱筒体高程测量

一般是先用水准仪，在烟囱底部的外壁上，测设出＋0.500m（或任一整分米数）的标高线。以此标高线为准，用钢尺直接向上量取高度。

【本章小结】

本章主要介绍了建筑物施工测量过程中所用到的测量技术，主要内容有：①施测前的必要准备工作。②施工场地的平面与高程控制测量。③民用建筑物的定位测量、基础施工测量、墙体的施工测量以及高层建筑的楼层轴线投测和高程传递测量。④工业厂房控制网的测设、厂房柱列轴线测设、厂房基础施工测量、厂房的预制构件安装测量等。

【知识检验】

1. 填空题

（1）施工测量必须遵守的原则是_____。

（2）建筑物定位后，在开挖基槽前一般要把轴线延长到槽外安全地点，延长轴线的方法有_____法和_____法两种。

（3）高层建筑轴线投测常用方法有_____和_____。

（4）一般墙体砌筑的标高常用_____控制。

（5）高程传递要求较高的建筑物一般测设的_____标高线作为该层楼地面施工及室内装修时的标高控制线。

2. 简答题

（1）建筑施工测量与地形测量的异同点是什么？

（2）房屋基础放线和抄平测量的工作方法及步骤如何？

（3）龙门板的作用是什么？如何设置？

（4）如何控制墙身的竖直位置和砌筑高度？

（5）高层建筑轴线投测常用方法有哪些，适用于什么条件？

（6）为什么要建立专门的厂房控制网？厂房控制网是如何建立的？

（7）柱子吊装测量有哪些主要工作内容？

3. 综合题

（1）新建筑物与原建筑物的相对位置关系（墙厚37cm，轴线偏里）如图 9.36 所示，试说明放样新建筑物的方法与步骤。

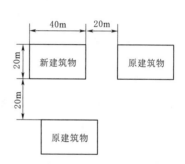

图 9.36　综合题（1）图

（2）如图 9.37 所示，为框架结构楼房，已知 A 点高程 H_A，欲求二、三层楼 B_1、B_2 高程，试问用什么方法，画出观测示意图，写出计算公式。

（3）在坑道内要求把高程从 A 传递到 C，已知 $H_A = 78.267$m，要求 $H_C = 78.363$m，观测结果如图 9.38 所示，试问在 C 点应有的前视读数是多少？

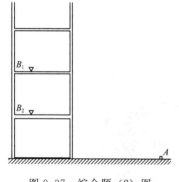

图 9.37　综合题（2）图

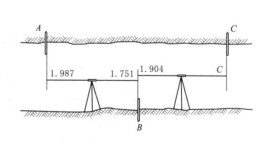

图 9.38　综合题（3）图

课程思政案例 10："逆行"的测绘人

2020 年 1 月 28 日，大年初四上午 9 点，南方测绘宜昌分公司接到一个特殊的电话。客户葛洲坝测绘地理信息技术有限公司一名技术员紧急致电：武汉雷神山医院施工现场急需一台 RTK 用于基础测绘定位和施工！在此时疫情如此严峻的武汉，南方测绘是否能提供仪器帮助解决问题？

面对客户请求，武汉分公司紧急商讨，确定仪器肯定要提供！越是困难时期，越是要为这座城市、为这场没有硝烟的战役贡献自己的一份力量！坚持南方的星级服务！

可是在封城封路，疫情如此严峻的情况下，公司派谁送去、怎么去？又成了大问题。谁能在疫情如此严重的武汉走出自己的家门，毅然驱车前往公司去取仪器给客户呢？

在回复客户肯定信息后，武汉分公司在公司群里咨询是否有在武汉的员工自愿协助解决这个难题，出乎意料，武汉分公司在汉员工异常重视，多人踊跃报名，主动请缨。在公司还未决定派谁去执行此任务时，武汉分公司无人机事业部副总监伍豪，二话不说，瞒了家人，拿起车钥匙，戴上防护口罩，就直接出了门。在与封区封路的管理人员进行沟通，并检测体温确认没问题后，伍豪顺利踏上了这一次特殊的星级服务之路，一路上没有一辆车，没看到一个人，但他内心坚定，责任感战胜了恐惧！

驱车一个多小时后，伍豪顺利来到公司与客户汇合，随即检查设备清单，检校设备性能，分享使用技巧等。直至客户回到雷神山医院，公司员工依然关心仪器设备使用的情况，积极沟通。

仪器到达现场顺利开工后，客户为表感谢，给武汉分公司发来了一段仪器使用的现场视频。

哪有什么岁月静好，不过是有人替我们负重前行。

武汉各大医院的医护人员艰苦奋战数周，身心疲惫，几近崩溃却依然坚持。

测绘人，为了保障医院建设进度，让大家尽快从恐慌中挣脱，从进场到现在，每天仅休息 4～5 小时，夜以继日，灯火通明。

感谢你们，感谢大家，用满腔热忱保卫着这座城。

作为测绘人，面对疫情，我们不退缩，不后退，只要国家需要，只要用户需要，我们一定会在！

第 10 章

管 道 工 程 测 量

【学习目标】

熟悉管道工程测量的概念和主要任务；掌握管道中线测量、纵横断面图测绘及施工测量的内容和方法；熟悉管道竣工测量的基本知识。

【课程思政育人目标】

培养学生团结协作、吃苦耐劳、严谨认真的工作态度。

管道工程多属地下工程，且种类很多，主要有给排水、电信、输油、天然气管等。在城市建设中经常会涉及管道工程建设。将为各种管道设计和施工所进行的测量工作称为管道工程测量。其测量精度应满足设计和施工要求。

管道工程测量的主要任务是：①为管道工程的设计提供地形图和断面图等必要资料。②按设计要求，将管道位置施测于实地，指导施工。

管道工程测量主要包括以下几方面内容：①收集资料；②踏勘定线；③中线测量；④纵横断面的测绘；⑤管道施工测量；⑥管道竣工测量。

13 管道工程
中线测量

10.1 中 线 测 量

管道中线测量就是将已确定的管道中线位置测设于实地，并用木桩标定之。其主要任务是管道主点的测设、管道转向角测量、管道中桩测设以及绘制管线里程桩图。

10.1.1 管道主点的测设

通常将管道的起点、转向点、终点等称为管道的主点。主点的位置及管道方向在设计时确定。

1. 主点测设数据的准备

（1）图解法。当管道规划设计图的比例较大，管道主点附近有较为可靠的地物点时，可直接从设计图上量取数据。图解法受图解精度的影响，一般用于对管道中线精度要求不太高的情况。

如图 10.1 所示，C、D 为原有管道的检修井，1、2、3 为设计管道的主点，欲用距离交会法在地面上测定主点的位置，可依比例尺在图上量出 S_1、S_2、S_3、S_4、S_5，即为主点的测设数据。

（2）解析法。当管道规划设计图上已给出管道主点坐标，而且主点附近有测量控

239

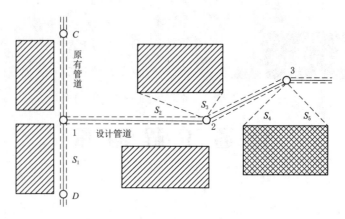

图 10.1　图解法确定主点测设数据

制点，可以用解析法求出测设所需数据。当管道中线精度要求较高时，可采用解析法确定测设数据。

如图 10.2 中，E、F、G、… 为测量控制点，1、2、3、… 为管道规划的主点，根据控制点和主点的坐标，可以利用坐标反算公式计算出用极坐标法测设主点所需的距离和角度。

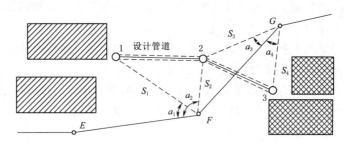

图 10.2　解析法确定主点测设数据

2. 主点的测设

管道主点测设是利用上述准备好的数据，采用直角坐标法、极坐标法、角度交会法和距离交会法等将管道主点在现场确定下来。具体测设时，各种方法可独立使用，也可相互配合。

主点测设完毕后，必须进行校核工作。校核的方法是：通过主点的坐标，计算出相邻主点间的距离，然后实地进行量测，看其是否满足工程的精度要求。

在管道建筑规模不大且无现成地形图可供参考时，也可由工程技术人员现场直接确定主点位置。

10.1.2　管道转向角测量

管道主点测设完后，除了检查其位置的正确性外，还应测定管道转向角。

管道改变方向时，转变后的方向与原方向之间的夹角称为转向角（或称偏角），以 α 表示。转向角有左、右之分，偏转后的方向位于原来方向右侧时，称为右转向角；偏转后的方向位于原来方向左侧时，称为左转向角。

转向角 α 的测定方法：如图 10.3 所示，JD₁ 处的转折角为 α_1，即 AB 的延长线和 BC 线的夹角。JD₂ 处的转折角为 α_2，JD₃ 处的转折角为 α_3。将经纬仪置于 JD₁ 点上，对中整平，倒镜（盘右）后视 A 点，度盘置 $0°00'00''$，照准部不动正镜（盘左）得 AB 的延长线，松开照准部再照准前视点 C（JD₂）水平度盘的读数 L 即为转折角 α_1 的角值。同法可测得 α_2、α_3 等转折角的角值。

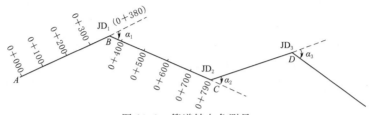

图 10.3　管道转向角测量

注意：图 10.3 中 α_1、α_3 为右转向角，α_2 为左转向角。左转向角 α_2 用上述方法测定其角值时，$\alpha_2 = 360° - L$。式中 L 为照准前视方向的水平度盘读数。

转折角 α 的观测精度要求如表 10.1 所示。

表 10.1　　　　　　　　　　　**转折角测量精度表**

仪器	转折角测回数	测回中误差	半测回差	测回差
J₂	2 个"半测回"	30″	18″	24″
J₆	2 个测回	30″		

10.1.3　管道中桩测设

当管道路线选定后，首要工作就是在实地标定其中线的位置，并实地打桩。中线的标定是利用花杆或经纬仪进行的。在定线过程中，一边定线一边沿着所标定的方向进行丈量。从管道的起点开始，沿中线设置整桩和加桩，这项工作称为中桩测设。每隔某一整数设置一桩，这种桩叫整桩。整桩间距为 20m、30m 或 50m。在整桩间如有地面坡度变化以及重要地物（铁路、公路、桥梁、旧有管道等）都应增设加桩。

整桩和加桩的桩号是它距离管道起点的里程，管道起点桩的桩号为 0+000，如某一加桩与管道起点的距离为 1250m，则其桩号为 1+250，"+"号前面的数字是公里数，"+"号后面的是米数，即桩号为"公里数+米数"。

不同管道的起点不同：给水管道以水源为起点；排水管道以下游出水口为起点；电力、电信管道以电源为起点；煤气、热力等管道以来气方向为起点。

无论是整桩还是加桩均用直径 5cm、长 30cm 左右的木桩打入地下，应注意露出地面 5～10cm。桩头一侧削平，并朝向起点，以便注记桩号。桩号一般用红油漆写在木桩的侧面，注记形式如图 10.4 所示。

在中线测量过程中，如遇局部改线、计算错误或分段测量，均会造成里程桩号的不连续，这种现象叫作断链。桩号重叠叫长链，桩号间断叫短链。发生断

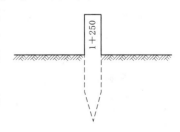

图 10.4　里程桩注记图

链时，应在测量成果和有关文件中注明，并在实地打断链桩，断链桩不宜设在圆曲线上，桩上应注明路线来向和去向的里程及应增减的长度。一般在等号前后分别注明来向、去向里程，如 $3+870.42=3+900$，短链 29.58m。

10.1.4 绘制管线里程桩图

所测管道较长时，在中桩测设和转向角测量的同时，应将管线情况标绘在已有的地形图上。如无现成地形图，应将管道两侧带状地区的情况绘制成草图，这种图称为里程桩图（或里程桩手簿）。

绘制方法：用一条直线表示中线，在中线上用小黑点表示里程桩的位置，点旁写桩号。转弯处用箭头指出转向角方向，注明转向角值。沿线的地形、建筑物、村庄等用目测勾绘下来并注记地质、水位、植被等情况，以便为绘制断面图和设计、施工提供依据，如图 10.5 所示。

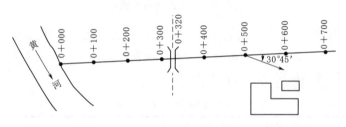

图 10.5　管线里程桩图

10.2　纵横断面图测绘

中线标定后，即可进行纵横断面测绘。纵横断面测量的目的在于了解管道沿线具有一定宽度范围内的地形起伏情况，并为管道的坡度设计、计算工程量提供依据。

10.2.1 纵断面图测绘

1. 水准点的布设

（1）一般在管道沿线每隔 1～2km 设置一永久性水准点，作为全线高程的主要控制点，中间每隔 300～500m 设置一临时性水准点，作为纵断面水准测量分别附合和施工时引测高程的依据。

（2）水准点应布设在便于引点、便于长期保存，且在施工范围以外的稳定建（构）筑物上。

（3）水准点的高程可用附合（或闭合）水准路线自高一级水准点，按四等水准测量的精度和要求进行引测。

2. 纵断面水准测量

纵断面测量是用水准测量方法进行的，高程计算采用了视线高法。它的任务是测出管道中线上各里程桩及加桩的高程，为绘制断面图、计算管道上各桩的填挖高度提供依据。

纵断面测量通常以相邻两水准点为一测段，从一个水准点出发，逐点测量各中桩的高程，再附合到另一水准点上，进行校核。实际测量中，可采用中间点法。由于转点起传递高程的作用，故转点上读数应读至毫米，中间点读数只是为了计算本点的高程，读数至厘米即可。

具体作业方法如下。

如图 10.6 所示，该管道每隔 100m 打一里程桩，在坡度变化的地方设有加桩 0＋070、0＋250、0＋350 等。先将仪器安置于水准点 BM_{II1} 和 0＋000 桩之间，整平仪器，后视水准点 BM_{II1} 上的水准尺，其读数为 1.123，记入表 10.2 中第 3 栏，旋转仪器照准前视尺（0＋000 桩）读数为 1.201，记入表 10.2 第 5 栏内，这样就可以根据水准点 BM_{II1} 的高程求得视线高。

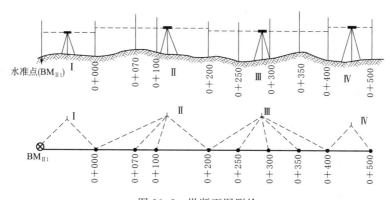

图 10.6　纵断面图测绘

视线高＝后视点高程＋后视尺读数＝72.123＋1.123＝73.246m

将此数记入表 10.2 第 4 栏内，视线高减取前视尺读数 1.201 得 0＋000 桩高程即 73.246－1.201＝72.045m，记入表 10.2 第 7 栏内，但要与 0＋000 桩号对齐。

第一站测完后，将仪器迁至 0＋100 桩与 0＋200 之间，此时以 0＋000 桩上的尺为后视尺，照准后视尺读数为 2.113，记入与 0＋000 桩号对齐的第 3 栏内，并计算视线高：72.045＋2.113＝74.158m，记入相应栏内。转动仪器照准立在 0＋200 桩上的前视尺，读数为 1.985，记入表格第 5 栏内，并与 0＋200 桩对齐。为了加快观测速度，仪器不迁站紧接着读 0＋070、0＋100 桩上立的水准尺，读数分别为 0.94、1.21，记入表格第 6 栏内，应分别与各自的桩号对齐。前视读数由于传递高程必须读至毫米，0＋070、0＋100 这些桩为中间桩，不传递高程，可读至厘米，又称间视点。

前视桩 0＋200，中间桩 0＋070、0＋100 的高程计算分别为

$$0＋070 \text{ 的高程} ＝74.158－0.94＝73.22m$$
$$0＋100 \text{ 的高程} ＝74.158－1.21＝72.95m$$
$$0＋200 \text{ 的高程} ＝74.158－1.985＝72.173m$$

将上述高程分别记入表格第 7 栏内，并与各自的桩号对齐。

依照上述步骤，逐站施测，随记随算，测至适当的距离与水准点联测，以便检查所测成果是否合乎限差。

表 10.2 纵 断 面 测 量 记 录 手 簿

测站	测点桩号	后视读数	视线高	前视读数	间视	高程	备注
1	2	3	4	5	6	7	
I	BM_{II1}	1.123	73.246			72.123	已知
II	0+000	2.113	74.158	1.201		72.045	
	0+070				0.94	73.22	
	0+100				1.21	72.95	
	0+200	2.653	74.826	1.985		72.173	
III	0+250				2.70	72.13	
	0+300				2.72	72.11	
	0+350				0.85	73.98	
	0+400	1.424	74.562	1.688		73.138	
IV	0+500	1.103	74.224	1.441		73.121	
V	BM_{II2}			1.087		73.137	已知
检核		$\sum a = 8.416$		$\sum b = 7.402$		$\sum a - \sum b = 1.014$	

已知点 BM_{II1}、BM_{II2} 的高差之差 73.140－72.123＝1.017m

$$f_h = 1.014 - 1.017 = -0.003m \quad f_{h允} = \pm 40\sqrt{L} = \pm 28mm$$

3. 纵断面图的绘制

一般绘制在毫米方格纸上，横坐标表示管道的里程，纵坐标则表示高程。里程比例尺有 1∶5000、1∶2000 和 1∶1000 几种，一般高程比例尺比里程比例尺大 10 倍或 20 倍。纵断面图分为上下两部分。图的上半部绘制原有地面线和管道设计线，下半部分则填写有关测量及管道设计的数据，如图 10.7 所示。

管道纵断面图绘制步骤是：①打格制表；②填写数据；③绘地面线；④标注设计坡度线；⑤计算管底设计高程；⑥绘制管道设计线；⑦计算管道埋深；⑧在图上注记有关资料。

10.2.2 横断面图测绘

横断面就是垂直于中线方向的断面。在中线各整桩和加桩处，垂直于中线的方向，测出两侧地形变化点至管道中线的距离和高差，依此绘制的断面图，称为横断面图。横断面反映的是垂直于管道中线方向的地面起伏情况，它是计算土石方和施工时确定开挖边界等的依据。

1. 横断面测量

进行横断面测量时，首先应确定出横断面的方向，再以中心线为依据向两边施测，施测的方法有：花杆皮尺法、水准仪配合皮尺法及经纬仪视距法等。

下面介绍水准仪配合皮尺法。如图 10.8 所示，将水准仪架在 0+000～0+100 桩之间，两断面方向用十字架标定。十字架如图 10.9 所示。若横断面宽度不超过 50m，可用目测方法标定断面方向。0+000 桩上立尺，水准仪后视该尺，读数记入表 10.3 的后视栏内。然后水准仪分别照准地面坡度变化的立尺点左$_{1.0}$、左$_{2.0}$、左$_{3.0}$，右$_{1.0}$、

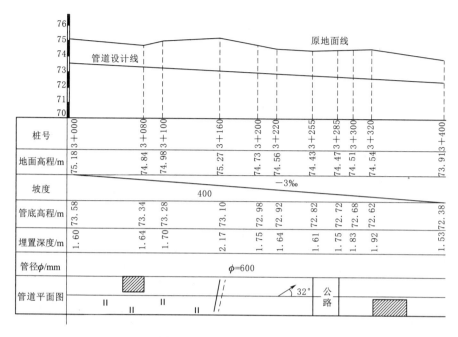

图 10.7 管道纵断面图示例

右$_{2.0}$、右$_{3.0}$ 等，将其读数依次计入相应的间视栏内。各立尺点的高程计算采用了视线高法，记录详见表 10.3。注意：面向管道前进方向，中心桩左边的地形点记为"左"，中心桩右边的地形点记为"右"。"左$_{1.0}$"或"右$_{2.0}$"等中的下标数字表示地形点距中心桩的距离。为了加快测设速度，架设一次仪器可以测 1～4 个断面。水准仪配合皮尺法测量断面，虽说精度较高，但它只局限于平坦地区。

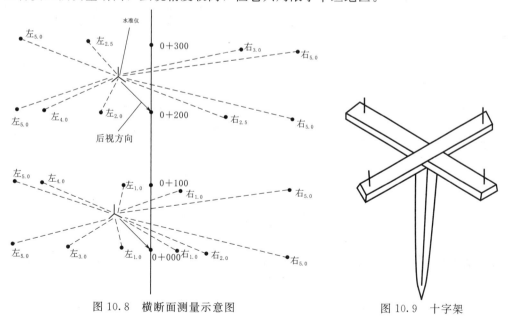

图 10.8 横断面测量示意图　　　　　　图 10.9 十字架

表 10.3   横 断 面 测 量 记 录

测站	桩号	后视	前视	间视	视线高	高程	备注
1	0+000					72.045	
	左1.0			1.32		72.14	
	左3.0			1.03		72.43	
	左5.0	1.42		1.50	73.465	71.96	
	右1.0			1.30		72.16	
	右2.0			1.25		72.22	
	右5.0			1.54		71.93	
2	0+100					72.91	
	左1.0			1.21		73.26	
	左2.0			1.43		73.03	
	左5.0	1.56		0.89	74.47	73.58	
	右1.0			1.53		72.94	
	右5.0			1.33		73.14	
3	0+200					72.17	
	左1.0			1.32		72.36	
	左5.0	1.51		1.06	73.68	72.62	
	右1.0			1.44		72.24	
	右5.0			1.57		72.11	

2. 横断面图的绘制

横断面图一般绘制在毫米方格纸上。为了方便计算面积，横断面图的距离和高差采用相同的比例尺，通常为 1∶100 或 1∶200。绘图时，先在适当的位置标出中桩，注明桩号。然后，由中桩开始，按规定的比例分左、右两侧按测定的距离和高程，逐一展绘出各地形变化点，用直线把相邻点连接起来，即绘出管道的横断面图。

依据纵断面的管底埋深、纵坡设计及横断面上的中线两侧地形起伏，可以计算出管道施工时的土石方量。

横断面图示例如图 10.10 所示。

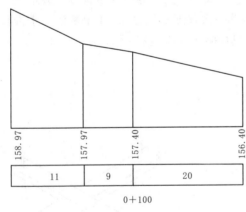

图 10.10 横断面图示例

10.3 管 道 施 工 测 量

管道施工测量是根据图纸设计要求，将管道的开挖线以及各种施工标志测设出来，以便施工人员随时掌握管线方向和高程位置。

管道测量的精度主要取决于工程的性质和施工方法，在实际工作中通常以满足设计要求为准。

10.3.1　施工前的准备工作

1. 熟悉图纸并现场勘察

因为管道工程属地下工程，种类繁多，且上下穿插、纵横交错。若管道施工稍有偏差，将会产生管道的相互干扰，影响施工进度，甚至会造成重大损失。因此，在施工前测量人员必须亲临现场，进行勘察，做好原有管道的普查工作。另外，测量人员还必须认真研究图纸，了解设计意图，掌握管道中线位置和各种附属物的位置等，并从中找出相关的施测数据及相关关系等。

2. 加密施工临时水准点

为了在施工中引测高程方便，应沿中线方向加测临时水准点，其精度要求应根据施工性质和有关规范要求而定。

在引测水准点时，同时也应校正管道出入口及与其他管线交叉的高程，如果与设计高程不符，应立即与设计部门取得联系，不得私自更改其高程。

3. 恢复中线测量

管道中线测量中所测设的里程桩、交点桩等，到施工时难免有丢失现象发生，为确保中线位置的准确可靠，施工前必须进行恢复中线测量，将丢失、碰动的桩重新补上，具体测量方法与中线测量相似，不再复述。

4. 施工控制桩的测设

中线桩（里程桩）在施工中有可能被挖掉，为了在施工中控制中线和附属物的位置，应在不受施工干扰、易保存桩位、易引测的地方，测设施工控制桩。施工控制桩分两种：①中线控制桩。如果管道中线直线段较短，应在各段中线的延长线上钉设两个控制桩。如果管道中线较长，可在中线一侧测设一条与中线平行的轴线桩，作为控制桩（一般情况下各桩距中心线不宜太远，以 20m 为宜）。②附属物位置控制桩。在附属物所处的位置上，作垂直于中线方向的垂线，然后在该垂线上钉两个控制桩，恢复附属物的位置时，通过两控制桩拉一条线，则该线与中线的交点就是附属物的中心位置。

5. 槽口放线

槽口放线就是按设计要求的埋深和土质情况、管径大小等计算出开槽宽度，并在地面上定出槽边线位置，划出白灰线，以便开挖施工。

10.3.2　明挖管道的施工测量

1. 设置坡度板及测设中线钉

管道施工中的测量工作主要是控制管道中线设计位置和管底设计高程。为此，需设置坡度板。如图 10.11 所示，坡度板跨槽设置，间隔一般为 10～20m，编以板号。根据中线控制桩，用经纬仪把管道中心线投测到坡度板上，用小钉做标记，称作中线钉，以控制管道中心的平面位置。

2. 测设坡度钉

为了控制沟槽的开挖深度和管道的设计高程，还需要在坡度板上测设设计坡度。为此，在坡度横板上设一坡度立板，一侧对齐中线，在竖面上测设一条高程线，其高程与管底设计高程相差一整分米数，称为下反数。在该高程线上横向钉一小钉，即坡

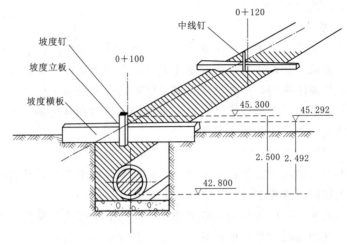

图 10.11 坡度板的设置

度钉，使各坡度钉的连线平行于管道设计坡度线，以控制沟底挖土深度和管子的埋设深度。如图 10.11 所示，用水准仪测得桩号为 0+100 处的坡度板中线处的板顶高程为 45.292m，管底的设计高程为 42.800m，从坡度板顶向下量 2.492m，即为管底高程。为了使下反数为一整分米数，坡度立板上的坡度钉应高于坡度板顶 0.008m，使其高程为 45.300m。这样，由坡度钉向下量 2.5m，即为设计的管底高程。

施工过程中，应随时检查槽底是否挖到设计高程，如挖深超过设计高程，绝不允许回填土，只能加高垫层。

10.3.3 顶管施工测量

当地下管道需要穿越其他建筑物时，不能用开槽方法施工，就采用顶管施工法。即在管道的一端和一定的长度内，先挖好工作坑，在坑内安置好导轨（铁轨或方木），将管材放在导轨上，然后用顶镐将管材沿所要求的方向顶进土中，并挖出管内的泥土。顶管施工比开槽施工要复杂、精度要求也高，测量的主要任务是控制好管道中线方向、高程和坡度。

1. 中线测设

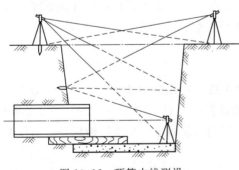

图 10.12 顶管中线测设

如图 10.12 所示，先挖好顶管工作坑，根据地面上标定的中线控制桩，用经纬仪或全站仪将顶管中心线引测到坑底，在前后坑底和坑壁设置中线标志。将经纬仪安置于靠近后壁的中线点上，后视前壁上的中线点，则经纬仪视线即为顶管的设计中线方向。在顶管内前端水平放置一把直尺，尺上标明中心点，该中心点与顶管中心一致。每顶进一段（0.5～1m）距离，用经纬仪在直尺上读出管中心偏离设计中线方向的数值，据此校正顶进方向。

若使用激光经纬仪或激光准直仪，则沿中线发射一条可见光束，使管道顶进中的校正更为直观和方便。

2. 高程测设

先在工作基坑内设置临时水准点，将水准仪安置于坑内，后视临时水准点，前视立于管内各测点的短标尺，即可测得管底各点的高程。将测得的管底高程与管底设计高程进行比较，即可得到顶管高程和坡度的校正数据。

若将激光经纬仪或激光准直仪的安置高度和视准轴的倾斜坡度与设计的管道中心线相符合，则可以同时控制顶管作业中的方向和高程。

10.4 管道竣工测量

管道工程竣工后，为了准确地反映管道的位置，评定施工的质量，同时也为了给以后管道的管理、维修和改建提供可靠的依据，必须及时整理并编绘竣工资料和竣工图。管道竣工测量包括管道竣工平面图和管道竣工纵断面图的测绘。

竣工平面图主要测绘管道的起点、转折点和终点，检查井的位置及附属构筑物的平面位置和高程。如管道及其附属构筑物等与附近重要、明显地物（道路、高压电线杆、永久性房屋等）的平面位置关系，管道转折点及重要构筑物的坐标等。平面图的测绘宽度依需要而定，一般应至道路两侧第一排建筑物外 20m，比例尺一般为 1：500～1：2000。

管道竣工纵断面图反映管道及其附属物的高程和坡度，应在管道回填土之前进行，用水准测量测定检查井口和管顶的高程。管底高程由管顶高程、管径及管壁厚度计算求得，检修井之间的距离可用钢尺丈量。

使用全站仪进行管道竣工测量将会提高工作效率。

【本章小结】

本章主要介绍了管道工程从勘测设计、施工、竣工阶段所涉及的测量工作，并重点介绍了管道中线、纵横断面图测量及管道施工测量的主要内容和基本方法。

【知识检验】

1. 填空题

（1）按管道前进方向，后一边延长线与前一边的水平夹角叫_____，在延长线左侧的转角叫_____角，在延长线右侧的转角叫_____角。

（2）管道起点沿线路至中线桩的距离称为_____。

（3）里程桩分_____和_____。

（4）按照线路中线里程和中桩高程，绘制出沿线路中线地面起伏变化的图，称线路_____。

（5）管道施工测量的主要任务是根据工程进度的要求向施工人员随时提供_____和_____。

（6）相邻坡度钉的连线与_____平行，且相差为选定的_____，利用这条线来控制管道的_____和_____。

（7）顶管施工测量主要是控制好顶管的_____和_____。

（8）管道竣工测量包括_____和_____。

2. 问答题

（1）什么是管道的中线测量？中线测量的主要任务是什么？

（2）说明管道中线转向角的确定方法。

（3）什么是断链、长链和短链？

（4）简述管道纵横断面的测定方法。

（5）顶管施工测量的主要任务有哪些？如何进行？

3. 计算题

如表10.4所示，已知管道起点0+000的管底高程为28.250m，管道坡度为－5‰的下坡，在表中计算出各坡度板处的管底设计高程，再根据选定的下返数计算出各坡度钉高程及改正数。

表10.4   坡 度 钉 测 设 手 簿

桩号	距离 /m	设计坡度	管底设计 高程/m	坡度钉下 返数/m	坡度钉 高程/m	坡度板 高程/m	改整数 /m
1	2	3	4	5	6=4+5	7	8=6-7
0+000						30.267	
0+010						30.205	
0+020						30.015	
0+030	1	－5‰	28.250	1.900		29.987	
0+040						30.006	
0+050						29.774	

课程思政案例11：天下第一隧——秦岭终南山公路隧道

蜀道难，首先难在横亘千里蜀道上的一座凛然威严的大山。

对古人来说，秦岭仿佛是一道不可逾越的屏障，将关中平原和巴蜀水乡严格地分割并区别开来。而对于现代人，这威严的秦岭虽不能成为分隔两地的障碍，但也需要走3个多小时山路。

2007年1月20日，随着秦岭终南山公路隧道的通车，制约陕南经济发展的秦岭天堑变为通途，西安至柞水的通行里程由146公里缩短为64公里，行车时间由原来的3个多小时缩短为40分钟。

秦岭终南山公路隧道，总投资为25.8亿元，北起西安市长安区青岔，接西安至柞水高速公路岭北段，穿越隧道后，止于柞水县营盘镇，接西安至柞水高速公路岭南段。

隧道道路等级采用双洞四车道，按高速公路标准设计，设计行车速度为 80 公里/小时，隧道净空 10.5 米（内轮廓宽 10.9 米、高 7.6 米）。秦岭终南山公路隧道建设与运营管理关键技术荣获 2010 年度"国家科学技术进步奖"。

秦岭终南山公路隧道单洞长 18.02 公里，双洞共长 36.04 公里，是我国自行设计、自行施工的世界最长的双洞单向高速公路隧道。这条被誉为"天下公路第一隧"的隧道，同时还是亚洲第一长公路隧道、中国第一长高速公路隧道。

为了防止"黑洞"和"白洞"效应的产生，保障行车安全，在隧道入口段、过渡段、出口段根据不同亮度要求设置加强照明。

如果你在隧道内行驶时，忽然看见前方一片明亮，蓝天、白云霎时闪现时，这时，你千万别高兴得以为快出隧道了，这是你到了隧道内第一个特殊灯光带。

原来，为了缓解司机的焦虑情绪和压抑心理，秦岭终南山隧道参考欧洲先进的隧道设计理念，专门设置了 3 个特殊灯光带。

第 11 章

建筑物的竣工测量与变形观测

【学习目标】

通过本章的学习，主要掌握竣工测量的主要任务、作用及编绘竣工总平面图的方法；掌握建筑物变形观测的内容、基本方法；了解观测资料整理的方法和步骤。

【课程思政育人目标】

培养学生科技强国、文化自信、安全意识。

11.1 建筑物的竣工测量

建筑物的竣工测量是指建筑工程竣工、验收时所进行的测量工作。竣工测量的主要成果是竣工总平面图及附件。竣工测量的主要任务及其测量目的如下。

（1）主要任务。将设计变更的实际情况、直接在现场指定施工部分及资料不完整无法查对的部分通过现场实测、补测到竣工总平面图上；将地下管网等隐蔽工程测绘到竣工总平面图上。

（2）测量目的。为了全面反映设计总平面图经过施工以后的实际情况；为工程质量检查和验收提供重要依据；为工程竣工后的检查和维修管理等提供准确的定位；为日后工程改建、扩建提供重要的基础技术资料。

11.1.1 竣工测量

在每个单项工程完成后，应由施工单位进行竣工测量，提出工程的竣工测量成果。其内容如下。

（1）工业厂房及一般建筑物。其包括房角坐标，各种管线进出口的位置和高程，并附房屋编号、结构层数、面积和竣工时间等资料。

（2）铁路和公路。其包括起止点、转折点、交叉点的坐标，曲线元素，桥涵等构筑物的位置和高程。

（3）地下管网。窨井、转折点的坐标，井盖、井底、沟槽和管顶等的高程，并附注管道及窨井的编号、名称、管径、管材、间距、坡度和流向。

（4）架空管网。其包括转折点、结点、交叉点的坐标，支架间距，基础面高程。

（5）其他。竣工测量完成后，应提交完整的资料，包括工程的名称、施工依据、施工成果，作为编绘竣工总平面图的依据。

竦工测量的基本测量方法与地形测量相似，但其图根控制点的密度一般要大于地形测量图的图根控制点的密度；其测量精度要高于地形测量的测量精度；其测量内容比地形测量更丰富，不仅包括地面的地物和地貌，还要测地下的隐蔽管线等。

11.1.2　竣工总图的编绘

新建项目竣工总平面图的编绘，最好是与工程的陆续竣工同步进行。一边准备竣工，一边利用竣工测量成果编绘竣工总平面图。如发现地下管线的位置有问题，应及时到现场查对，使竣工总平面图能真实地反映实际情况。竣工总平面图的编绘，包括室外实测和室内资料编绘两方面的内容。

竣工总平面图上应包括施工控制点、建筑方格网点、主轴线点、矩形控制网点、水准点和厂房、辅助设施、生活福利设施、架空及地下管线、铁路等建筑物或构筑物的坐标和高程，以及厂区内空地和本建区的地形。有关建筑物、构筑物的符号应与设计图例相同，有关地形图的图例应使用国家地形图图式符号。

厂区地上和地下所有建筑物、构筑物绘在一张竣工总平面图上时，如果线条过于密集而不方便看，则可采用分类编图，如综合竣工总平面图、交通运输竣工总平面图和管线竣工总平面图等等。比例尺一般采用1∶1000，工程密集部分可采用1∶500的比例尺。

图纸编绘完毕，应附必要的说明及图表，连同原始地形图、地址资料、设计图纸文件、设计变更资料、验收记录等合编成册。

有条件的施工单位，最好采用数字测图软件测制与编绘电子竣工总平面图。电子竣工总平面图是三维的，其建筑物与管网均可以按实际高程绘制；各种地物按规范要求分层存储，可以将单项工程的各类竣工图都测绘到一个 dwg 格式图形文件中，根据需要控制各图层的开关就可以输出各类竣工总平面图。

11.2　建筑物的变形观测

14 建筑物沉降观测

11.2.1　变形观测概述

变形观测是测定工程建筑物及其地基基础在自身荷载和外力作用下随时间而变形的工作，其主要内容包括工程建筑物的垂直位移观测、水平位移观测、倾斜观测、裂缝观测等。变形观测是监测工程建筑物在各种应力作用下是否安全的重要手段，是验证设计理论和检验施工质量的重要依据，也是建筑物在施工、使用和运行中安全的保证，另外变形监测还可以为建筑物的设计、施工、管理及科学研究提供可靠的分析资料，以分析变形的原因和规律，改进设计理论和施工方法。

工程建筑物在其施工建设和运营管理过程中，都会产生变形。这种变形在一定的限度内是正常现象，但如果超过规定的限度，就会影响工程建筑物的正常使用，甚至会危及工程建筑物的安全。因此，在工程建筑物的施工建设和运营管理阶段，必须对其进行变形观测。

1. 变形观测的意义

变形观测的意义主要表现在以下两个方面。

（1）保障工程安全。监测各种工程建筑物的地质构造变化，及时发现异常现象，对稳定性、安全性做出判断，以便采取措施及时处理，避免事故的发生。

（2）积累监测分析资料。通过分析大量的监测资料，能更好地解释变形的机理、验证变形的假说、检验工程设计是否合理。

2. 变形观测的内容与观测周期

工程建筑物变形观测按其观测对象可分为建筑物地基、基础变形观测和建筑物上部变形观测；按其观测方法主要分为垂直位移观测、水平位移观测、倾斜观测及裂缝观测等。

变形观测的任务是周期性地对观测点进行重复观测。求得其在两个观测周期间的变化量。而为了求得瞬时变形，则应采用各种自动记录仪器记录其瞬时位置。观测频率取决于工程建筑物及其基础变形值大小、变形速度及观测目的，通常要求观测的次数既能反映出变化过程，又不遗漏变化的时刻。观测时间应根据工程的性质、施工进度、地质情况、荷载增加情况以及工程建筑物变形速度来确定观测时间。如工业与民用建筑在施工期间增加较大荷载前后都应进行观测，如基础回填土、上部结构每层施工等，因故停工时和复工后都应进行观测，工程竣工后，一般每月观测一次，变形速度减慢，可改为 2～3 月观测一次，直至变形稳定为止。

3. 变形观测的基本要求

（1）大型或重要工程建筑物、构筑物在工程设计时，应对变形测量统筹安排，施工开始时，即应进行变形观测。

（2）变形观测的精度要求应根据建筑物的性质、结构、重要性、对变形的灵敏程度等因素确定。

（3）变形观测应使用精密仪器施测，每次观测前，对所使用的仪器设备应进行检测。

（4）每次观测时，应在基本相同的环境和条件下工作，即采用相同的路线和观测方法，使用同一仪器和设备，使用固定的观测人员等。

（5）变形观测的周期应根据观测对象、变形值的大小及变形速度、工程地质情况等因素来考虑。

（6）变形观测结束后，应根据工程需要整理以下资料：变形值成果表、观测点布置图、变形曲线图及变形分析等。在观测过程中，还要根据变形量的变化情况，适当调整观测周期。

4. 变形观测的精度

变形观测精度要求取决于该工程建筑物预计的允许变形值的大小和进行观测的目的。能否达到预定目的，受诸多因素影响。其中，最基本的因素是观测方案的设计，基准点，工作基点和观测点的布设，观测的精度和频率，每次观测的时间及所处的环境等。

对于不同类型的工程建筑物，变形观测的精度要求差别很大；同类工程建筑物，由于其结构形式和所处的环境不同，变形观测的精度要求也有差异；即便是同一工程建筑物，不同部位变形观测的精度要求也不尽相同。原则上要求：为了使变形值不超过某一允许的数值而确保建筑物的安全，其观测中误差应小于允许变形值的 1/20～1/10；如果变形的目的是了解变形过程，则其观测中误差应比这个数值小得多。可结合观测环境、技术条件和设备等实际情况来考虑。从实用的观点出发，高程观测点的高程中误差可取 ±1mm；平面观测点的点位中误差可取 ±2mm。

11.2.2　沉降观测

在建筑物施工过程中，随着上部结构的逐步建成、地基荷载的逐步增大，建筑物将会产生下沉现象。建筑物的下沉是逐渐产生的，并将延续到竣工交付使用后的相当长一段时期。测定工程建筑物上所埋设观测点的高程随时间而变化的工作称为垂直位移观测，也叫沉降观测。由于垂直位移量等于重复观测的高程与首期观测高程之差，故可采用精密水准测量方法，也可采用液体静力水准测量的方法进行观测。

11.2.2.1　精密水准测量法

1. 水准基点的布设

水准基点是确认固定不动且作为沉降观测高程的基准点，因此水准基点的布设应满足以下要求：①有足够的稳定性。水准基点必须设置在沉降影响范围以外，冰冻地区水准基点应埋设在冰冻线以下 0.5m；设在墙上的水准基点应埋在永久性建筑物上，且离开地面高度约为 0.5m。②具备检核条件。为了保证水准基点高程的正确性，水准基点最少应布设三个，以便相互检核。对建筑面积大于 5000m，或高层建筑，则应适当增加水准基点的个数。③满足一定的观测精度。水准基点和观测点之间的距离应适中，相距太远会影响观测精度，一般应在 100m 范围内。

水准基点的标志构造。必须根据埋设地区的地质条件、气候情况及工程的重要程度进行设计。对于一般建筑物及深基坑沉降监测，可参照水准测量规范中二、三等水准的规定进行标志设计与埋设；对于高精度的变形监测，需设计和选择专门的水准基点标志。

2. 沉降观测点的布设

沉降观测点是布设在变形体上，且能反映其变形的特征点。沉降观测点的位置和数量应根据工程地质情况、基础周边环境和工程建筑物的荷载情况而定。沉降观测点应布设在能全面反映建筑物沉降情况的部位，如以下情况：①布置在深基坑及建筑物本身沉降变化较显著的地方，并要考虑到在施工期间和竣工后，能顺利进行监测的地方。②应均匀布置，各观测点间的距离一般为 10～20m。深基坑支护结构的沉降观测点应埋设在锁口梁上，一般间距 10～15m。③在建筑物四周角点、中点及内部承重墙（柱）上均需埋设监测点，并应沿房屋周长每间隔 10～12m 设置一个监测点。④在高层和低层建筑物、新老建筑物连接处，以及在相接处的两边都应布设监测点。

沉降观测点的布设形式如图 11.1 所示。

3. 沉降观测

（1）观测周期。应根据工程建筑物的性质、施工进度、观测精度、工程地质情况及基础荷载的变化情况而定。当埋设的沉降观测点稳固后，在建筑物主体开工前，进行第一次观测；在建（构）筑物主体施工过程中，一般每施工 1～2 层观测一次。如中途停工时间较长，应在停工时和复工时进行观测；当发生大量沉降或严重裂缝时，

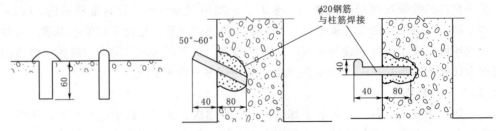

图 11.1　沉降观测点的布设形式（单位：mm）

应立即或几天一次连续观测；建筑物封顶或竣工后，一般每月观测一次，如果沉降速度减缓，可改为 2～3 个月观测一次，直至沉降稳定为止。

（2）观测方法及精度要求。一般性高层建筑和深基坑开挖的沉降观测，通常按二等精密水准测量，其水准路线的闭合差不应超过 $\pm 0.6\sqrt{n}$ mm（n 为测站数）。沉降观测的水准路线应布设为闭合水准路线。对于观测精度较低的多层建筑物的沉降观测，其水准路线的闭合差不应超过 $\pm 1.4\sqrt{n}$ mm（n 测站数）。

（3）工作要求。沉降观测是一项长期、连续的工作，为了保证观测成果的正确性，应尽可能做到"四固定"，即固定观测人员，使用固定的水准仪和水准尺，使用固定的水准基点，按固定的实测路线和测站进行。

11.2.2.2　液体静力水准测量

液体静力水准测量广泛用于工程建筑物和各种设备的垂直位移观测，它是根据静止的液体在重力作用下保持同一水平面的原理，来测定观测点高程的变化，从而得到沉降量，如图 11.2 所示。

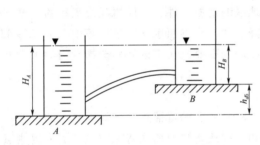

图 11.2　液体静力水准测量

当注入液体液面静止后，两液面高度之差即为高差，即

$$h_{AB} = H_A - H_B \qquad (11.1)$$

设首次观测时测得 A、B 上的读数分别为 a_1 和 b_1，则首次观测高差为 $h_1 = a_1 - b_1$，设第 i 次观测时测点 A、B 上的读数分别为 a_i 和 b_i，该期观测高差为 $h_i = a_i - b_i$，则至第一期观测时两点间相对沉降量为

$$\Delta h_i = h_i - h_1 = (a_i - a_1) - (b_i - b_1) \qquad (11.2)$$

如果 A 为稳定的基准点，则式（11.2）算得的即为观测点 B 的绝对沉降量。

为保证观测精度，观测时要将连通管内的空气排尽，保持水质干净。对于不同型号的液体静力水准仪，其确定液面位置的方法不同，但结构形式基本相同。

11.2.3　倾斜观测

测定工程建筑物倾斜度随时间而变化的工作叫倾斜观测。建筑物产生倾斜的原因主要是地基承载力的不均匀、建筑物体型复杂形成不同荷载及受外力风荷载、地震等影响引起建筑物基础的不均匀沉降。倾斜观测一般是用水准仪、经纬仪、垂球或其他专用仪器来测量建筑物的倾斜度 i。

11.2.3.1　水准仪观测法

建筑物的基础倾斜观测一般采用精密水准测量的方法，定期测出基础两端点的沉降量差值 Δh，如图 11.3 所示，再根据两点间的距离 L，即可计算出基础的倾斜度：

$$i = \tan\alpha = \frac{\Delta h}{L} \tag{11.3}$$

对整体刚度较好的建筑物的倾斜观测，亦可采用基础沉降量差值，推算主体偏移值。如图 11.4 所示，用精密水准测量测定建筑物基础两端点的沉降量差值 Δh，再根据建筑物的宽度 L 和高度 H，推算出该建筑物主体的偏移值 δ，即

$$\delta = iH = \frac{\Delta h}{L}H \tag{11.4}$$

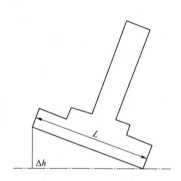
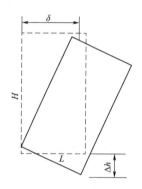

图 11.3　一般基础倾斜观测　　　　图 11.4　整体刚度较好的建筑物基础倾斜观测

11.2.3.2　经纬仪观测法

常采用纵横距投影法和角度前方交会法。

1. 纵横距投影法

建筑物主体的倾斜观测，应测定建筑物顶部观测点相对于底部观测点的偏移值，再根据建筑物的高度，按式（11.3）计算建筑物主体的倾斜度。具体观测方法如下。

（1）将经纬仪安置在固定测站上，该测站到建筑物的距离为建筑物高度的 1.5 倍以上。瞄准建筑物 X 墙面上部的观测点 M，用盘左、盘右分中投点法，定出下部的观测点 N。用同样的方法，在与 X 墙面垂直的 Y 墙面上定出上观测点 P 和下观测点 Q。M、N 和 P、Q 即为所设观测标志。

（2）相隔一段时间后，在原固定测站上，安置经纬仪，分别瞄准上观测点 M 和 P，用盘左、盘右分中投点法，得到 N' 和 Q'。如果 N 与 N'，Q 与 Q' 不重合，如图 11.5 所示，说明建筑物发生了倾斜。

（3）用尺子量出在 X、Y 墙面的偏移

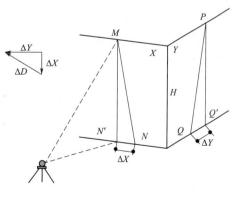

图 11.5　一般建筑物的倾斜观测

值 ΔX、ΔY，然后用矢量相加的方法，计算出该建筑物的总偏移值 ΔD，即

$$\Delta D = \sqrt{\Delta X^2 + \Delta Y^2} \tag{11.5}$$

根据总偏移值 ΔD 和建筑物的高度 H 用式（11.4）即可计算出其倾斜度 i。

另外，亦可采用激光铅垂仪或悬吊锤球的方法，直接测定建（构）筑物的倾斜量。

2. 角度前方交会法

用前方交会法测量工程建筑物上下两处水平截面中心的坐标，从而推算出建筑物在两个坐标轴方向的倾斜值，此法常用于水塔、烟囱等高耸构筑物的倾斜观测，如图 11.6 所示。

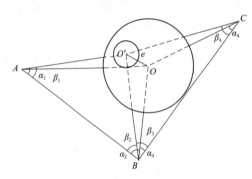

图 11.6　角度前方交会法测倾斜位移

首先在圆形建筑物周围标定 A、B、C 三个基准点，观测期间的转角和边长，可求得三个基准点在此坐标系中的坐标，然后分别在 A、B、C 三个基准点上架设仪器，观测圆形建筑物底部两侧切线与基准线间的夹角，并取两侧观测值的平均值，则可得三个测站上底部圆心。

方向与基准线间的水平角，即 α_1、α_2、α_3、α_4。同理，观测圆形建筑物的顶部，可得三个测站上顶部圆心 O' 方向线与基准线间的水平角，设为 β_1、β_2、β_3、β_4。按角度前方交会原理，可算得圆形建筑物底部圆心 O 和顶部圆心 O' 在此坐标系中的坐标，设为 $O(x_0, y_0)$ 和 $O'(x_0', y_0')$，则偏距 e 可计算为

$$e = \sqrt{(x_0' - x_0)^2 + (y_0' - y_0)^2} \tag{11.6}$$

建筑物的倾斜度：

$$i = \tan\alpha = \frac{e}{h} \tag{11.7}$$

11.2.4　位移观测

工程建筑物平面位置随时间而发生的移动称水平位移。水平位移观测是测定工程建筑物、构筑物的平面位置随时间变化的移动量。首先要在工程建筑物附近埋设测量控制点，再在建筑物上设置位移观测点，在控制点上设置仪器对位移观测点进行观测。水平位移观测常用的方法有以下几种。

11.2.4.1　基准线法

有时只要求测定工程建筑物在某特定方向上的位移量，如大坝在水压力方向上的位移量，桥梁在垂直于桥轴线方向上的位移量。这种情况可采用基准线法进行水平位移观测。其原理是在与水平位移垂直的方向上建立一条固定不变的基准线，测定各观测点相对基准线的铅垂面的距离变化，从而求得水平位移量。

基准线法按其作业方法和所用工具的不同，又可分为视准线法和测小角法。

1. 视准线法

A、B 为在变形区域以外稳定不动的点，AB 连线即为视准轴，在工程建筑物上

埋设一些观测标志，定期测量观测标志偏离基准线的距离，就可了解建筑物随时间的位移情况。如图 11.7 所示，观测时将经纬仪安置于一端工作基点 A 上，瞄准另一端工作基点 B，确定基准线方向，通过测量观测点偏离视线的距离变化，求得水平位移值。

2. 测小角法

如图 11.8 所示，先在位移方向的垂直方向上建立一条基准线，A、B 为测量控制点，M 为基准线方向上的观测标志。只要定期测量观测点 M 与基准线 AB 的角度变化值 $\Delta\beta$，即可测定水平位移量，$\Delta\beta$ 测量方法如下：在 A 点安置经纬仪，第一次观测水平角 $\angle BAM = \beta$，第二次观测水平角 $\angle BAM' = \beta'$，两次观测水平角的角值之差为

$$\Delta\beta = \beta' - \beta \tag{11.8}$$

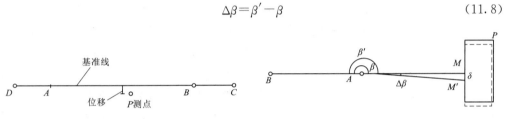

图 11.7　基准线法测水平位移　　　　图 11.8　测小角法观测水平位移

其水平位移量为

$$\delta = D_{AM}\frac{\Delta\beta}{\rho} \tag{11.9}$$

式中：$\rho = 206265''$；D_{AM} 为 A、M 之间的距离。

11.2.4.2　角度前方交会法

如果工程施工现场环境复杂，则不能采用基准线法，可利用前方交会法，对观测点进行角度观测。交会角应在 $60°\sim120°$ 之间，最好采用三点交会。由此可测得观测点的坐标，将每次测出的坐标值与前一次测出的坐标值进行比较，利用两次之间的坐标差值 Δx，Δy，计算该点的水平位移量 $\delta = \sqrt{\Delta x^2 + \Delta y^2}$。

11.2.4.3　导线测量法

对于非直线形工程建筑物的水平位移观测，如拱坝、曲线桥梁，应采用导线法测量，以便同时测定变形体上某观测点在两个方向上的位移量。观测时一般采用光电测距仪或全站仪测量边长。

11.2.5　裂缝观测

裂缝观测是定期测定建筑物上裂缝的变化情况，产生裂缝的原因主要与建筑物的不均匀沉降有关，因此，裂缝观测通常与沉降观测同步进行，以便于综合分析，及时采取工程措施，确保建筑物的安全。

当建（构）筑物多处产生裂缝时，应进行裂缝观测。裂缝观测应测定建筑物上的裂缝分布位置，裂缝的走向、长度、宽度及其变化程度。观测数量视需要而定，主要的或变化大的裂缝应进行观测。

裂缝观测周期应视裂缝变化速度而定。通常开始可半月测一次，以后 1 月左右测

一次。当发现裂缝加大时，应增加观测次数，直至几天或逐日一次地连续观测。

1. **裂缝观测标志**

对需要观测的裂缝应统一编号。每条裂缝至少应布设两组观测标志，一组在裂缝最宽处，另一组在裂缝末端。每组观测标志由裂缝两侧各一个标志组成。

裂缝观测标志，应具有可供量测的明晰端面或中心。观测期较短或要求不高时，可采用油漆平行标志或建筑胶粘贴的金属片标志；观测期较长时，可采用嵌或埋入墙面的金属标志、金属杆标志或楔形板标志。当要求较高、需要测出裂缝纵横向变化值时，可采用坐标方格网板标志。使用专用仪器设备观测的标志，可按具体要求另行设计。

图 11.9（a）为在裂缝两侧用油漆绘两个平行标志；通过测定各组标志点的间距 d_1、d_2、d_3 的变化量来描述裂缝宽度的扩展情况。图 11.9（b）为在裂缝上用一块厚 10mm，宽 50～80mm 的石膏板覆盖在裂缝上，与裂缝两侧牢固地连接在一起，当裂缝扩展时，裂缝上的石膏板也随之开裂，进而观测裂缝的大小及其扩展情况。如图 11.9（c）所示，用两块厚约 0.5mm 的薄铁片，将尺寸为 150mm×150mm 的正方形铁片固定在裂缝一侧，并使其一边与裂缝边缘对齐，喷以白油漆；将尺寸为 200mm×50mm 的矩形铁片固定在裂缝的另一侧，并使其部分跨越裂缝并搭盖在正方形铁片之上且与裂缝方向垂直，待白油漆干后再对两块铁片喷以红油漆。当裂缝扩展时，两铁片将被拉开，其搭盖处显现白底，量取所现白底的宽度，宽度的变化反映了裂缝的发展情况。如图 11.9（d）所示，将刻有十字丝标志的金属棒埋设于裂缝两侧，定期测定两标志点之间距离 d 的变化量来掌握裂缝宽度的扩展情况。

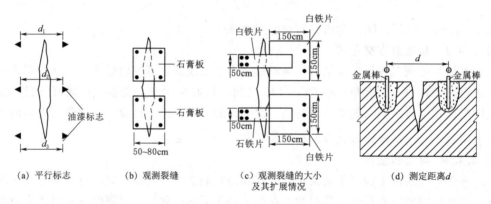

（a）平行标志	（b）观测裂缝	（c）观测裂缝的大小及其扩展情况	（d）测定距离 d

图 11.9　裂缝观测标志

2. **裂缝观测的工具与方法**

对于数量不多、易于量测的裂缝，可视标志形式的不同，用比例尺、小钢尺或游标卡尺等工具定期丈量标志间的距离，以求得裂缝变位值，或用方格网板定期读取"坐标差"计算裂缝变化值；对于较大面积且不便于人工量测的众多裂缝，可采用近景摄影测量方法；当需连续监测裂缝变化时，裂缝宽度数据应量取至 0.1mm，每次观测应绘出裂缝的位置、形态和尺寸，注明日期，并附上必要的照片资料。

3. **裂缝观测的成果资料**

裂缝观测结束后，应提供裂缝分布位置图、裂缝观测成果表、观测成果分析说明资料等, 当建筑物裂缝与基础沉降同时观测时, 可选择典型剖面绘制两者的关系曲线。

11.2.6 观测资料的整编

变形观测成果的整理和分析是建立在比较多期重复观测结果基础上的, 对各期观测结果进行比较, 可以对变形随时间的发展情况作出定性的认识和定量的分析。其成果是检验工程质量的重要资料, 据此研究变形的原因和规律, 以改进设计理论和施工方法。

每次观测结束, 应及时整理观测资料, 资料整理的主要内容包括: ①收集工程资料 (如工程概况、观测资料及有关文件); ②检查收集的资料是否齐全、审核数据是否有误或精度是否符合要求, 检查平时分析的结论意见是否合理; ③将审核过的数据资料分类填入成果统计表, 绘制曲线图; ④编写整理观测情况、观测成果分析说明。

下面以高层建筑物沉降观测为例说明观测资料整理的方法和步骤。

1. 垂直位移观测资料的整理

(1) 校核各项原始记录。检查各次变形观测值的计算是否有误。

(2) 计算沉降量。把各次观测点的高程、沉降量、累计沉降量列入沉降观测成果表 11.1 中。

表 11.1 沉 降 观 测 成 果 表

观测日期	荷载 /(t/m²)	观 测 点								
		1			2			3		
		高程 /m	本次沉降 /mm	累计沉降 /mm	高程 /m	本次沉降 /mm	累计沉降 /mm	高程 /m	本次沉降 /mm	累计沉降 /mm
2001 年 4 月 5 日	4	30.125	0	0	30.246	0	0	30.217	0	0
2001 年 4 月 13 日	5.5	30.123	2	2	30.243	3	3	30.215	2	2
2001 年 4 月 21 日	7.5	30.120	3	5	30.239	4	7	30.212	4	6
2001 年 4 月 27 日	10	30.127	3	8	30.235	4	12	30.219	2	8
2001 年 5 月 5 日	12	30.123	4	12	30.232	3	14	30.207	2	10
2001 年 5 月 12 日	14	30.120	3	15	30.228	4	18	30.205	2	12
2001 年 5 月 20 日	16	30.108	2	17	30.226	2	20	30.202	3	15
2001 年 5 月 26 日	18	30.106	2	19	30.223	3	23	30.200	2	17
2001 年 6 月 2 日	19	30.105	1	20	30.220	3	26	30.199	1	18
2001 年 6 月 12 日	20	30.104	1	21	30.218	2	28	30.197	2	20
2001 年 6 月 30 日	21	30.102	2	23	30.217	1	29	30.196	1	21
2001 年 7 月 30 日	22	30.101	1	24	30.216	1	30	30.195	1	22
2001 年 9 月 30 日	22	30.100	1	25	30.216	0	30	30.194	1	23
2001 年 12 月 28 日	22	30.099	1	26	30.215	1	31	30.194	0	23
2002 年 3 月 25 日	22	30.099	0	26	30.215	0	31	30.194	0	23

(3) 画出各观测点的荷载、沉降量、观测时间关系曲线图。如图 11.10 所示, 在曲线图上可更清楚地表示出沉降、荷载和时间三者之间的关系。

2. 垂直位移资料的分析

观测资料的分析是根据工程建筑物的设计理论、施工经验和有关的基本理论和专

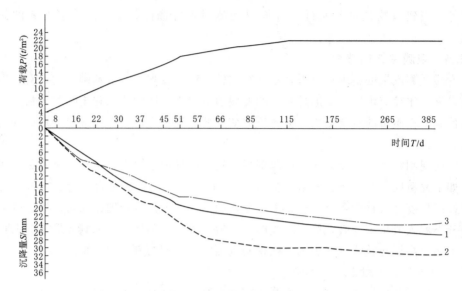

图 11.10 工程建筑物沉降、荷载、时间关系曲线图

业知识进行的。分析成果资料可指导施工和运行，同时也是进行科学研究、验证和提高设计理论和施工技术的基本资料。

常用的分析方法有作图分析、统计分析、对比分析、建模分析等。

3. 提交成果资料

每项变形观测结束后，应提交以下综合成果资料：①变形观测技术设计书及施测方案；②变形观测控制网及控制点平面布置图；③观测点埋设位置图；④仪器的检校资料；⑤原始观测记录；⑥变形观测成果表；⑦各种变形关系曲线图；⑧编写变形观测分析报告及质量评定资料。

【本章小结】

（1）竣工测量的主要成果是竣工总平面图及附件。竣工测量的主要任务是：将设计变更的实际情况、直接在现场指定施工部分及资料不完整无法查对的部分通过现场实测、补测到竣工总平面图上；将地下管网等隐蔽工程测绘到竣工总平面图上。竣工测量的目的如下：为了全面反映设计总平面图经过施工以后的实际情况；为工程质量检查和验收提供重要依据；为工程竣工后的检查和维修管理等提供准确的定位；为日后工程改建、扩建提供重要的基础技术资料。

（2）变形观测主要内容包括工程建筑物沉降观测、水平位移观测、倾斜观测、裂缝观测等。变形测量点可分为变形观测点、基准点、工作基点。对工作基点的检核采用的方法是将基准点及工作基点组成水准网或边角网，定期进行重复高程或平面位置测量。

（3）垂直位移观测方法主要有精密水准测量方法和液体静力水准测量的方法进行观测；水平位移观测的方法主要有视准线法、测小角法、角度前方交会法和导线法；倾斜观测的方法主要有水准仪沉降观测法、纵横距投影法和角度前方交会法。

（4）变形观测资料的整编主要是检查观测资料，填绘成果表、曲线图，进行资料分析。

【知识检验】

1. 填空题

（1）建筑物的竣工测量是指建筑工程＿＿＿＿＿、＿＿＿＿＿＿时所进行的测量工作。竣工测量的主要成果是＿＿＿＿＿＿及＿＿＿＿＿＿。

（2）变形观测是测定工程建筑物及其地基基础在自身荷载和外力作用下随时间而＿＿＿＿＿＿的工作，其主要内容包括工程建筑物的＿＿＿＿＿、＿＿＿＿＿、＿＿＿＿＿、＿＿＿＿＿等。

（3）倾斜观测一般是用＿＿＿＿＿、＿＿＿＿＿、＿＿＿＿＿或其他专用仪器来测量建筑物的＿＿＿＿＿＿。

（4）水平位移观测常用的方法有＿＿＿＿＿、＿＿＿＿＿、＿＿＿＿＿和＿＿＿＿＿几种方法。

（5）裂缝观测是定期测定建筑物上＿＿＿＿＿＿的变化情况，产生裂缝的原因主要与＿＿＿＿＿＿有关。

（6）常用的观测资料分析方法有：＿＿＿＿＿＿、＿＿＿＿＿＿、＿＿＿＿＿＿和＿＿＿＿＿＿等。

（7）垂直位移观测方法主要有＿＿＿＿＿方法和＿＿＿＿＿方法进行观测。

（8）倾斜观测的方法主要有＿＿＿＿＿、＿＿＿＿＿和＿＿＿＿＿。

（9）变形观测资料的整编主要是检查＿＿＿＿＿，填绘＿＿＿＿＿，进行资料＿＿＿＿＿。

2. 问答题

（1）为什么要进行竣工测量？其主要成果是什么？如何测绘竣工总平面图？

（2）为什么要进行工程建筑物变形观测？变形观测主要包括哪些内容？

（3）垂直位移观测的步骤是什么？每次观测为什么要保持仪器、观测人员和水准路线不变？

（4）水平位移的观测方法有哪几种？适合什么条件使用？

（5）简述视准线法、测小角法和前方交会法的基本原理。

（6）试述工程建筑物倾斜观测的方法。

（7）试述工程建筑物裂缝的观测方法。

（8）变形观测资料的整理和分析的主要内容包括哪些？

（9）基准点与工作基点的作用有何不同？应如何布置埋设？

课程思政案例 12：土专家土办法，算盘上打出红旗渠

走进红旗渠青年洞景区，一组《踏遍青山》雕像生动再现了当年修渠民工创造的"盆面测量法"测绘方式。

红旗渠渠首渠底海拔高程为 464.75 米，分水岭闸闸底海拔高程 454.44 米。总干渠全长 70.6 公里，落差 10.31 米，为保证水从渠首流到分水岭，渠道设计纵坡 1/

8000 才能满足技术要求，1/8000，也就是 8 公里渠道只能有 1 米落差。

这惊人的主干渠坡度，落差仅有 1/8000，设计和测量技术人员的最高学历是一个刚从水利专业学校毕业的中专生，当时两组测量队员，只有两台水平仪、一台经纬仪和一些水盆之类的土设备，难度可想而知。

工程技术人员急缺，计量测绘设备简陋，好在此前县里小水利工程搞了不少，各个公社都有几个"土专家"，也全被抽调充实到渠上来了。就这样东拼西凑，总算有二十几个专业技术人员了。

这些土专家在这样的技术条件下，发明了盆面测量法，靠着一把算盘计算，精确地测绘出了这 1/8000 的渠线。盆面测量，其实就是把装满水的水盆作为天然水平，测绘渠线。

当时测绘主要集中在 1959 年冬天，冰天雪地里，测量队员白天背着水平仪进山测量记录，晚上回到临时住处，打算盘计算坡比、落差……当时测量工具简陋，运算工具更是原始，哪有计算器、电脑，全靠一把算盘。可以说，红旗渠测绘就是在算盘上打出一个红旗渠。

参 考 文 献

［1］ 魏静，李明庚. 建筑工程测量［M］. 北京：高等教育出版社，2002.
［2］ 林致福，王云江. 市政工程测量［M］. 北京：中国建筑工业出版社，2003.
［3］ 魏静，王德利. 市政工程测量［M］. 北京：机械工业出版社，2004.
［4］ 周建郑. 市政工程测量［M］. 北京：化学工业出版社，2005.
［5］ 薛新强，李洪军. 市政工程测量［M］. 北京：中国水利水电出版社，2008.
［6］ 中国有色金属工业总公司. 工程测量规范：GB 50026—2007［M］. 北京：中国计划出版社，2008.
［7］ 聂俊兵，赵得思. 市政工程测量［M］. 郑州：黄河水利出版社，2010.
［8］ 全志强. 市政工程测量［M］. 北京：测绘出版社，2010.
［9］ 崔有祯，辛星. 地形测量［M］. 北京：测绘出版社，2010.
［10］ 北京市测绘设计研究院. 城市测量规范：CJJ/T 8—2011［M］. 北京：中国标准出版社，2011.
［11］ 赵国忱. 工程测量［M］. 北京：测绘出版社，2011.
［12］ 杜芳茹. 市政工程测量［M］. 青岛：中国石油大学出版社，2015.
［13］ 马飞虎. 土木工程测量［M］. 长沙：中南大学出版社，2016.
［14］ 张博，曹志勇，王芳. 地形测量［M］. 北京：中国水利水电出版社，2016.
［15］ 董仕勋，王辉. 土木工程测量［M］. 郑州：郑州大学出版社，2017.
［16］ 杨红，胡璇. 市政工程测量［M］. 上海：上海交通大学出版社，2020.
［17］ 刘超. 工程测量［M］. 成都：四川大学出版社，2022.
［18］ 速云中，吴献文. 工程测量［M］. 北京：北京交通大学出版社，2023.